国家出版基金项目
NATIONAL PUBLICATION FOUNDATION

风电场建设与管理创新研究丛书

海上风电场运行与维护

黄治中　张淇宣　刘惠文　张建华　张玉全 等　编著

中国水利水电出版社
www.waterpub.com.cn
·北京·

内 容 提 要

本书是《风电场建设与管理创新研究》丛书之一，主要内容包括海上风电发展概况、海上风电场运维特点、我国海上风电场开发建设情况、海上风电场构成、海上风电场运维准备、海上风电场运行、海上风电场维护、海上风电场日常管理、海上风电场常见故障分析及处理等。

本书适合作为高等院校相关专业的教学参考用书，也适合从事海上风电场运行与维护的技术与管理人员阅读参考。

图书在版编目（CIP）数据

海上风电场运行与维护 / 黄治中等编著. -- 北京 : 中国水利水电出版社, 2021.12
（风电场建设与管理创新研究丛书）
ISBN 978-7-5226-0292-9

Ⅰ. ①海… Ⅱ. ①黄… Ⅲ. ①海风－风力发电－发电厂－运行②海风－风力发电－发电厂－维修 Ⅳ. ①TM614

中国版本图书馆CIP数据核字(2021)第254843号

书　　名	风电场建设与管理创新研究丛书 **海上风电场运行与维护** HAISHANG FENGDIANCHANG YUNXING YU WEIHU
作　　者	黄治中　张淇宣　刘惠文　张建华　张玉全　等 编著
出版发行	中国水利水电出版社 （北京市海淀区玉渊潭南路1号D座　100038） 网址：www.waterpub.com.cn E-mail：sales@waterpub.com.cn 电话：（010）68367658（营销中心）
经　　售	北京科水图书销售中心（零售） 电话：（010）88383994、63202643、68545874 全国各地新华书店和相关出版物销售网点
排　　版	中国水利水电出版社微机排版中心
印　　刷	天津嘉恒印务有限公司
规　　格	184mm×260mm　16开本　16.5印张　337千字
版　　次	2021年12月第1版　2021年12月第1次印刷
印　　数	0001—3000册
定　　价	**82.00**元

《风电场建设与管理创新研究》丛书

主 要 参 编 单 位

（排名不分先后）

河海大学
哈尔滨工程大学
扬州大学
南京工程学院
中国三峡新能源（集团）股份有限公司
中广核研究院有限公司
国家电投集团山东电力工程咨询院有限公司
国家电投集团五凌电力有限公司
华能江苏能源开发有限公司
中国电建集团水电水利规划设计总院
中国电建集团西北勘测设计研究院有限公司
中国电建集团北京勘测设计研究院有限公司
中国电建集团成都勘测设计研究院有限公司
中国电建集团昆明勘测设计研究院有限公司
中国电建集团贵阳勘测设计研究院有限公司
中国电建集团中南勘测设计研究院有限公司
中国电建集团华东勘测设计研究院有限公司
中国长江三峡集团公司上海勘测设计研究院有限公司
中国能源建设集团江苏省电力设计院有限公司
中国能源建设集团广东省电力设计研究院有限公司
中国能源建设集团湖南省电力设计院有限公司
广东科诺勘测工程有限公司

内蒙古电力（集团）有限责任公司
内蒙古电力经济技术研究院分公司
内蒙古电力勘测设计院有限责任公司
中国船舶重工集团海装风电股份有限公司
中建材南京新能源研究院
中国华能集团清洁能源技术研究院有限公司
北控清洁能源集团有限公司
国华（江苏）风电有限公司
西北水利水电工程有限责任公司
广东粤电阳江海上风电有限公司
江苏省风电机组结构工程研究中心
中国水利水电科学研究院

本书编委会

主　　编　黄治中

副主编　张淇宣　刘惠文　张建华　张玉全

参编人员　林锦鹏　李高强　张殿诚　曾文阳　邓正良　李文俊
陈新培　刘一霖　梁鸿雄　陈辉合　邓豪健　韦厚程
毛日昌　曲祖歌　郑　源　郭　楚　郑一丹　旦真旺加
郭绘娟　王雪梅　彭　斌　郭易天　吴东磊　黄佳程

丛书前言

随着世界性能源危机日益加剧和全球环境污染日趋严重，大力发展可再生能源产业，走低碳经济发展道路，已成为国际社会推动能源转型发展、应对全球气候变化的普遍共识和一致行动。

在第七十五届联合国大会上，中国承诺“将提高国家自主贡献力度，采取更加有力的政策和措施，二氧化碳排放力争于 2030 年前达到峰值，努力争取 2060 年前实现碳中和。”这一重大宣示标志着中国将进入一个全面的碳约束时代。2020 年 12 月 12 日我国在“继往开来，开启全球应对气候变化新征程”气候雄心峰会上指出：到 2030 年，风电、太阳能发电总装机容量将达到 12 亿 kW 以上。进一步对我国可再生能源高质量快速发展提出了明确要求。

我国风电经过 20 多年的发展取得了举世瞩目的成就，累计和新增装机容量位居全球首位，是最大的风电市场。风电现已完成由补充能源向替代能源的转变，并向支柱能源过渡，在我国经济发展中起重要作用。依托“碳达峰、碳中和”国家发展战略，风电将迎来与之相适应的更大发展空间，风电产业进入“倍速阶段”。

我国风电开发建设起步较晚，技术水平与风电发达国家相比存在一定差距，风电开发和建设管理的标准化和规范化水平有待进一步提高，迫切需要对现有开发建设管理模式进行梳理总结，创新风电场建设与管理标准，建立风电场建设规范化流程，科学推进风电开发与建设发展。

在此背景下，《风电场建设与管理创新研究》丛书应运而生。丛书在总结归纳目前风电场工程建设管理成功经验的基础上，提出适合我国风电场建设发展与优化管理的理论和方法，为促进风电行业科技进步与产业发展，确保工程建设和运维管理进一步科学化、制度化、规范化、标准化，保障工程建设的工期、质量、安全和投资效益，提供技术支撑和解决方案。

《风电场建设与管理创新研究》丛书主要内容包括：风电场项目建设标准化管理，风电场安全生产管理，风电场项目采购与合同管理，陆上风电场工程施工与管理，风电场项目投资管理，风电场建设环境评价与管理，风电场建设项目计划与控制，海上风电场工程勘测技术，风电场工程后评估与风电机组状态评价，海上风电场运行与维护，海上风电场全生命周期降本增效途径与实践，大型风电机组设计、制造及安装，智慧海上风电场，风电机组支撑系统设计与施工，风电机组混凝土基础结构检测评估和修复加固等多个方面。丛书由数十家风电企业和高校院所的专家共同编写。参编单位承担了我国大部分风电场的规划论证、开发建设、技术攻关与标准制定工作，在风电领域经验丰富、成果显著，是引领我国风电规模化建设发展的排头兵，基本展示了我国风电行业建设与管理方面的现状水平。丛书力求反映国内风电场建设与管理的实用新技术，创建与推广风电中国模式和标准，并借助“一带一路”倡议走出国门，拓展中国风电全球路径。

丛书注重理论联系实际与工程应用，案例丰富，参考性、指导性强。希望丛书的出版，能够助推风电行业总结建设与管理经验，创新建设与管理理念，培养建设与管理人才，促进中国风电行业高质量快速发展！

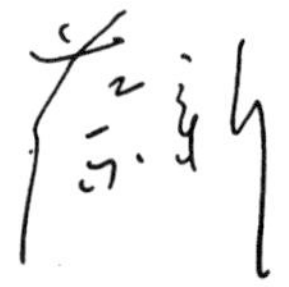

2020 年 6 月

本书前言

海上风电是可再生能源的重要组成部分，在清洁能源供应、环境保护和促进社会经济发展中起到重大的推动作用。海上风电具有风能资源丰富、风速高、靠近沿海电力负荷中心、不占用土地资源、对环境影响小等优点，是风能利用的前沿和重点领域，是落实“碳达峰”“碳中和”重大发展目标，构建以新能源为主体的现代能源结构体系的战略选择。截至 2021 年 9 月，我国海上风电累计装机容量已达到 1319 万 kW。预计“十四五”期间，国内海上年均新增装机容量有望达到 10GW 左右。

海上风电场离岸距离远、海上环境恶劣、可达性差，导致海上风电场运维技术难度大、成本高。而且海上风电场大规模开发和建设正朝着“由近海到深远海”和“机组巨型化、容量大型化”的方向发展，对运行和维护提出了更高的要求。在“风电平价上网”趋于常态化的情形下，必须通过不断革新运维技术、优化运维策略、完善运维管理等来实现高质量运维、降本增效，实现海上风电的高质量发展。

本书将理论与实践相结合，在编写过程中，侧重于海上风电场运行与维护理论、技术规范，并结合实际案例，有针对性地介绍海上风电场运行与维护的现状以及技术管理发展趋势。本书共分为 9 章：第 1 章对海上风电发展概况进行介绍，包括海上风能分布、国内外海上风电发展现状及趋势；第 2 章对海上风电场运行维护特点进行介绍，包括运维环境、运维模式、运维成本以及运维发展趋势；第 3 章具体介绍了我国海上风电场的开发建设情况；第 4 章介绍了海上风电场构成，包括海上风电机组、海上升压站、海上风电基础、海底电缆、陆上控制中心及其他辅助配套设施等；第 5 章介绍了海上风电场运行和维护准备，包括运维方案编制、运维目标、运维指标、组织机构等；第 6 章介绍了海上风电场运行，包括海上风电机组运行、海上升压站运行、海底电缆运行和陆上开关站运行等；第 7 章介绍了海上风电场维护，包括维护基本条件、海上风电机组维护、海上升压站维护、海底电缆维护、陆上开关站维护、运维船维护、运维直升机维护，并介绍具体的维护实例等；第 8 章介绍了海上风电场日常管理，包括人员、设备、质量、安全、环境和职业健康管理等；第 9 章介绍了海上风电场各构成部分的常见故障及分析处理。

本书由广东粤电阳江海上风电有限公司、河海大学和哈尔滨工程大学技术团队合作编著，其中，黄治中担任主编，张淇宣、刘惠文、张建华和张玉全担任副主编。

由于水平所限，尽管付出很大努力，但疏漏与不当之处在所难免，恳请读者给予批评指正。

编者

2021 年 12 月

目 录

第1章　海上风电发展概况

能源和环境是一个国家或社会可持续发展的重要支柱，是经济发展、国家安全和人民健康生活的重要保障。随着各国二氧化碳排放，温室气体猛增，对生命系统形成威胁，气候变化成为人类面临的全球性问题。2015年12月在第21届联合国气候变化大会通过《巴黎协定》，制定了将全球平均气温较前工业化时期上升幅度控制在2℃以内，并努力将温度上升幅度限制在1.5℃以内的发展目标。在这一背景下，世界各国以全球协约的方式减排温室气体。2020年，我国提出了“2030年碳达峰、2060年碳中和”的发展目标。碳达峰，即指在某一个时点，二氧化碳的排放不再增长达到峰值，之后逐步回落；碳中和则是指在一定时间内测算直接或间接产生的二氧化碳排放总量，通过植树造林、节能减排等形式，以抵消自身产生的二氧化碳排放量，实现二氧化碳“零排放”。

面对能源短缺、环境污染、气候变化等人类共同的难题，一场以大力开发利用可再生能源为主题的能源革命在世界范围内兴起。随着全球发展可再生能源的共识不断加强，风能作为一种清洁、可再生能源，在未来能源电力系统向绿色低碳转型过程中将发挥更加重要的作用。在过去几十年中，风电技术也在不断成熟和完善，已成为新能源的主力，对优化能源结构、促进节能减排的作用日益凸显。目前我国可再生能源发电量占全国发电总量的比重接近28%。到2030年，这一比重预计将达到38%左右，从2021年开始，我国陆上风电将率先全面进入平价时代，平价海上风电将在“十四五”期间实现。未来5～10年内，风电将是能源结构转型的重要支撑。

随着陆上风电的开发利用趋于饱和，海上风能资源开发利用逐渐成为焦点。全球海上风能资源资源储备巨大。相对于陆地风能开发而言，海上风能开发具有独特的优势：①海上风力平稳，且不受地势影响，摩擦力及风切变远远小于陆地，风能利用率更高；②海上风速强劲，扫风面积大，适宜安装尺寸大、单机容量大的风电机组；③远离海岸线，降低了噪声以及视觉污染，不占用陆地面积，对居民生活影响小。当前，海上风电已成为全球风电发展的研究热点，世界各国都把海上风电作为可再生能源发展的重要方向，我国也将其划入战略性新兴产业的重要组成部分。

1.1 海上风能资源概况

1.1.1 全球海上风能资源

1. 全球风带分布

全球风带的形成与气压带的分布有着密切的关系。由于地球表面接收太阳辐射不均匀，导致了地球上高低气压的分布，加之下垫面性质本身的差异（包括海陆分布、大地形、地表摩擦等），从而形成了全球的大气环流。各地气压高低不同所产生的气压差造成了空气的流动，其结果是形成了与之相对应的风带。风带的分布，从赤道到两极，分别是赤道无风带、东北（东南）信风带、副热带无风带、盛行西风带和极地东风带。赤道附近处于赤道无风带，风速最小；南北回归线附近属于信风带，风速稍大；南北半球纬度30°左右属于副热带无风带，风速相对较小；纬度更高一点的区域属于盛行西风带，风速普遍很大，如欧洲北海地区，风速较大，盛行西风，以及南半球纬度40°～60°之间的咆哮西风带，常年刮极强的西风；两极地区属于极地东风带，风速也比较大。在有些海域，受区域气候（如季风、海陆风等）和地形（狭管效应、岬角效应、海岸效应等）的影响，也会形成一些地方性的风带。比如我国的台湾海峡，受大陆和台湾岛狭管效应的影响，流经气流受到挤压和加速，经常出现东北或西南方向的大风，平均风速在8.5m/s以上，局部超过9m/s，是我国海上风能资源最为丰富的区域。

2. 重点海域的风能资源分布

（1）欧洲。2001年，丹麦RISO实验室模拟得出了欧洲50m高度的海上风能资源分布。在欧洲三个主要海域（北海、波罗的海和地中海）中，北海风能资源最为丰富，大部分地区的年平均风速均超过9m/s，且越往西风速越大，很多海域的平均风速能达到10m/s以上，比如在英国的西海岸；波罗的海风能资源也比较丰富，平均风速在8m/s左右；地中海的风能资源相对较差，大部分地区的平均风速在7m/s左右。

（2）美国。2010年，美国国家可再生能源实验室运用多种数值模拟的方法进行综合模拟和分析，得出了美国海上90m高度的风能资源分布。美国海上风能资源非常丰富，其中以东海岸北部和西海岸中部的风速最大，达9.5m/s以上；其次是五大湖地区、东海岸中部和墨西哥湾的得克萨斯州沿海地区，平均风速基本为8～9m/s。

（3）中国。我国海岸线长约18000km，岛屿6000多个，近海海域风能资源丰富，四大海区中以东海的风能资源最为丰富，然后依次是渤海、南海和黄海。在东南沿海及其附近岛屿，风能密度基本都在300W/m^{2}以上；特别是台山、平潭、大陈、嵊泗等沿海岛屿，风能密度可达500W/m^{2}以上。与陆地相比，我国近海风能资源更为丰富。根据中国气象局2013年发布的中国风能资源普查结果可知，我国近海5～25m水深，50m高度的海上风电开发潜力约为200GW；5～50m水深，70m高度的海上风电开发潜力约为500GW，这还仅仅指的是近海储量。

1.1.2 我国主要海上风电建设区域风能分布情况

依据国家发展和改革委员会能源研究所《中国风电发展路线图2050》发布的我国大陆沿海各区域风能资源分布图，统计情况见表1-1。

表1-1 我国大陆沿海各区域风能资源分布

序号	区域	风速/(m/s)	年等效满负荷时间/h
1	辽宁	7.4～7.6	2450～2700
2	河北	6.3～7.5	2300～2700
3	山东	6.9～7.8	2225～2642
4	江苏	7.2～7.8	2300～2800
5	上海	6.8～7.6	2200～2800
6	浙江	6.8～8.0	2000～2600
7	福建	7.1～10.2	2200～3800
8	广东	6.5～8.5	2000～3000
9	海南	6.5～9.0	2100～2605

福建、台湾海峡近海风能资源最为丰富，年平均风速为7.1～10.2m/s，年等效满负荷时间为2200～3800h，该区域向南、北两侧大致呈递减趋势。福建以北的浙江，以南的广东、广西及海南近海风能资源也较为丰富，年平均风速为6.5～9.0m/s，年等效满负荷时间为2000～3000h。福建、台湾、浙江、广东和广西近海风能资源丰富的原因与台风等热带气旋活动有关，风电场开发时会受到台风等极端天气的影响，因此，风电场建设成本也相对较高。

1.2 国外海上风电发展

海上风电最早起源于丹麦，1991年建成投产的Vindeby项目共安装了11台Bonus 450kW海上风电机组（目前已全部拆除），满足了约2200户居民的用电需求，是世界上第一个海上风电场。

2000年之前，全球几乎所有的海上风电装机都分布在欧洲，以丹麦和荷兰为主，且单机容量都在1MW以下。2000年之后，英国的海上风电发展非常迅速，并逐渐领先其他欧洲国家，成为全球海上风电发展最快、装机容量最多的国家。

目前，欧洲海上风电发展已经趋于成熟，逐步取代化石能源及核能发电等。例如，德国提出2020年关闭全部核电站，建设10个大型海上风电场，制定海上风电国家目标。丹麦提出到2020年，50%电力由风电提供，建设6个沿海大型海上风电场，研发新型大功率风电机组，到2050年全部摆脱对化石能源的依赖。英国提出，到2020年，全国1/3的电力供应由风电提供，其中大部分为海上风电。在全球能源趋紧和节能减排双重重压之下，新的可再生能源受到无比青睐。相对价格偏高的太阳能发电和已经接近饱和的水电资源，风电成为最受追捧的“宠儿”。其中，海上风电在发电稳定性、电网接入便利性、土地节省等多方面均优于陆上风电，海上风电产业的发展具有较大潜力。

2019年全年欧洲10座海上风电场共计502台海上风电机组实现并网，装机容量净增3623MW。除此之外，来自4个不同国家的4个共计1.4GW的海上风电项目进入最终投资决策阶段并将于未来几年开始建设，配套新增投资达60亿欧元。

2019年英国海上风电新增并网装机容量为1764MW，占欧洲新增海上风电并网装机容量的48.5%。Beatrice 2项目40台风电机组完成并网，实现完全商业化运行。经过三年建设，Hornsea One项目实现完全并网，成为全球最大海上风电场，装机容量为1218MW。East Anglia Offshore Wind 1期项目部分并网，近半装机实现并网发电。经过19年的运营，Blyth 1期项目拆除两台2MW风电机组，成为英国首个有风电机组退役的海上风电场。

2019年德国有3个风电场并网，总装机容量为1009.4MW，分别是Merkur Offshore（252 MW）、Deutsche Bucht（260.4 MW）和EnBW Hohe See（497 MW），占欧洲新增海上风电装机容量的30.5%，同比2018年增长13%。其中，EnBW Hohe See项目已完全投入运营并且成为德国迄今为止最大的海上风电场。

2019年丹麦新增并网装机容量374 MW，创造国家新增装机记录，占欧洲新增海上风电装机容量的10%。Horns Rev3期项目作为丹麦最大在运风电项目实现完全商业化运营，总装机容量为407MW。

2019年比利时新增并网装机容量370MW，占欧洲新增海上风电装机容量的10%。Norther风电场在安装了44台V164-8.4 MW风电机组后全面投入使用，现已成为比利时最大的海上风电场。

葡萄牙Windfloat Atlantic 1期项目共有3台风电机组，目前已有1台8.4MW风电机组并网，成为世界上最大的成功安装的漂浮式风电机组。

西班牙测试首个半潜式多风电机组平台—The Wind2Power，Wind2Power 200kW 1∶6原型机在PLOCAN测试设备上成功进行了为期3个月的海上测试。

荷兰Borssele 3&4项目装机容量为731.5MW，单桩基础安装工作完成近半，已于2021年全部完工。Rotterdam港口创纪录地安装了GE第一台Haliade-X 12MW型风电机组。英国提出，2030年前海上风电累计装机容量达到3000万kW，为全国提供30%以上的电力。德国计划到2030年，将海上风电装机容量提高至1500万kW，满足全国约13%的电力需求。2019年年底，在欧洲风能协会制定的2050年450 GW海上风电装机容量目标中100～150GW将由漂浮式风电场提供。几个主要国家海上风电发展情况及中长期规划见表1-2。

表1-2　几个主要国家海上风电发展情况及中长期规划　　单位：GW

序号	国家	截至2020年年底装机容量	2030年年底预计装机容量
1	英国	10.207	30.00
2	德国	7.729	20.00（规划15.00）
3	丹麦	1.703	4.74
4	法国	0.002	5.20
5	美国	0.092	22.00（到2050年86.00）
6	日本	0.085	10.00（到2050年37.00）
7	韩国	0.104	12.00

1.3　国内海上风电发展

1.3.1　我国海上风电发展现状

我国海上风电发展阶段可分为4个阶段，即环境营造阶段、萌芽示范阶段、快速发展阶段和全面加速阶段，如图1-1所示。

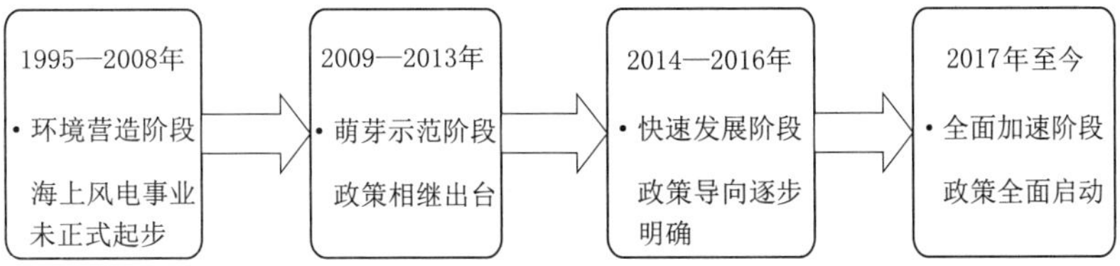

图1-1　我国海上风电发展阶段图

2007年11月，中海油绥中36-1钻井平台试验机组（1.5MW）的建成运行标志着我国海上风电发展的正式起步。2009年以前，我国海上风电还处于环境营造阶段，国家关于海上风电的专项政策较少。2009年1月，国家发展改革委、国家能源局正式启动了沿海地区海上风电的规划工作。2010年6月，亚洲第一个海上风电场——上海东海大桥100MW海上风电场示范工程并网发电，如图1-2所示，标志着我国已基本掌握了海上风电的工程建设技术，为今后大规模发展海上风电积累了经验。在相关政策的大力推动下，萌芽示范阶段我国海上风电场建设取得突破性进展。

2014年是我国“海上风电元年”，我国海上风电产业经历了爆发式增长，进入快

图 1-2 东海大桥海上风电场

速发展阶段，海上风电政策导向也逐步明确，逐渐由风电政策细分至海上风电政策。2016年之后，我国海上风电进入全面加速阶段。在此期间，我国海上风电政策出台更加密集、细化。2016 年 11 月，国家能源局正式印发《风电发展“十三五”规划》，其中提出，到2020 年年底，我国海上风电并网装机容量达到 500 万 kW 以上，重点推动江苏、浙江、福建、广东等省的海上风电建设。2016 年 12月，国家能源局、国家海洋局印发《海上风电开发建设管理办法》，在总结过往经验的基础上，根据我国海上风电开发的新形势和新要求，围绕通过简政放权推动海上风电开发。2018 年 5 月，国家能源局下发《关于 2018 年度风电建设管理有关要求的通知》，推行竞争方式配置风电项目，竞价上网开启我国海上风电的新发展时代。

“十三五”以来我国海上风电快速发展，特别是 2018 年以后，受技术进步、成本下降以及政策调整的影响，江苏、广东等多个沿海省份加快核准和开工建设一大批海上风电项目。根据 2020 年《风能北京宣言》的倡议，“十四五”期间，保证风电年均新增装机容量在 5000 万 kW 以上，2025 年后我国风电年均装机容量不少于 6000 万 kW，到 2030 年至少达到 8 亿 kW 装机容量，2060 年至少达到 30 亿 kW 装机容量。据国家能源局发布的数据显示，2021 年 1—6 月，全国风电新增并网装机容量 1084 万 kW，其中陆上风电新增装机容量 869.4 万 kW、海上风电新增装机容量 214.6 万 kW。截至 2021 年 6 月底，全国风电累计装机容量达 2.92 亿 kW，其中陆上风电累计装机容量 2.81 亿 kW、海上风电累计装机容量 1113.4 万 kW。由近年数据可以看出，我国海上风电迈入加速发展期，增长势头强劲。

2021 年 3 月，《中华人民共和国国民经济和社会发展第十四个五年规划和 2035 年远景目标纲要》提出，加快发展非化石能源，坚持集中式和分布式并举，大力提升风电、光伏发电规模，加快发展东中部分布式能源，有序发展海上风电，加快西南水电基地建设，安全稳妥推动沿海核电建设，建设一批多能互补的清洁能源基地，非化石能源占能源消费总量比重提高到 20%左右。2021 年开始，陆上风电开始进入平价时代，而此后海上风电的补贴也将逐渐退出，取而代之的是“碳达峰”和“碳中和”政策，补贴政策向中长期的目标指引政策转变。预计“十四五”期间风电年均新增装机容量有望超 50GW，年化增速 10%～15%。在“碳达峰”和“碳中和”中长期目标政策的指引下以及成本下降的推动下，行业将迎来明显的成长期。

我国海上风电快速发展的同时还面临诸多问题，如技术装备水平与欧洲先进水平还存在一定差距，经济性有待提高，运行可靠性有待时间检验等。在能源转型的背景下，“十四五”期间，我国海上风电仍将延续快速发展态势，与此同时，供应链产能、降本空间、消纳能力等多种因素直接影响海上风电开发规模和速度。综合各类约束条件，制定合理的开发规模对“十四五”期间海上风电产业健康有序发展十分必要。

我国漂浮式风电起步相对较晚，在 2013 年启动了湘电风能有限公司（简称湘电风能）牵头的“3MW 海上风电机组一体化载荷分析和机组优化设计”和新疆金风科技股份有限公司（简称金风科技）牵头的“漂浮式海上风电基础关键技术研究及应用示范”两个国家 863 计划。2016 年，国家有关部门又相继发布《能源技术革命创新行动计划（2016—2030）》《中国制造 2025—能源装备实施方案》和《海洋可再生能源发展“十三五”规划》3 份文件。文件要求：将深海风能利用提上日程；开展海上浮式风电机组以及各种基础型式的技术攻关；研发深海浮式风电机组，掌握远距离水深大型海上风电场设计、建设和运维等关键技术，推进深海风电发展。随着国家政策对海上风电的利好，“十三五”期间对漂浮式海上风电的热度大幅提高，例如 2018 年，三峡集团牵头启动了容量不小于 3MW 的漂浮式试验样机研究。

据欧洲风能协会估算，预计到 2040 年，我国将建有规模为 7000MW 的漂浮式海上风电。按照 50～60m 海深规划研究预测，我国可开发漂浮式海上风电规模达到 1268GW，占海上风电开发规模的 60%以上，因此漂浮式海上风电发展潜力巨大。

1.3.2 我国海上风电开发成本

我国海上风能资源呈现由北向南递增的趋势，其中长江以北地区年均风速仅在 7m/s 左右，长江以南沿海风能资源相对丰富，但台湾海峡附近区域台风频繁。沿海各省风能资源的差异弥补了该地区海床结构的不同所带来的投资成本差异。2020 年我国主要省份海上风电单位电量成本见表 1-3。

表 1-3 2020 年我国主要省份海上风电单位电量成本

省（直辖市）	单位造价/(元/kW)	等效利用小时数/h	度电成本/[元/(kW·h)]
江苏	14400～16300	2500～3000	0.538～0.645
上海	15000～16500	2800～3000	0.596～0.656
浙江	15600～16500	2600～2800	0.616～0.706
福建	17300～18500	3500～4000	0.487～0.588
广东	16200～17600	2800	0.656～0.695

表 1-3 中，江苏、上海、浙江、广东 4 省（直辖市）单位电量成本基本一致。其中江苏海上风电起步较早，产业配套成熟，建造成本较低且基本不受台风影响，单位电量成本相对较低。福建风能资源最为丰富，虽然岩石型海床结构和台风因素使得整体造价最高，但平均单位电量成本全国最低。福建海上风电起步较晚，随着基础施工

技术进步，未来有望成为我国海上风电价格“洼地”。

1.3.3 我国海上风电开发主要影响因素

1. 风电场开发限制

《海上风电开发建设管理办法》（国能新能〔2016〕394号）要求，海上风电离岸距离不少于10km、滩涂宽度超过10 km时海域水深不得少于10m。受到海洋军事、航线、港口、养殖等海洋功能区规划限制以及海洋自然保护区划定的生态红线区限制，近海实际技术可开发量远小于理论开发量。目前我国潮间带和近海风电开发技术较为成熟，成本较低，宜优先开发，以20%～30%的理论开发量计算，近海5～25m水深可开发规模为3800万～5700万kW，根据经济性和技术成熟度可探索开发深远海风电。

2. 海上风电机组产能

从供应链产能来看，“抢装潮”导致叶片、主轴等大部件供不应求。目前具备160m以上叶片生产能力的厂家到2021年交付产能约400万kW。我国高端轴承技术薄弱，大容量海上风电机组主轴承几乎全部依赖进口，供应能力受制于外资企业。因风电机组大部件生产线投资大、产品更新快，企业扩大产能意愿不强。

3. 施工与吊装能力

据统计，截至2021年7月，全国可供利用的海上风电安装船只为42艘左右，以每艘作业船只每年完成40台4～5MW风电机组的吊装效率计算，每年我国海上风电吊装容量能力为700万～800万kW。

4. 电网消纳能力

目前海上风电装机容量仍然较小，且分布在负荷密度较高的沿海地区，不存在消纳问题。随着装机容量的不断提升，本地燃煤机组的加快退役，未来需考虑海上风电带来的消纳问题。以江苏省为例，预计“十四五”末海上风电装机容量1200万kW，负荷增长率以8%计算，海上风电装机容量仅为平均负荷的8.8%，考虑其他光伏、陆上风电装机容量和增长率，新能源发电装机容量占平均负荷不足30%。福建平均负荷在沿海省份中相对较低，若“十四五”末海上风电装机容量500万kW，仅占平均负荷的10%，均远小于冀北、甘肃的48%、156%。2019年典型省份装机容量结构与负荷情况见表1-4，总体来看“十四五”期间，海上风电不会产生规模化弃电情况。

表1-4 2019年典型省份装机容量结构与负荷情况 单位：万kW

省份	总装机容量	常规电源（水电、火电、核电）	新能源装机容量（风电、光伏发电）	平均负荷
江苏	13200	10700	2500	9250
福建	5900	5300	600	3300

续表

省份	总装机容量	常规电源 （水电、火电、核电）	新能源装机容量 （风电、光伏发电）	平均负荷
河北	4270	2180	1090	2240
甘肃	5260	3070	2190	1400

5. 海上风电运维水平

目前海上风电行业在世界范围内快速发展，但受台风、气流和闪电等恶劣海洋环境影响，风电机组容易出现故障；受风浪影响，运维人员难以到达风电机组，故障待修时间长，发电损失大；海上维修困难，尤其是大部件更换。我国海上风电起步晚，海上风电场运行维护管理经验不足，缺乏专业装备，运维效率低，安全风险大；智能化低，预防维护少；海洋气象监测不精确；运维成本下降缓慢。这些逐渐成为影响海上风电降本增效发展的制约因素。从我国海上风电场的实际角度考虑，应通过建立完善科学的运维模式，加强运维管理水平提升，并利用国外先进运营管理经验，增加大数据和智能化信息管理系统在海上风电运维中的应用，从而不断提高我国海上风电运维水平。

1.4 海上风电发展趋势及展望

2020年，全球非化石能源占一次能源消费总量比重已超过15%，预计到2030年，全球非化石能源占一次能源消费的比重将提高到23.8%，可再生能源在未来非化石能源消费结构中的地位进一步提升，将成为未来电力增长的最大来源。海上风电产业产值预测表见表1-5。

表1-5 海上风电产业产值预测表

类　型	我国海上风电发展规模		全球海上风电发展规模	
	2020年	2030年	2020年	2030年
海上风电总装机容量/万kW	500	3000	4000	10000
海上风电项目投资/亿元	1000	4500	8000	15000
海上风电机组交易价值/亿元	330	1485	2640	15000

1.4.1 海上风电发展趋势

1. 风电机组大型化、功率大容量化

风电装备的大型化是近年来世界海上风能利用技术发展的一个新趋势。自1980年以来，风电机组装机容量及尺寸从单机容量100kW、风轮直径17m发展到单机容量16MW、风轮直径242m（截止到2021年8月）。2021年8月20日，明阳智慧能源集团股份公司（简称明阳智能）推出 MySE16.0－242 海上风电机组，单机容量达 16MW，超过维斯塔斯 V236－15.0MW、西门子歌美飒 14MW－222DD、GE Haliade X 14MW－220 三款机型，成为当时单机容量全球最大的海上风电机组。

2. 由潮间带、近海向远海发展

一方面，潮间带、近海风电更易受到日益严苛的环保生态等制约，发展空间受到挤压；另一方面，深远海范围更广，风能资源更丰富，风速更稳定，在深水远海发展风电，既可以充分利用更为丰富的风能资源，也可以不占据海岸线和航道资源，减少或避免对沿海工业生产和居民生活的不利影响。

3. 集中连片规模化发展

由于风电平价时代的到来，可再生能源发展对于成本的要求将更加苛刻，因此以规模化、基地化开发来均摊成本是必然趋势，加上未来海上风电场离岸距离的增加，更需要集中开发来降低海底电缆、海上升压站的成本。

4. 建立非并网风电多元化应用系统

海上风电应用多样化，比如利用海上风电进行海水淡化、电解海水制氢和“海上风场＋海上牧场”综合开发利用。

1.4.2 我国海上风电政策方向

2018 年 5 月 18 日，国家能源局发布《关于 2018 年度风电建设管理有关要求的通知》，推行竞争方式配置海上风电项目，已经确定投资主体的海上风电项目 2018 年可继续推进原方案。从 2019 年起，海上风电项目应全部通过竞争方式配置和确定上网电价。政策大方向是逐步取消海上风电的上网电价补贴。各省细则正在加紧出台，上海、浙江率先出台了竞争性配置海上风电项目细则，并且浙江、上海已完成一些项目的竞争性配置的项目招标工作，具体情况详见表 1－6。

表 1－6 已完成竞争性配置的项目及上网电价

省（直辖市）	项目名称	装机容量/万 kW	申报电价/[元/(kW·h)]
浙江	苍南 1 号	30	0.785
	苍南 1 号二期	10	0.785
	瑞安 1 号	15	0.770
	苍南 4 号	20	0.770
	苍南 4 号二期	20	0.770
上海	奉贤	20	0.730

依据国家发展改革委发布的《关于完善风电上网电价政策的通知》（发改价格〔2019〕882 号），关于海上风电上网电价将海上风电标杆上网电价改为指导价，新核准海上风电项目全部通过竞争方式确定上网电价。2019 年符合规划、纳入财政

补贴年度规模管理的新核准近海风电指导价调整为 0.8 元/(kW·h)，2020 年调整为 0.75 元/(kW·h)。结合海上风电产能、政策走向等因素分析，2020—2021 年平均建设成本出现上涨，原因是海上风电开发商为了赶上国家补贴政策末班车，在 2021 年年底前将加快海上风电场建设步伐，势必会造成短期内资源供应紧张的情况，导致各自资源费用上涨，从而拉高建设成本。但是，2022—2025 年海上风电平均建设成本将呈下降态势，并且预计未来 5 年内海上风电投资造价成本将下降 16%，单位投资下降至 13000～15000 元/kW。

1.4.3 我国海上风电机组发展趋势

随着海上风电上网电价国家补贴退坡，要想使海上风电实现盈利，除了降本增效外，还应提高风电场单机发电量。而由于扫风面积的增加，在同样风速的条件下，大转轮直径（大容量）风电机组发电量更高。另外，由于海上施工条件恶劣，单台风电机组的基础施工和吊装费用远远大于陆上风电机组的施工费用。大容量风电机组虽然在单机基础施工及吊装上的投资较高，但由于数量少，在相同面积的风电场条件下，选用大容量风电机组能降低风电场总投资。基于此，海上风电开发商更趋向选择大直径、大容量的风电机组，从而推动海上风电机组向大型化发展。目前我国已经掌握 5～7MW 海上风电整机集成技术，5MW 风电机组成为招标要求的主流机型，东方电气股份有限公司（简称东方电气）、中国船舶集团海装风电股份有限公司（简称中国海装）、明阳智慧能源集团股份公司（简称明阳智能）等研发的多台 10MW 以上风电机组也已下线。依据公开数据，预计"十四五"期间我国海上风电的平均单机容量将达到 10～12MW，2025 年左右我国将进入 15～20MW 风电机组时代。海上风电机组单机容量发展趋势如图 1-3 所示。

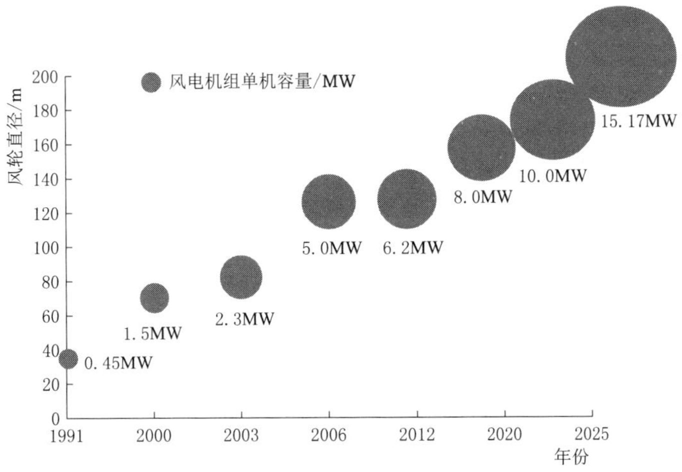

图 1-3 海上风电机组单机容量发展趋势

1.4.4 我国海上风电场发展趋势

依据国家能源局、国家海洋局印发的《海上风电开发建设管理办法》(国能新能〔2016〕394号),鼓励海上风电项目采取连片规模化方式开发建设,各省市也积极推动具备开工建设条件的近海海上风电项目实施规模并网。风电开发商也积极结合近海已建项目分布、送出线路、限制性因素等前期工作成果,优化海上风电项目布局向规模化、商业化方向整合,从而实现效益最大化。

目前,我国海上风电场的建设主要集中在近海海域。近海的资源已经被瓜分殆尽,要获取更多的海上风能资源,海上风电项目必将逐渐向深海、远海发展。漂浮式基础的深海风电将是海上风电未来发展的新星,同时,海上风电深远海化也给电力输送带来挑战,远距离柔性直流输电技术必将会快速发展。

1.4.5 我国海上风电发展展望

围绕全球及我国海上风电发展趋势,并根据我国需求、政策、基础条件等实际特点,对国内海上风电的未来做出以下展望:

(1)虽然承受着海上风电平价上网过程中的压力,但在可再生能源必将不断发展的大趋势下,国内海上风电市场也将会继续保持乐观的态度。主要原因有:一是地方政府出台补贴和激励政策,推动海上风电发展进程,促进就业和GDP的快速增长,这其中以上海、江苏、广东最为突出,浙江、山东也在努力发展海上风电;二是产业链各参与方目前均在想方设法降低各环节成本,保证海上风电的可持续发展。

(2)基于历史的统计数据可以推测出未来海上风电总投资成本的下降趋势,其中政策的引导占据主要因素。海上风电上网电价降低,为了保证良好的收益水平,业主必然会把投资成本降低,进而影响产业链各参与方技术水平的提升,设计不断优化创新,从而提高空间利润。

(3)海上风电的大规模开发,离岸距离越来越远,采用直流输电的方法是必然趋势。江苏已经建设了柔性直流输电的海上风电项目,后期广东粤西、粤东海域的深远海风电场也会大概率选用柔性直流输电的方式。

(4)国内智慧化海上风电场将迅速发展,例如:可以利用数字技术应用软件,逐步实现风电场内“无人值班,少人值守”的目的;通过智能化监控系统,实现风电机组状态分析及故障预警;通过智能化运行管理模式和线上操作流程,有效提升运维效率;通过水下资产的安全管理,有利于保护设施的安全;通过智能化库存方式,优化备品备件等。

(5)将5G、无人机、智能化机器人、直升机等新型技术融入海上风电运维工作,将为风电运维行业创造很多便利条件。

(6) 加快大容量风电机组设备研发速度及认证工作，同时对主机发电控制方式进行优化及运用新技术来增强叶轮的捕风性能，使发电量上升。开展标准体系探讨，通过与 IEC、DNV 等国际标准进行对比，从而引领全球海上风电的不断发展。

(7) 创建海上风电新的运维模式，确保在全寿命周期范围内，将运维成本降低，使发电量损失最小，降低设备故障率，提高设备的可靠性，从而提升海上风电的开发质量。

随着我国海上风电建设进入爆发期，海上运维需求将快速增长，2019 年我国海上风电运维市场规模达到 4.9 亿元左右，预计到 2024 年整体规模达到 37 亿元左右，年复合增长率约为 50%，如图 1-4 所示。

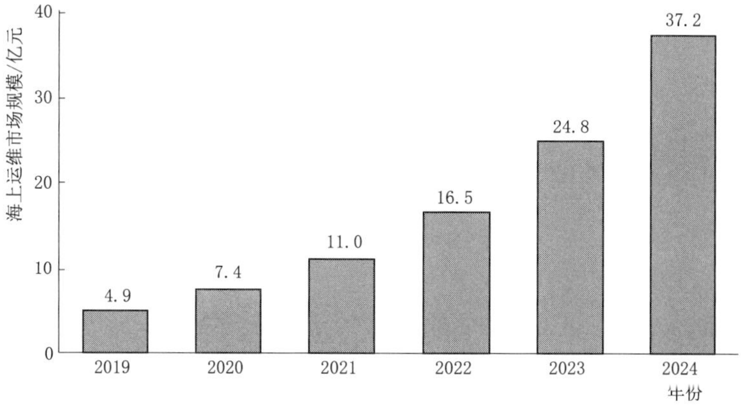

图 1-4 我国海上运维市场规模预测图

第 2 章　海上风电场运维特点

海上风电的运行与维护管理是风电场运行管理的一项经常性工作，海上风电场的运行维护管理的客体是风电场，因此风电场的运行维护管理一方面是指对风电场工程设备材料等方面的管理；另一方面是对风电场工程设备材料维护等行为的管理。随着海上风电场集中式大批量的开发和建设以及大兆瓦机型推出种类多、技术的更新迭代快，设备及系统的运行维护工作变得越来越复杂，技术难度也越来越高。在进行风电场运行维护管理的过程中，不仅应当理解电力系统和风电系统的相关知识，还应当根据风电场运行维护管理过程中积累的经验对可能发生的问题进行预判和处理。因此，科学的风电场运行维护管理，需要探索多维度降低海上运维成本、提升运维水平的有效路径，从提升设备可靠性、转变运维方式、应用智能化技术、打造专业设备、完善标准体系、加强培训等方面，确保海上风能资源的合理充分利用，保证风电的质量和提高风电机组的总体发电量，从而推动海上运维降本增效。

海上风电场的运维费用大致为陆上风电场费用的 2 倍，高昂的运维费用与海上风带的可进入性差以及进入成本高等有着直接的关系。这就要求海上风电生产经营企业必须不断优化运维策略，减少进入风电场现场的频率和人员，不断提升风电机组的可利用率和发电效率。

2.1　海上风电场运维环境

海上环境较之陆上环境复杂，从近海区到深远海区，环境情况也不同。台风、风暴潮、海冰，以及海水和高盐高湿的海上空气等自然条件都会对海上风电机组造成损害。恶劣的海上天气也对运行维护进度造成影响，阻碍运维工具行进和维护工作的进行，同时也有可能造成维护人员伤亡。风电场往往地理位置偏远，交通不便，物资匮乏，人员交流困难，专业技术人员更是很难长久留住。海上风电场的运行与维护，相对于陆上而言难度更大，要求更高。

2.1.1　水文条件

在海上风电场的规划过程中，海洋气象条件的勘测十分重要。风电机组所处海域海水越深，海浪与潮流对风电机组地基的冲击越大。因此，在海上风电发展的初期，海上风电场通常设置在海洋浅水区域，可以减少建设费用与基地运维费用。但浅水区海上风电场建设在减轻海水冲刷作用的同时，会受到包括潮流能增加等其他水文条件的影响。因此，在海上风电场规划阶段需要对海洋水文气象条件进行充分且细致的分析，为海上风电场规划及监视提供充分详实的数据，有效避开规划不利区域，增加规划可实施性，降低后期运维难度。

海洋水文为海水各种变化和运动的现象，包括潮汐、海流、涌浪等运动，海水的声、光、电磁等物理现象，海水的热分布和海洋与大气之间的相互作用等。目前，海洋水文的观测中，温度、气压、水温、波浪、潮汐、海流、冰凌、水流泥沙运动以及波浪泥沙运动均有观测记录与数据分析。

本节将介绍海上风电场规划中的海洋水文条件，分析包括潮汐、潮流、海浪及海上风暴在内的各项海洋水文条件在风电场建设与运维中的影响。

2.1.1.1 潮汐和潮流

1. *潮汐和潮流现象*

潮汐运动是发生在海洋中的自然现象，如图 2-1 所示，是在诸如月球之类的天体的潮汐力作用下海水的周期性水平运动，及具有周期性的海平面垂直运动。因为潮汐由天体的引潮力引起，涨落往复运动，研究中将海面的一涨一落合称为一个潮汐周期。在一个潮汐周期内，最高水位和最低水位间形成的潮差及潮流的大小和方向等与海上风电场的选址、设计、施工、生产、运维与安全等密切相关。

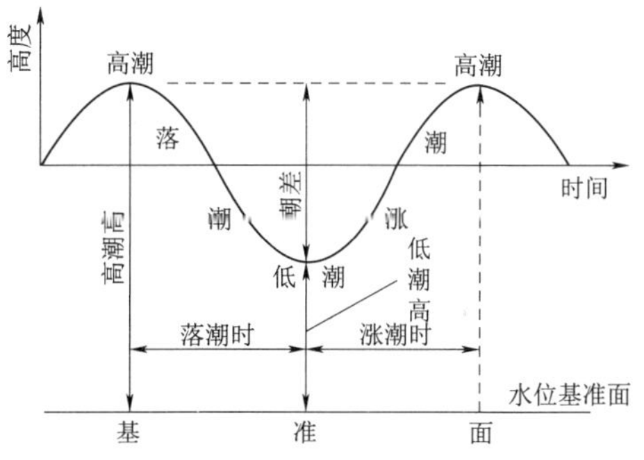

图 2-1 潮汐运动

2. *潮汐要素*

潮汐要素用于描述潮汐涨落的运动特征。在海上风电场规划评估作业中，利用国际常用的水道理论及平衡潮流理论进行勘测，其中较为重要的潮汐要素为潮流潮差以及潮间带。

进行潮差测量时，潮流潮位高度测量是基于潮汐的基准面，因此潮汐基准面又称为进行潮位测量的起始面，它一般与海图的基准面相同，起着朝下定深度、朝上定潮高的作用。潮高从潮汐基准面算起，高潮面到潮汐基准面的距离就定义为高潮高，低潮面到潮汐基准面的距离就定义为低潮高，相邻的高、低潮水位之差就称为潮差。

对平均高潮水位与低潮水位进行测量，取平均高潮水位与平均低潮水位时到达的海岸范围为潮间带，又称潮上带。亚潮带在潮间带以下向海延伸 30m 距离内。潮间带的地形地貌多为滩涂湿地及淤泥沉积地带，有特殊的滩涂湿地生态小环境，水文、地质、气候条件均比较特殊，以往潮间带适于进行海产养殖及滩涂植物养殖等产业。

图 2-2　潮间带海上风电建设

由于我国与欧洲各国海上风电资源分布状况不同，我国风电产业集中在海上潮间带，事实上，我国是最早在潮间带地区建设风电场的国家。经过十多年的发展，各施工企业已经形成包括平板驳船技术与装履带吊趁潮进点座底吊装安装方法等别具特色的海上风电场技术经验。图 2-2 为潮间带的海上风电建设图。

3. 潮汐要素对海上风电场建设的影响

相较于在海水完全浸没区域进行海上风电建设，在潮间带建设成本较低，风电机组整体结构与陆上风电机组相似，仅需添加海上支撑结构保证海上风电机组减少潮流扰动影响。因此，从开发潜力、投资成本等角度考虑，潮间带是目前风电开发的重点区域。

在海上风电场设计勘测过程中发现，我国的潮间带风电资源主要集中于长江口以北各省，主要地区包括江苏、上海和山东沿海，上述地区的潮间带平均风速可达 6～7m/s，有较大的风电开发潜力，并且这些区域潮间带地区靠近电力负荷中心，潮间带风电能够有效得到消纳，与中深海相比，在潮间带建设风电场的成本和难度较低。

潮间带是涨潮淹没、落潮露滩的海域，潮间带各潮汐影响明显，使得风电机组周围海环境复杂，海上风电场运维作业受潮汐影响，表现为通达困难，交通设备选择困难，海上维护作业有效时间短，安全风险大且缺乏大型维修装备。

2.1.1.2　海浪

海浪通常指海洋中由风产生的波浪，主要包括风浪、涌浪和海洋近海波。海上风电面临着多变且复杂的环境，持续性的风力和波浪力作用在风电机组结构上，极易产生振动问题，不仅影响海上风电机组的正常运行特性，降低输出电能质量，还会加剧风电机组各零部件的疲劳载荷，缩短海上风电机组的寿命。风电机组在波浪力作用下的动态响应、风电机组塔架的疲劳载荷与极限载荷，以及风电机组叶片乃至气动特性、输出功率均受到影响，因此对海上水文研究十分必要。

1. 海浪的主要类型

(1) 风浪。风浪是海水受到风力的作用而产生的波动，可同时出现许多高低长短不同的波，波面较陡，波长较短，波峰附近常有浪花或片片泡沫，传播方向与风向一致。

（2）涌浪。俗话说“无风三尺浪”，指的就是涌浪。它是指风浪离开风区后传至远处，或者风区里的风停息后所遗留下来的波浪。涌浪的特征如下：波形对称，波面光滑，是较规则的移动波；波长、周期、波速较大；传播方向与海上的实际风向无关，两者可以成任意角度。

（3）海洋近岸波。近岸波在向岸的传播过程中，波动要素发生较迅速的变化。首先，波动传播速度随海水变浅而变小，致使波峰线发生弯转，渐渐和等深线平行。其次，波速和波长也随海水变浅而减小，所以近岸波的波速和波长分别比远离海岸的外海的波速和波长小。由于海浪的折射可引起波向线的辐散或辐聚，加上波速的变化，即使忽略摩擦、渗透和破碎的影响，波高也要发生变化。

2. 海浪产生的主要原因

海浪是发生在海洋中的一种波动现象。这里指的海浪是由风产生的波动，其周期为0.5～25s，波长为几十厘米到几百米，一般波高为几厘米到20m，在罕见的情况下波高可达30m以上。

海浪是海面起伏形状的传播，是水质点离开平衡位置作周期性振动，并向一定方向传播而形成的一种波动。水质点的振动能形成动能，海浪起伏能产生势能，这两种能的累计量巨大。在全球海洋中，仅风浪和涌浪的总能量就相当于到达地球外侧太阳能量的一半。海浪的能量沿着海浪传播的方向滚滚向前。因此，海浪实际上又是能量的波形传播。

3. 我国沿海地区波浪特征

我国沿海地区波浪能主要集中在东部沿海地区，目前对山东、江苏以及南海地区波浪特征分布进行较为详细的研究。我国属于季风气候区，近海海浪季节性变化强，冬季风影响下海浪波动最强，其次为春秋季，在夏季海浪受到离岸风影响，波浪结构波动最弱。在进行海浪结构研究中，分别将1月、4月、7月、10月作为一年中冬、春、夏、秋4个季节的代表。我国波浪能由北向南逐渐增强，且季节性明显，以冬季波浪波动最强，夏季最弱。在海上风电场建设过程中应考虑季节变化引起的波浪高度及强度对风电机组和海上升压站振动及风电机组载荷产生的影响，如图2-3所示。

图2-3 海上风电机组受波浪影响

2.1.2　气象条件

气象条件是指各种天气现象的水热条件。海上气象是指发生在海面上空中的风、云、雨、雪、霜、露、虹、晕、闪电等一切大气的物理现象。在海上风电场的运行中，为了避免台风、浮冰及海雾等海上不利气象条件对风电机组运行造成影响，应进行海上气象条件监测。

2.1.2.1　海雾

海雾是海洋上低层大气中的一种水汽凝结（华）现象，由于水滴或冰晶（或两者皆有）的大量积聚，使水平能见度降低到 1km 以下，雾的厚度通常在 200～400m，如图 2-4 所示。

图 2-4　海雾

大气环境中的气象因素如相对湿度、温度、降雨、水溶性无机盐、污染物因素等都会直接影响机组合金的大气腐蚀行为。大气腐蚀不是单一环境因子的叠加，是诸多环境因子综合作用的结果。

根据海上环境腐蚀特点，海上升压站平台处于海洋大气区，海洋大气区具有湿度高，盐分高，干、湿循环效应明显等特点。由于海洋大气湿度大，水蒸气在毛细管作用、吸附作用、化学凝结作用的影响下，会附着在钢材表面上形成一层水膜，CO_2、SO_2和一些盐分溶解在水膜中，使之成为导电性很强的电解质溶液，铁作为阳极在电解质溶液中被氧化而失去电子，变成铁锈。另外，Cl^-有穿透作用，能加速钢材的点蚀、不锈钢的应力腐蚀和缝隙腐蚀等局部腐蚀，低碳钢暴露后的腐蚀厚度大于 80～200μm，镀锌层的腐蚀速率为 4.2～8.4μm/年。腐蚀会严重影响海洋平台结构材料的力学性能，从而影响海洋平台的使用安全，海洋大气区的防腐措施主要采用涂层或金属镀层。海上风电机组单桩结构腐蚀图如图 2-5 所示。

图 2-5　海上风电机组单桩结构腐蚀

海洋防腐蚀涂料的开发具有研制周期长、投资大、技术难度高且风险大的特点。为防止海上风电机组受海雾腐蚀，可以在雾期前对风电机组防腐蚀材料进行防护，减少海雾对风电机组的影响。

2.1.2.2 海上雷电

雷电一般产生于对流发展旺盛的积雨云中，海上雷电常伴有强烈的阵风和暴雨，有时还伴有冰雹和龙卷风。积雨云顶部一般较高，可达 20km，云的上部常有冰晶。冰晶的凇附、水滴的破碎以及空气对流等过程使云中产生电荷，从而产生雷电如图 2-6所示。

海上气象站可进行海上雷电监测，及时调整海上风电场工作及运维状况安排。海洋与陆地一样，同样也有能对海洋气象进行监测，气象站不仅可以观测海洋气象，而且可以对海水环境进行立体监测。海洋观测站建造的地点多样，规模各异，有的设在海岛上，有的建在岛礁上，有的位于移动或固定的船舶上，有的布设在海面的大型浮标上，还有的坐落于海洋中矗立的人造塔上。灵活的安装地点可以适应复杂的海洋环境，为海上风电场的环境监测提供便利条件，海上气象站如图 2-7 所示。

图 2-6 海上雷电

图 2-7 海上气象站

这些海洋观测站，水上部分进行包括测量风速、风向、气温、气压和温度等气象要素海洋气象观测，降低因海上气象环境变化带来的影响；水下部分测量波浪、海流、潮位、海温等多种海洋环境要素。海上气象站实时观测多种水文、气象、化学及生态环境变化，为海上风电场提供相对安全的运行条件。

2.1.2.3 台风

海上风能资源丰富，适宜进行风电开发。但是，海上台风频频发生，常使海上风电场遭受巨大的损失。一个中等强度的台风所释放的能量相当于上百个氢弹释放能量的总和。如果不采取有效防范措施，台风巨大的自然能量将给风电机组带来毁灭性破坏。

台风对海上风电带来的不完全是负面影响。一定强度之内的台风和热带气旋可以给风电场带来较长的满发时段，这是对风电场运营有利的一面。据统计，登陆我国的台风平均每年大约有 2/3 是有利于风电的“好台风”，还有大约 1/3 是具有威胁的“坏台风”。

图 2－8　风电机组叶片受台风破坏

台风对风电机组的破坏主要是对设备结构施加静载荷和动载荷叠加效应。台风来临时，空气密度很大，风速也高达 70m/s，因此设备极易超过设计载荷极限，造成破坏。台风对海上风电的破坏主要包括整体倾覆、塔筒破坏和叶片损毁等。图 2－8 为风电机组叶片受台风破坏图。

我国东南沿海是台风频发海域，根据东南沿海海上风电场极端风速统计发现，54m/s 的风速累计发生频率可以覆盖所有统计数据的 96%，见表 2－1。

表 2－1　我国东南沿海地区极端风出现频率

风速/(m/s)	站数/个	频率/%	累计频率/%
<37.5	48	22.75	22.75
37.5～42.4	42	19.91	42.66
42.5～49.9	89	42.18	84.84
50～51.9	16	7.58	92.42
52～53.9	9	4.27	96.69
54～55.9	5	2.37	99.06
56～57.9	1	0.47	99.53
58～59.9	1	0.47	100
合计	211	100	—

2.1.2.4　风暴潮

强风和气压骤变导致海水异常升降，将引起风暴潮。风暴潮根据风暴的性质，通常分为由温带气旋引起的温带风暴潮和由台风引起的台风风暴潮两大类。

温带风暴潮多发生于春秋季节，夏季也时有发生。其特点是增水过程比较平缓，增水高度低于台风风暴潮。温带风暴潮主要发生在中纬度沿海地区，以欧洲北海沿岸、美国东海岸以及我国北方海区沿岸为多。

台风风暴潮多发生于夏秋季节。其特点是来势猛、速度快、强度大、破坏力强。凡是有台风影响的海洋国家、沿海地区均有台风风暴潮发生，使局部地区猛烈增水，酿成重大灾害，如图 2－9 所示。

风暴潮是发生在海洋沿岸的一种严重自然灾害，这种灾害主要是由于风暴潮会使受到影响的海区的潮位大大超过正常潮位。如果风暴潮恰好与影响海区天文潮位高潮相重叠，就会使水位暴涨，海水涌进内陆。风暴潮的高度与台风或低气压中心气压低于外围的气压差成正比，中心气压每降低 1hPa，海面约上升 1cm。

风暴潮（含近岸浪）是我国水文气象灾害中最严重的海洋灾害。十多年中，尽管沿海人口急剧增加，但死于潮灾的人数已明显减少，这归功于风暴潮预报警报的成功。但随着濒海城乡工农业的发展和沿海基础设施的增加，承灾体的日趋庞大，每次风暴潮的直接和间接损失却正在加重。

图 2-9 风暴潮

2.1.2.5 灾害性海浪

在海上引起灾害的海浪称为灾害性海浪。通常指的灾害性海浪是指海上波高达 6m 以上的海浪，即国际波级表中“狂浪”以上的海浪。因为 6m 以上波高的海浪对航行在世界各大洋的绝大多数船只已构成威胁，它常能掀翻船只，摧毁海洋工程和海岸工程，给航海、海上施工、海上军事活动、渔业捕捞带来灾难，正确及时地预报这种海浪对保证海上安全生产尤为重要。灾害性海浪是由台风、温带气旋，寒潮的强风作用下形成的。

但在实际上，很难判定什么样的海浪属于灾害性海浪。对于抗风抗浪能力极差的小型渔船、小型游艇等，波高 2～3m 的海浪就构成威胁；结合实际情况，在近岸海域活动的多数船舶对于波高 3m 以上的海浪已感到有相当的危险；对于适合近、中海活动的船舶，波高大于 6m 甚至波高 4～5m 的巨浪也已构成威胁；而对于在大洋航行的巨轮，则只有波高 7～8m 的狂浪和波高超过 9m 的狂涛才是危险的。

2.1.2.6 海冰

海冰是淡水冰晶、“卤水”和含有盐分的气泡混合体，包括来自大陆的淡水冰（冰川和河冰）和由海水直接冻结而成的咸水冰，一般多指后者。广义的海冰还包括在海洋中的河冰、冰山等。海冰在运动时对海上风电机组的推力和撞击力是对海上风电最大的危害。另外，大面积的海冰也会导致运维船只航行受阻，从而影响海上风电场的运行维护。据研究表明，每年冬季随着冷空气活动频率和强度的增加，我国渤海和黄海北部海域都会出现不同程度的冻结，海冰的存在和运动将对海上风电机组造成不可小觑的威胁。为海冰对风电机组造成的影响如图 2-10 所示。

图 2-10 海冰对风电机组的影响

由于台风、风暴潮等气象条件对风电机组的影响，在设计前期，需要针对不同海域的风能资源特性进行详细分析，根据风区特点选取适宜的机型以及尾流影响最小的机位排布方式。特殊环境对海上风电机组的影响见表 2-2。

表 2-2　特殊环境对海上风电机组的影响

海　　域	主要关注点
渤海及北黄海海域	海水结冰、温带气旋引发的风暴潮
山东半岛南部领近海域	海雾对风电机组安全及运行维护的影响
苏北海域	低风速、软地质对风电机组及基础的影响
长江口以南至福建北部海域	台风路径的多变
台湾海峡	风电机组的疲劳载荷
广东、广西、海南东部海域	台风急先锋速度影响
北部湾海域	风向突变、极大风速

2.1.3　地质条件

海上风电场建设受风、浪、潮、流、风电场潮汐运动等诸多因素影响，除此之外不同的工程地质条件也影响着海上风电场的规划布局及建设成本。在进行海上风电场风电机组布局、基础设计、电缆路径设计过程中，需要准确把握海上风电场的工程地质条件，这是海上风电建设的基础。此外，在规划阶段进行海床和地质条件勘察，有助于评估项目技术和经济的可行性，降低现场自然条件变化的潜在风险，降低后期运维难度。

海床条件等自然因素不仅关系到支撑结构和地基的设计，而且还对安装技术及花费有重要影响，尤其是对海上风电机组海底电缆的安装与运维有重要影响。欧洲早期风电项目的经验表明，缺少对于海底条件的了解，会使机组及电缆的安装费用增加数倍。

目前，海上风电场的工程地质条件评价尚在探索中，对于海上风电建设、规划及布局有着重要意义及应用价值。

2.1.3.1　海上风电场工程地质条件

根据我国近海海域地貌及地层组合，将海上风电场的建设场地划分为 3 个工程地质区。

（1）基岩覆盖厚的工程地质区（松散层厚度不小于 100m），多分布于海积平原、平原型港湾及河口三角洲区。

（2）基岩覆盖中等的工程地质区（松散层厚度为 50～100m），多分布于港湾区。

（3）基岩覆盖薄的工程地质区（松散层厚度不大于 50m），多分布于基岩岸带，基岩残丘、孤岛时有分布。

在风电场基础设计时，近海海域基岩覆盖厚及覆盖中等的工程地质区应选择更新统硬塑状黏性土层或中密实砂砾层为桩基持力层，而基岩覆盖薄的工程地质区可选择中风化岩为桩基持力层。

2.1.3.2　海上风电场地质灾害

常见海上风电场地质灾害类型如下：

1. *岩溶*

海上基岩覆盖薄的工程地质区可能含有碳酸盐岩隐伏体，经海水长期溶蚀（或古老溶蚀），会形成形态不同、规模不等的溶洞和溶隙，岩溶状态有充填型、半充填型两种，会导致地基不均匀沉陷或塌陷，影响上覆土层的连续性、均匀性，降低持力层的承载力及稳定性。

2. *滑坡泥石流*

基岩岸带的陡崖在海浪淘蚀下可发生崩塌滑坡，低凹谷内的沉积物在径流冲刷下可能发生泥石流。古滑坡或古泥石流的存在会影响海上风电场的工程地质条件。

3. *场地和地基的地震效应*

不同海域的风电场地质条件下地震效应不同，特别是20m以浅（Qh地层）的粉砂、粉土在地震作用下易液化。我国近海海域大部分区段20m以浅均有可液化砂性土，在地震作用下有可能液化。海上风电场地震灾害统计见表2-3。

表2-3　海上风电场地震灾害统计

堪　察　区	最大震级		地震峰值加速度/(m/s^2)	基本设防烈度/度
	年份	震级		
莱州湾海上风电场	1988	7.5	0.10g	7
海南文昌海上风电场	—	7.0～8.0	(0.10～0.35)g	7～8
珠港澳大桥	1968	6.4～7.0	—	7
青岛湾大桥	2003	6.0～8.0	—	6～8
杭州湾大桥	1523	5.5	—	6

现有地质研究在对海域进行地震带强度检测时发现，区域稳定性与地质构造运动及地震活跃性密切相关。我国近海海域地震设防烈度7度者占47%，小于7度者占35%，8度以上者占18%，地震设防烈度6～7度者占绝大部分。地震峰值加速度为（0.15～0.30）g者仅有5例，占30%，小于0.10g者占多数。海上风电建设场地区域稳定性属“一般稳定，局域次稳定”，场地稳定性条件尚好，地基稳定性较适宜。据历史资料统计，6级以上地震多发生于海域大陆架内，近海海域破坏性地震少有，闽浙隆起区及海南沿海地震活动性相对较强，地震级别较低，基本设防烈度多在7度以下。

近海海域不良地质条件基本不发育，不易发生滑坡、泥石流等地质灾害现象。近海海域全新统软土普遍发育，砂土液化较为突显，是风电场基础设计中应防范的主要工程地质问题。

2.2 海上风电场运维模式

运维模式主要分为定期运维模式和预防性运维模式。定期运维模式主要包括质保期内运维和出质保期后运维，预防性运维主要是借助在线监测、大数据等技术实现智能化监控预警以及故障诊断。

2.2.1 定期运维模式

1. 质保期内运维模式

风电机组质保期内，海上风电场目前一般采取运维一体模式，检修维护人员可以不进行专职配备或少配备，由运行值班人员担负日常检修维护的监护和协调职责。运行值班人员在陆上集控中心实现对海上升压站平台输变电设备及风电机组实时监控，一般实行四班三例或五班三倒方式，每班3～4人。根据故障处理及定期维护检修任务，抽调1～2名值班员跟随风电机组厂家参与现场风电机组调试、故障处理和定期维护工作学习及现场监护。该种模式在表面上节省了人员配置，实际上是设备厂家检修维护人员做了补充，这些人员费用是在设备初期投资中的，可以说是隐形的检修维护费用。一旦风电机组出质保期，就面临设备检修维护的空缺风险，就迫切需要配备专业的检修维护人员，增加运行维护成本，若检修维护人员不够专业或短缺，就会影响设备的运行可靠性和发电指标。运维一体模式下，存在运行检修职责界面不清晰，检修维护工作流程不规范的安全隐患，设备检修维护大部分依靠设备厂家进行维修。一旦厂家人员不积极配合，就会造成设备维修不及时，甚至影响发电指标。风电场跟随人员对学习风电机组检修维护技能积极性和责任性不够，设备的检修维护成为海上风电场运行值班人员的短板，为以后风电机组出质保期后，没有后备强有力的检修维护人员埋下隐忧。

2. 出质保期后运维模式

风电机组出保质期后可以选择由整机厂家继续负责运行维护、风电场运行维护人员自行进行维护、第三方运行维护服务公司进行运行维护等。

(1) 由整机厂家进行运行维护。过质保期后，继续由整机厂家负责运行维护，其缺点是运行维护费用较高，且海上风电场业主方没有自己的维护技术人员储备，容易受制于人；如果业主方继续扩大海上风电场发展规模，后续海上风电场选用的风电机组厂家可能不一样，因此不利于降低风电机组运维费用。优点是风电机组厂家技术人员具有质保期内的维护经验，有利于进一步提高风电机组的可利用率，保证风电机组的维护质量，提高风电机组的健康运行水平。

(2) 由海上风电场运行维护人员自行进行维护。此种运维模式运维成本费用较低，同时可以培养锻炼海上风电场运维技术人员，有利于业主方在海上风电业务的长期发展。但需建立在质保期内海上风电场对自身风电机组维护技术骨干人员的培养制度，方可确保质保期后风电机组运维的平稳过渡。前期适应摸索阶段，可能受风电场维护人员技术水平影响，无法保证风电机组可利用率。根据业主方对海上风电开发的长远发展，海上风电规模化开发已成为一种趋势，这种运维模式有利于海上风电运维成本的降低，再积累陆上风电规模化开发的运维管理经验，建议采取“远程集中监控、区域集中检修维护、现场少人值守”管理模式，有利于利用现代信息化手段，减少人员配置，提高风电企业管理能力。

采取运行和检修维护人员分开，成立专门检修班组，专职负责海上风电场的检修维护工作及配合运行就地操作，集控中心运行人员专门负责设备的远程运行监视、操作、统计分析等运行监控工作。检修班组技术骨干力量由质保期内跟随风电机组厂家现场调试、消缺维护的运行人员担任，这样既解决了运行检修职责不清，设备缺陷不能闭环管理的问题，同时又能确保检修过程安全、质量得到监督保证。

(3) 由第三方运行维护服务公司进行维护。此种模式将海上风电场的检修维护整体委托第三方运行维护服务公司，维护费用介于上述两者之间。此种模式不利于海上风电开发公司长期发展及持续增长经营效益，长期依赖于第三方维护服务公司专业技术人员维护定检风电机组，不利于业主方风电机组维护技术人员的培养及成长。

运维一体化模式，厂家负责运维模式，第三方公司负责运维模式以及运维集中监控模式有其特点及其使用情况，这三种模式在运行过程中的特点对比情况见表2-4。

表2-4 定期运维模式对比

运维模式	适用情况	特点
运维一体化	风电机组质保期内以及质保期后，规模小的单个海上风电场	质保期内，风电机组由厂家负责维护，风电场配置少量维护人员现场跟踪学习。质保期后，受规模发展限制，装机容量小的单个海上风电场通过增配维护人员，采取运维一体化方式负责维护工作，运维费用较低
厂家负责运维	质保期后，受风电场维护人员技术水平及人员配置影响，委托风电机组厂家继续负责维护	继续由原厂家负责维护，能确保风电机组的可利用率。但不利于海上风电企业风电机组维护技术人员的培养及后续规模化发展，运维费用较高
第三方服务公司负责运维	质保期后，委托专业的第三方服务公司负责运维	按照传统火电检验模式，但与风电检修工艺和工序差别较大，初期难以保证检修质量，不利于风电企业专业维护技术人员的培养，费用介于上述两者之间

续表

运维模式	适用情况	特点
运维集中监控，区域集中检修维护，现场少人值守	质保期后，风电企业在原有质保期内培养的风电机组维护技术人员基础上，适当增配维护人员，组建专业维护检修队伍，负责风电企业该片区的海上风电场维护检修	通过建立集控中心，优化运行人员的配置，部分人员可抽调至维护队伍，有利于风电企业风电机组维护技术人员的培养及公司长期发展可以优化备品备件、工器具、消耗性材料等配置，减少库存

2.2.2 预防性运维模式

海上运维窗口期的不确定性，以及运维可达性差，海上作业耗时长，作业难度大，会造成风电机组的长期停机，这就需要在海上风电场采用基于机组状态的预防性运维模式开展运维工作。为了采用预防性运维技术提高海上风电机组运行的可靠性，常见的健康故障诊断模型基于7种模型。

1. 基于大数据的故障预警模型

充分挖掘风电机组运行数据，通过专家经验、数据统计和机器学习等多种方法开发机组故障预警模型，在故障萌芽状态及时处理，降低运维成本，延长设备寿命。

当风电机组出现由于温控阀寿命耗尽导致齿轮箱润滑油油温偏高，主控系统根据油温自动限功率，则风电机组在额定风速以上时就会存在不满发的功率点，通过建立齿轮箱润滑油温度异常的预警模型，可以对以上问题进行预警。当风电机组处于并网状态时，同一个时刻，对风电场所有风电机组的功率进行区间划分。对同一个功率区间风电机组的齿轮箱润滑油温度平均值做箱线图分析，连续异常持续一定时间的风电机组即判断为异常。

2. 基于大数据的机组健康模型

利用模糊综合评价等算法建立风电机组运行状态评估模型，并集成到大数据平台上。可对实时传输的数据进行处理分析，输出各关键部件和风电机组的整机良好、合格、注意和严重等4种状态，从而实现对风电机组整机及各关键部件运行状态的实时监控和评估。

3. 基于大数据的故障智能诊断模型

根据专家经验，针对常发故障穷尽其全部故障原因，建立相应的故障树。在此基础上逐一分析每个故障原因对应的运行数据，提取每个故障原因对应的数据特征，建立智能故障诊断模型，并将智能故障诊断模型集成到大数据平台上。大数据平台根据故障代码调取相应的智能故障诊断模型，并将故障前后的运行数据提取出来输入智能故障诊断模型中，模型根据运行数据的故障特征自动给出各故障原因的百分比和对应的解决方案，通过信息化手段发送给现场运维人员，指导现场人员的故障处理过程，提高工作效率。

4. 海上风电场抗台风策略

近年来，海上风电机组在抵御台风方面采用了多项新技术、新设计。比如增加质量阻尼器，减少台风对风电机组的振动；加强机舱罩，保护机舱完好；加强风速风向仪的固定，保证其在台风期间正常运行。当有强台风来袭时，需要停机，叶片变桨至顺桨角度，并进入自动偏航模式，实时以风轮正面对准风向，保证台风对风轮的载荷最小。台风过后，需检查叶片、机舱罩等是否出现损坏、发电机构是否能正常工作。即使没有台风预报，风电机组自身的控制系统也能在风速过大时做出反应，进入防风状态。据了解，现在已有更先进的技术，可使海上风电机组抵御 18 级的超强台风。

5. 海上风电场运维管理系统

安全管理是海上运维管理的核心内容，是通过作业危险点预控、安全设施和后勤保障、船舶安全、检测系统与外加电流阴极保护系统（Impressed Current Cathodic Protection，ICCP）系统、视频/振动监控系统、消防安全的层面，将安全管理的意义落实到位。例如：船舶航行时，多面临强风浪、通航不便和海况复杂等问题，应配置专业的运维船舶，保证运维人员安全防护用品的充足性，如救生衣、安全带和安全帽、防坠滑块及绝缘鞋等，特别是在平台与风电机组攀爬作业时更全面使用安全设施等。

6. 风电场智能监控和运行优化

深远海域风电场尚在建设初期，参考案例和数据较少，需要逐步积累更多的数据和经验，指导后续的风电机组优化设计和风电场运维管理工作。开展风电场智能监控研究和系统建设可以使风电场管理者及时了解风电机组的运行状态、报警信息和基于专家库的故障快速处理方法，同时配合智能化的数据采集策略，记录风电机组及其相关设备的运行轨迹，为后续的风电场运行优化奠定基础。

风电场运行优化是结合风电场综合信息管理系统，开展风电场整体运行效果评估、风电机组间对比、可利用率和单机性能深度分析等工作，并利用分析结果为后续风电机组设计优化、性能提升改造和风电场运维优化系统提供参考依据。

7. 智能化状态监测与故障诊断

受风电机组故障、海上天气、交通工具等各方面因素影响，深远海域风电运维成本较高，应使用智能化状态监测设备采集风电机组运行数据，对风电机组叶片、齿轮箱、发电机、主变压器、电气系统零部件、风电机组基础、海底电缆、GIS 等运行状态进行评估与实时诊断分析，根据诊断结果及检修建议对风电机组进行维护，从而增强部件的可靠度并延长其寿命。同时，也可及时发现风电机组存在的隐患，做出紧急抢修、临时停机、选择最优时间点开展维护等应对措施，避免严重事故的发生，提高风电机组可利用率。综合来讲，状态监测和故障诊断是提高风电机组可靠性、保证深远海域风电场经济效益的有效手段。

2.2.3　海上风电场运维模式典型案例

海上风电场运维模式典型案例见表 2－5。

表 2－5　海上风电场运维模式典型案例

风电场	装机容量	运维模式	运维人数	管理特点
东海大桥海上风电场	204MW	风电场派管理人员负责，运行、检修工作均外包	风电场管理人员 4 人	管理由上海东海风力发电有限公司派人负责； 运行外包，维护外包，风电机组检修维护由主机厂家负责（一期出质保期后仍然委托风电机组厂家负责）； 运维船由业主购买，船舶运维及管理外包
华能如东海上风电场	300MW	风电场运维人员负责，承担现场运行以及维护管理工作	风电场管理人员 3 人，运维人员 19 人	建立远程集控中心，承担运行监视及远程操作； 风电场运维人员负责现场运行工作以及维护管理工作； 运维人员负责小型故障的处理，其他的检修工作外包； 运维船采用租用方式
中广核如东海上风电场	150MW	运行自己负责，风电场运维人员承担现场运行以及维护管理工作	风电场管理人员 5 人，运维人员 17 人	建立远程集控中心，承担运行监视，但不负责操作； 风电场运维人员负责现场运行工作（不负责运行监视）以及维护管理工作； 运维人员负责小型故障的处理，其他的检修工作外； 运维船购买一艘、租赁一艘，船舶运维及管理工作外包
南网桂山海上风电场（部分投运）	102MW	运行工作自己负责，检修工作外包	风电场运维人员 14 人	运行工作自己负责，维护对外委托； 购买交通补给船一艘，船舶运维及管理外包，现阶段暂无运维船

华能、中广核海上风电场的运维管理模式，即运行、维护管理、小型故障及缺陷处理由自己负责，有利于培养运维人员的技术能力，提升对设备维护管理水平，降低运维技术的受控风险，能够培养高水平的运维队伍，有利于海上风电项目的持续发展，故采用此管理模式。

东海大桥海上风电场采用运行、维护均外包的模式，精简了业主运维人员数量，但不利于业主方对技术人员的培养，运维技术水平受制于外包单位。由于上海可用于开发海上风电的海域小，该公司在海上没有太多后续新建项目，故采用此管理模式。

风电场采用何种运维模式，一般是根据自身的管理体系、发展战略、管理目标，结合风电场的规模、特点、风电场人员管理水平和专业技术水平等条件综合考虑。

2.3 海上风电场运维成本

海上恶劣的自然条件使得风电机组的故障率相对较高，而海上作业需要投入船舶，有时需要投入专门的海上工程起重船舶和吊车等设备，工程量大且费用高昂，有时甚至会因天气原因无法及时开展维护工作，从而带来较大的损失。据统计，海上风电机组的运行维护成本为陆上风电机组的2～4倍甚至更高。海上风电运维成本分析如图2-11所示，海上风电运维成本在海上风电场全生命周期成本中占25%～30%，而海上风电机组的修理费用占海上风电场运维成本的近59%。海上风电运维成本还包括海域使用费、材料费、保险费、拆除费、工资及福利费和其他费用等。

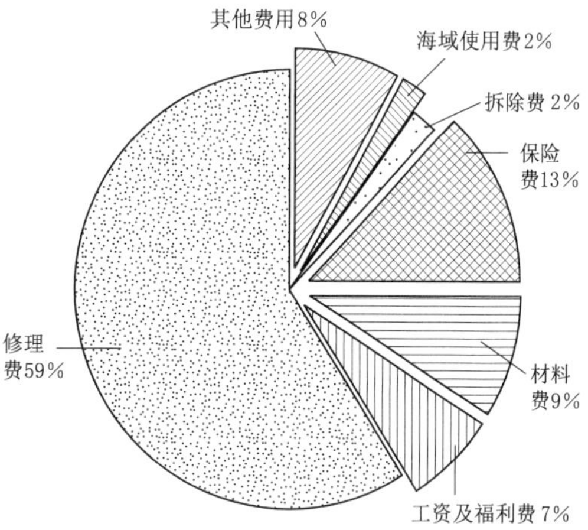

图2-11 海上风电运维成本分析

通常，规模适中的陆上风电场都会配套运行与维护中心，对风电机组实施维护非常便利。而对于海上风电场，特别是位于远海、深海区的风电场，由于风电场的可达性差、海上环境复杂多变、吊装船数量不足、运维专业人员缺乏、现成运维基础设施不配套、风电机组结构尺寸及容量大等原因，运行维护的难度和风险非常大，海上风电场的运维成本相当于陆上风电场修护费用的两倍多。对目前海上风电场运行维护成本而言，包括运维成本及其重要的影响对每度电价，需要尤其关注可达性、风电机组的可靠性、零部件所涉及的供应链情况对维护成本的影响。

2.3.1 海上风电运维成本影响因素

根据海上风电运维数据统计分析，运维成本在度电成本中占比高达25%～40%，海上风电主要运维成本体现在以下方面：

(1) 海上气候条件。海上天气对船只的出航、风电机组的登陆及海上作业都有较大的影响，导致海上运维时间具有不确定性，影响风电机组的发电量。

(2) 交通工具。海上风电运维交通工具以船舶或直升机为主，用于大部件吊装、运维人员及工具运输等，且运输费用会随运输距离而增加。深远海域风电场离岸较远，需要根据不同的作业需求配置不同类型的运维交通工具。

(3) 风电机组及部件的可靠性。海上风电机组由于所处环境恶劣，部件的失效率较陆上风电机组高，直接导致了出海次数、备件消耗等的增加，随之带来故障检修成本的上升。

（4）部件备件管理。海上风电机组的可达性差，合理的备件管理可以配合运维计划，及时处理机组故障，减少因故障导致的停机时间及损失。

为了进一步提高风电机组的可利用率，需采取智能化监测和故障诊断技术监视风电机组各关键部件的健康状态，做出合理的检修建议，以延长部件使用寿命或选择最优的时间点进行机组维护，从而降低风电机组故障率和运维成本。除降低风电机组故障率以外，合理的船只、备品备件和调度管理方式也可降低运维成本，建立风电运维体系是迎接深远海域风电运维挑战的关键。

2.3.2　平价上网和抢装潮带来的成本变动

2018 年 6 月国家能源局发布《关于 2018 年度风电建设管理有关要求的通知》（国能发新能〔2018〕47 号），推行竞争方式配置风电项目，去补贴成为常态化，风电平价上网拉开大幕。为了最后的补贴，风电行业掀起了史上最大规模的“抢装潮”，产能的急剧增长给今后的运维也带来一些隐患。

根据国家发展改革委发布的《关于完善风电上网电价政策的通知》（发改价格〔2019〕882 号），海上风电机组成本约占总成本的 40%。整机成本降低需要产品的技术突破和大部件国产化等多方面的技术支持，同时大容量机组也逐渐成为主流，5MW 或将成未来门槛级配置。由此来看，短时期内风电机组的成本很难做到大幅降低。

除风电机组外，其次便是占 20%～30%的风电机组基础成本。相对于其他建设项目，海上风电支撑结构和基础的建设条件比较复杂，调整和优化的空间较大，是降本增效的重要一环。近年来，我国也在开发和应用多种风电机组基础，以适应复杂的建设条件并降低成本，但技术的研发和成熟需要长期探索实践。短期内主要是对设计和施工过程的优化，尽可能降低试错成本，提高设计可靠性和施工合格率，以达到施工周期最优化，充分利用施工窗口期降低成本，提高效率。后续如果无法保持每年相对稳定的装机容量，海上风电度电成本的下降要比陆上风电和光伏发电更加艰难。

通过安装大容量风电机组等技术手段，我国海上风电还有很大的降本增效空间。统计数据显示，度电成本在未来 5 年内有望下降超过 40%，到 2025 年实现平价。

近几年海上风电成本大幅下降，与风电机组的大型化和工业化密不可分，由于海上风电产业链较长，需要上下游各方参与者共同探索新的施工与合作模式，降低整体成本和风险。若海上风电从目前补贴电价进入平价状态，那就意味着风电机组成本要下降至少 30%，风电场 BOP（指风电场中除风电机组及其配件外所有的基础建设、材料、设备的采购和安装工程成本）同步下降 30%，才可以共同实现平价。海上大型风电机组的发展还需要依靠不断创新的轻量化与模块化技术，包括大型轻量化叶片、轻量化发电机、模块化变流器、轻量化传动链等。海上风电机组产业链中的各个环节都应保证可靠性，任何一个环节出现缺陷，均将制约海上风电机组大型化发展，并将直接制约海上风电的运维成本。

2.4 海上风电场运维挑战

海上风电发展迅速，但也面临诸多挑战。海上环境复杂，从近海到远海呈现出不同的环境特征，运维难度远大于陆上风电。海上风电行业兴起快，发展历史短，使得海上运维缺乏经验、困难重重。不同于陆上风电，现阶段，海上风电场缺乏一套完整有效的运维体系，加重了成本投入。技术上的落后也是目前海上运维面临的挑战之一。风电发展早期，各行各业的恶性竞争使得大量的成本都投入到产品的研发中，用于运维的成本少之又少。缺乏足够的成本支持，运维技术难以创新和发展。国家新出台的平价上网政策也决定了风电市场必须对产品开发和运维做出重大调整。

2.4.1 海上风电运维体系不完整

不仅海洋环境给海上风电机组的稳定可靠运行带来巨大挑战，同时风电行业从业人员还存在运维队伍专业化、市场化程度低等情况。目前，海上风电的运维水平仍处于传统陆上风电的水平；停留于日常维护或事后检修，缺乏科学性的统筹，未针对海上风电的特殊性有效统一运行与维护，运维体系不完整。

1. 备件物资采购和储备模式落后

（1）目前各大风电运营企业备件物资的采购模式分两种，即线上的电子平台询比价模式和线下的公开招投标模式，采用的都是低价中标策略。

（2）现有物资采购流程长、效率低、监管脱节迟滞、质量和交期不可控。

（3）部分备件物资由于缺乏库存，储备不到位，需要临时应急采购，造成长时间故障停机，影响发电量。

（4）备件储备计划不合理、准确度差，造成物资呆滞库存不断上升。

2. 技术管理经验缺乏

近年来我国在高端制造业方面的开发研究取得了令人瞩目的成果，但设备的研发、投放、改进是一个闭环过程，由于我国海洋环境的运维经验较为缺乏，暂不足以支撑这一闭环过程。

我国风电行业虽已发展20余年，但主要集中于陆上风电，海上风电受发展时间限制，暂缺乏有针对性的应用技术与管理系统，完全依赖传统管理无法满足现有需求。在当前的环境中，我国海上风电运维管理还处于初级阶段，对于运维经验与技术均有所欠缺，急需引进或创新更为切实有效的海上风电运维技术。

3. 缺乏完善的运维管理制度

海上风电市场因其自身发展时间较短的因素，缺乏完善的管理制度。海上交通的不便性和环境复杂性都加大了运维难度。缺乏合理的管理，使得运维时间大大加长，运维效率低下也增加了运维成本，长时间的停电故障处理也降低了风电收益，成本难以回收。

2.4.2 海上风电运维技术不成熟

目前，海上风电运维主要依赖陆上风电运维技术及经验，缺乏独立的开发和创新。鉴于海洋环境的复杂性以及海上风电发展的快速推进，现有海上风电运维技术已经无法有效应对，主要体现如下：

1. 现存在问题制约风电场发展

随着风电行业的不断发展，仍沿用火电行业的运维模式存在很大问题。目前，在实际的风电场运维过程中，存在以下问题：

（1）对风电机组历史运行数据掌握不足，没有通过充分数据挖掘技术进行分析，难以发现所有优化运行的机会。

（2）检修管理工作缺乏系统支撑，故障和维护经验不容易传承。

（3）对风电机组的实际问题了解不全面，风电机组能复位运行就不深究报出故障的根本原因，同时缺乏设备状态监测的手段（如振动监测系统等），易导致设备长久运行在“亚健康”状态而没有得到处理。

（4）风电场的维护工作大多还停留在定期巡检、故障后停机检修状态，不能对存在的故障隐患进行合理预警，不能很好地结合风功率信息制定出最佳的巡检方案。

2. 缺少深远海域风电运维经验

近年来，全球海上风电的发展势头引人瞩目。根据《2017风能行业发展白皮书》的预测，到2026年，我国海上风电新增并网份额约占亚太地区的85%，新增并网容量将达到24.7GW。而目前，我国深远海域风电建设正处于起步阶段，对于安全规范、信息体系建设、风电机组维护、运维交通工具及调度等方面尚未有相应的标准，积累的经验也相对较少。因此，深远海域风电的环境特殊性和运营经济性对风电场运维管理水平和运维专业技术水平提出了较高的要求。

3. 过度依赖和受制于市场

海上风电开发平台技术含量高，核心构造复杂，但得益于各方有效分工合作，使我国海上风电产业迅速规模化发展。但从长远来看，海上风电行业受技术渠道制约性仍然存在，如运维过程所涉及的领域繁多，核心技术自主化能力不足，大量的设备仍需依赖于供应商的技术，造成海上风电建设中不确定因素增加，投资风险增大。因此有必要形成有机、全面的协调机制，促进自身运维能力提升。

4. 海上风电机组运维的技术要求更高

由于海洋带来的不利影响，海上风电机组对技术的要求相对更高，在设计时就会兼顾考虑海上侵蚀、船舶运输、海上吊装等相关因素。海上风电机组安装地点比较空旷，容易受到恶劣天气的影响，需要更高的技术手段来保障风电机组的安全运行。此外，海上风电场距离陆地较远，不便于日常巡视，通常会配备更多的监控模块，使得风电机组的技术装备相对更为复杂，也对风电机组运维提出了更高的要求。

2.5 海上风电场运维发展现状及趋势

2.5.1 海上风电场运维发展现状

随着我国海上风电产业的高速发展，海上风电运维市场的潜力逐渐显现。海上风电场运维涉及的对象较多，如风电机组、基础、升压站、海底电缆等，需要采取不同的运维策略来配套相应的运维设备。在国外，海上风电运维市场已经非常成熟，而国内则刚刚起步，缺乏运行维护管理经验，设备研制也处于摸索阶段。国内外海上风电运维情况见表 2-6。

表 2-6 国内外海上风电运维情况

项　目	国外海上风电运维	国内海上风电运维
建设、发展时间	较长，有着丰富的运维经验	较短，运维经验不足
智能化运维平台	已建立成熟的智能化运维平台	处于起步、探索阶段
运维船	使用专业运维船舶，效率高	普遍使用钢制普通运维船，效率低
码头等基础设施	配套较好，功能性强	以临时码头为主
运维团队	综合素质高	初步建立，处于逐步成长阶段

近两年我国海上风电新增装机容量呈现突破性增长，随之而来的海上风电运维相关问题也备受关注。

1. 海上风电场大批机组出质保期

近十年来，我国风电行业呈现“井喷式”发展，目前，我国 2010 年之前建设的风电机组多为 2 年质保期，2010 年之后建设的风电机组为 3～5 年质保期，因此，进入 2020 年，大部分 2015 年之前建设的风电机组已经走出了质保期，海上风电也是如此。随着风电机组运行年限的增加，越来越多风电机组出现漏油等故障，初期投入的一些制造技术不成熟的风电机组尤其如此，在此背景下，海上风电的运维市场被大量释放。

2. 海上风电机组老旧

目前，我国海上风电的发展与陆上风电相比还相对滞后，很多技术尚不成熟，仍然处于起步阶段，尚未形成一套完整的检测、制造、安装、施工、运行和维护体系，产业机制尚有待健全，尤其是在海上风电的关键核心技术方面，尚未实现国产化，6MW 及以上的大容量风电机组还处于试点运行和尝试阶段。在此背景下，随着海上风电技术的逐步成熟、优质风能资源的逐步减少、海上风电管理机制日益流畅，风电机组的以旧换新和退役成为必然趋势，技术先进、大功率的风电机组将替代过时的小功率风电机组。此外，海上风电机组的普遍使用年限为 25 年，部分风电机组技术性能也日益落后，发电量不断降低，运维成本日益增加。

3. 海上风电场发展模式落后

当前，海上风电缺乏统一的信息监管平台，海上风电整体运行水平宏观掌控不力，经济效益提升不足。为解决这些问题，迫切需要统一数据采集和整合信息通道。以数据采集，数据价值的分析和挖掘以及信息整合为目的，立足优化和规范风电数据，建设风电产业大数据监控管理平台，实现全方位涵盖风电场详细数据的智能分析需求。

2.5.2　海上风电运维发展方向

随着场址离海岸线越来越远，海上风电机组基础和送出工程成本等将逐步增大，对运维服务要求也更高，运维成本必然增大。政府和企业应积极引导开发适应深海地理气候环境，尤其是具备抵抗恶劣气候环境（如海冰、台风和盐雾等）的风电机组，并积极进行示范和实证，未来海上风电维护可从以下方向发展：

1. 建立海上风电场成本模型和运维优化策略

随着未来海上风电场离岸距离和海水深度的增加，安装和运维成本都会上升。若能根据风电机组的尺寸和可靠性，选择抵达风电场和维护风电场的方法，通过离岸距离、水深、风电场规模、风/浪等气候条件等因素建立海上风电场成本模型，可为海上风电场的运维提供指导。荷兰的 Delft 技术大学和 ECNWindEner 以 500MW 的荷兰海上风能转换器为案例建立了海上风电场成本的建模。GARRADHASSAN 公司开发的运行维护优化分析工具 02M 可以预测海上风电场的可利用率，优化运维策略。针对我国海上风电场建立相应的成本模型和运维优化策略，是有效降低运维成本的必要手段和发展趋势。

2. 利用激光雷达等实现后维护

激光雷达是目前较为成熟的一种遥感技术，它是通过发射脉冲光束测量气象、海浪、潮汐、风速和风向等风电产业需要的数据，可被用于海上风电场风能资源的评估和运维，特别是在功率曲线验证和尾流监测方面，可对风电机组功率表现实现快速评估和诊断，从而降低运维成本。

3. 建立风电场远程运营新模式

目前我国海上风电场在大量规划和建设，而带来的问题是高水平运维人员相对缺乏，若能借助远程运营模式，利用采集到的振动监测运行数据实时诊断分析风电机组的运行状况，实现设备异常分析及劣化监视报警灯功能，由公司总部的技术人员为现场故障提供解决方案，制定各种预防性维护策略，则可大大减少运维的资金和人力投入。

4. 开启风电运维智慧时代

我国致力于建设坚强智能电网，智能电网以智慧、低碳、高效为特点，大量应用新技术。互联网、云计算、大数据、智能控制、智能传感等技术应用于风电运维领域，开启了海上风电运维的智慧时代。

目前海上风电运维主要包括海上风电的集中监控、风电场群的运行管理、风电机组的状态评价和故障诊断、相关的备品配件供应、风电机组检修和运维等工作，涉及海上风电的运行、管理、维护、故障分析等领域，利用智能传感技术能够将风电机组运行数据通过互联网上送监控中心，形成运行数据库，大数据技术能够有效应用于海上气象分析、地理环境数据整合、卫星图像数据整理和分析等领域，大数据技术通过收集和整理庞大的海上风电场运行数据，结合数据挖掘和系统监测技术，实现海上风电运维的智能化，有利于及时发现并排除风电机组可能出现的故障，并采取有效的应对策略，从而降低风电运维成本，提升海上风电的运维效率。

智能化技术通过对海量大数据的智能调取与分析，为风电机组运行参数共享、远程实时监控、数据整合与连接、风电机组预测性维修、风电运维管理的专业化与标准化等工作提供了良好的海上风电管理平台，获得良好的商业价值，能够降低风电运维成本，推动风电运维向预测、预防、智能方向推进。

目前，中国船舶集团海装风电股份有限公司已搭建海装大数据应用层微服务平台——诊断预警平台，即对风电机组进行健康评估，实现预防性运维。该风电诊断预警平台作为中国海装“海上风电运维枢纽中心”，以创新平台模式实现了海上风电运维的提质增效。下一步，中国海装风电诊断预警平台将结合当前的5G技术，以云平台为支撑，实现海化生态圈，涵盖自然的风电资源平台、实验测试平台、制造及供应链平台、运营管理平台、运行维护平台及数字孪生仿真平台。

明阳智能旗下深圳量云能源网络科技有限公司（简称“量云”）通过一个平台对多个模块统一管理，实现风电场全方位监控管理，充分发挥风电机组先进性。量云打造的智慧风电场示范项目建设达到预期目标，互联感知、智慧洞察、少人值守的智慧风电场显著提升了风电场的运营管理水平，为我国智慧风电场建设提供了可供参考的经验和样本，也意味着国内首个实现多品牌多机型统一化、智能化管理的智慧风电场运营管理平台正式投入运行。

风电场存在监测系统布置分散、监测数据整合不到位、数据利用率低、设备寿命周期过程模拟程度不足、停留在计划或故障检修阶段等问题，而随着数字仿真、大数据融合、深度学习等先进技术的发展，数字孪生技术应运而生，旨在构建以大数据为基础的虚拟电厂。目前数字孪生技术在海上风电处于初步发展阶段，2020年，由WindFloat漂浮式基础设计者Principle Power and Principal Investigator（PPI）牵头的联合体赢得了美国能源部下属高级研究项目署发起的科研项目，将基于WindFloat Atlantic项目开发世界上首套适用于漂浮式海上风电的数字孪生软件，通过建立数字孪生模型，海上风电开发商、设计方、运维方都能对WindFloat Atlantic项目有更深入的了解，从而减少停机时间、提高预测能力、降低运维成本。同时，在全尺寸的风电机组上使用这套软件，也能为下一代漂浮式风电机组的设计者提供思路。

5. 学习借鉴欧洲先进经验

虽然欧洲发展海上风电的外部条件和政策机制等都与我国有很大不同，我国无法全盘复制，但作为全球海上风电的先导力量，其技术研究和工程建设的方法方案值得我国借鉴参考，我国可以通过“走出去”“请进来”两种途径进行学习。虽然跨国合作在某些细节方面存在壁垒，但政府和企业仍需结合实际情况，在技术发展与合作风险中间做好权衡，客观制定有利于双方的合作方案。

2.5.3 漂浮式海上风电场运维

对于固定式海上风电机组来说，成本比例较大的部分有风电机组（33%）、支撑结构（24%）、运行和维护（23%）以及电网连接（15%）。对于漂浮式风电机组来说，由于还未建成实际的海上风电场，成本比例未有具体数据，但是可以以固定式风电机组的成本为参考，努力减少各个阶段的成本消耗以提高漂浮式风电机组的经济性。对于支撑结构来说，需要减少其建造成本，减少海上作业时间，尽量在码头与风电机组组装后拖航至安装地点；对于运行和维护，需要开发出适合漂浮式风电机组的工作系统。固定式与漂浮式风电场对比见表2-7。

表2-7 固定式与漂浮式风电场对比

类　型	固定式基础	漂浮式基础
技术发展	成熟	起步
适用水深/m	0～40	35～1000
目前成本/(元/kW)	15000	>40000
未来成本/(元/kW)	13000	21000

续表

类　型	固 定 式 基 础	漂 浮 式 基 础
运输	驳船拖运	大型拖船拖拽
运维	大部件更换在机位处进行操作	大部件更换可以将风电机组拖回码头
载荷	风浪流复合载荷	除风浪流的载荷，还要考虑基础漂浮带来的转动、摇摆等复杂情况的耦合

第3章 我国海上风电场开发建设情况

3.1 海上风电发展规划

2020年，我国风电新增并网装机容量达到7167万kW，其中海上风电新增装机容量达到306万kW，截至2020年年底，我国海上风电累计装机容量约900万kW。据《中国“十四五”电力发展规划研究》，我国将主要在广东、江苏、福建、浙江、山东、辽宁和广西沿海等地区开发海上风电，重点开发7个大型海上风电基地，大型基地2035年、2050年总装机容量分别达到7100万kW、1.32亿kW。

2020年9月，我国在第75届联合国大会提出2030年前“碳达峰”、2060年前“碳中和”的目标，为我国能源行业加快低碳转型指明了方向。在此背景下，中央财经委员会第九次会议提出构建以新能源为主体的新型电力系统，这进一步明确了新能源在未来电力系统中的主体地位。在“双碳”目标的指引下，我国海上风电总体也将呈现出由近及远、集约发展、融合发展、市场驱动等发展趋势，不断推动海上风电高质量发展。

2021年3月，国家发展改革委发布的《中华人民共和国国民经济和社会发展第十四个五年规划和2035年远景目标纲要》提出，推进能源革命，建设清洁低碳、安全高效的能源体系，提高能源供给保障能力。加快发展非化石能源，坚持集中式和分布式并举，大力提升风电、光伏发电规模，加快发展东中部分布式能源，有序发展海上风电，加快西南水电基地建设，安全稳妥推动沿海核电建设，建设一批多能互补的清洁能源基地，非化石能源占能源消费总量比重提高到20%左右。

1. 山东省海上风电发展规划

2021年6月，山东省能源局发布《关于促进全省可再生能源高质量发展的意见》（简称《意见》）公开征求意见的公告。《意见》指出：（一）加快开发建设海上风电基地。编制实施《山东海上风电发展规划（2021—2030年）》，研究出台支持海上风电发展的配套政策，2021年建成投运两个海上风电试点项目，实现该省海上风电“零突破”。“十四五”期间，山东省争取启动1000万kW海上风电项目。

2. 江苏省海上风电发展规划

江苏在海上风电的产业链优势更加明显，具备从零部件到整机的全产业链生产能力，国内具备海上风电批量产出的整机制造企业基本都在江苏设有生产基地，多个国内首台、亚洲首台的制造记录也产生在这里。根据江苏省发展改革委组织编写的《“十四五”时期江苏省海上风电发展思路研究》，计划到2025年，海上风电并网达到1500万kW左右。

截至2020年年底，江苏海上风电装机容量已达573万kW，占全国装机容量的六成以上。而随着“双碳”目标的提出和2021年年初江苏将风电等产业列入“产业强链”三年行动计划，江苏省海上风电将迎来又一个黄金发展期。

2021年2月，江苏省发展改革委发布了《江苏省“十四五”海上风电规划环境影响报告书》征求意见公告，规划概要提到“十四五”期间，江苏省规划的海上风电场址共计约42个，规划装机容量1212万kW，规划总面积约1780km²。这一调整后的规划数据比2020年11月江苏省能源局发布的《江苏省“十四五”可再生能源发展专项规划（征求意见稿）》中提出的“‘十四五’海上风电新增约800万kW”的数据有了大幅提升。

3. 浙江省海上风电发展规划

浙江在海上风电方面起步较晚，直到2017年国电浙江舟山普陀六号海上风电场首台风电机组的并网运营才实现了“零突破”，但后续进展也极为迅速。2021年3月，浙江省发展改革委发布了《浙江省可再生能源发展“十四五”规划（征求意见稿）》，规划指出：大力推进海上风电建设，积极推进嵊泗2号、嵊泗5号、嵊泗6号、象山1号、苍南1号、苍南4号等已核准项目的开发建设，“十四五”期间，浙江省海上风电力争新增装机容量450万kW以上，累计装机容量达到500万kW以上。

随着浙江海上风电加快迈进步伐，浙江各地借沿海地理优势，凭海风跑马圈地，吸引海上风电装备企业投资入驻，这也进一步刺激了浙江省海上风电发展，加快了建设步伐。

4. 福建省海上风电发展规划

根据国家能源局2017年批复的《福建省海上风电场工程规划报告》，福建规划建设海上风电总规模达1330万kW，包括福州、漳州、莆田、宁德和平潭所辖海域17个风电场。

2018年7月，福建兴化湾海上风电一期风电机组全部顺利安装完成，福建兴化湾海上风电一期装机规模77.4MW，安装14台风电机组，是全球首个国际化大功率海上风电试验风场，也是涵盖国际国内品牌最多的海上风电试验风场，14台风电机组来自GE、金风科技、中国海装、太原重工、明阳智能、东方电气、上海电气、湘电风能等8家国内外主流风机厂家，是全球首个国际化大功率海上风电试验风场，涵盖国际、国内品牌最多的海上风电试验风场。

截至2020年年底，福建省海上风电累计并网76万kW，居全国第三。随着一批海上风电重点项目加快推进，“十四五”末，有望并网超 500 万 kW。

2021 年 5 月，福建省人民政府发布了《关于印发加快建设“海上福建”推进海洋经济高质量发展三年行动方案（2021—2023 年）的通知》（简称《通知》）。《通知》指出：①拓展海上风电产业链，有序推进福州、宁德、莆田、漳州、平潭海上风电开发，坚持以资源开发带动产业发展，吸引有实力的大型企业来闽发展海洋工程装备制造等项目，不断延伸风电装备制造、安装运维等产业链，建设福州江阴等海上先进风电装备园区；②规划建设深远海海上风电基地，推进海上风电与海洋养殖、海上旅游等融合发展，探索建设海洋综合试验场。

5. 广东省海上风电发展规划

2018 年 4 月，广东省发展改革委制定了《广东省海上风电发展规划（2017—2030）》。规划年限为 2017—2030 年，近期至 2020 年，远期至 2030 年。规划范围包括离岸距离不少于 10km、水深 50m 内的近海海域。规划指出：到 2025 年年底，初步形成海上风电规模化开发格局；基本形成整机制造、关键零部件生产、海工施工及相关服务业协调发展的海上风电产业体系，海上风电研发、装备制造和运营维护基地，海上风电设备研发、制造和服务水平达到国际领先水平；到 2030 年年底，形成规模化海上风电带；海上风电产业成为广东省国际竞争力强的优势产业之一。

2021 年 6 月，广东省人民政府办公厅《关于印发促进海上风电有序开发和相关产业可持续发展实施方案的通知》（粤府办〔2021〕18 号）发布，在装机规模、加快推进项目建设、推动海上风电产业集聚发展、实施财政补贴等多方面提出了明确指导，避免国家补贴全面退出后，海上风电装机规模出现断层，推动项目开发向平价平稳过渡。到 2021 年年底，广东省海上风电累计建成投产装机容量达到 400 万 kW；到 2025 年年底，力争达到 1800 万 kW，在全国率先实现平价并网。此次方案提出要实施财政补贴。2022 年起，广东省财政对省管海域未能享受国家补贴的项目进行投资补贴，项目并网价格执行广东省燃煤发电基准价（平价），推动项目开发由补贴向平价平稳过渡。补贴范围为 2018 年年底前已完成核准、在 2022—2024 年全容量并网的省管海域项目，对 2025 年起并网的项目不再补贴；补贴标准为 2022 年、2023 年、2024 年全容量并网项目分别补贴 1500 元/kW、1000 元/kW、500 元/kW。补贴资金由广东省财政设立海上风电补贴专项资金解决，具体补贴办法由广东省发展改革委会同广东省财政厅另行制定，并鼓励相关地市政府配套财政资金支持项目建设和产业发展。

6. 海南省海上风电发展规划

2021 年 6 月，海南省人民政府发布的《海南省海洋经济发展“十四五”规划（2021—2025 年）》指出：推进能源勘探、生产、加工、交易、储备、输送及配套码头建设。加快发展海上风电等清洁能源，推进沿海化工产业绿色循环发展。着力推动临港临海产业集中集约布局，建设国家战略能源储备基地，打造临港临海绿色工业发展带。稳步推进海上风能资源利用。加强全岛及周边海域风能资源勘查，科学有序推进海上风电开发，鼓励发展远海风电。在东方西部、文昌东北部、乐东西部、儋州西北部、临高西北部50m以浅海域优选5处海上风电开发示范项目场址，总装机容量300万kW，2025年实现投产规模约120万kW。坚持节约集约用海，重点支持海上风电与海洋牧场等其他开发利用活动融合开发，实现与生态、渔业、旅游等协调发展。

3.2 海上风电产业链发展

伴随着海上风电的发展，我国海上风电产业链也在不断成长和完善。海上风电产业链由上至下划分成机组部件、风电整机、风电场建设、风电场开发与运维四大环节。

3.2.1 机组部件

3.2.1.1 海上风电整机零部件

海上风电机组大多是在陆上风电机组的基础上，通过升容、加强防腐等手段升级设计而来，其关键零部件的组成与陆上风电机组总体一致，包括叶片、风电机组轴承、齿轮箱、发电机、控制系统、塔架等。主要零部件在风电机组中的成本分布如图3-1所示。相比于陆上风电，海上风电机组的运行环境恶劣、可达性差、维护成本高，这对整机零部件的防腐等级和可靠性有更为严苛的要求。同时，风电机组容量的持续增大也增加了零部件的设计难度。近年来我国海上风电整机零部件的国产化取得长足进步，但关键零部件的产品性能与国外产品相比仍存在差距。

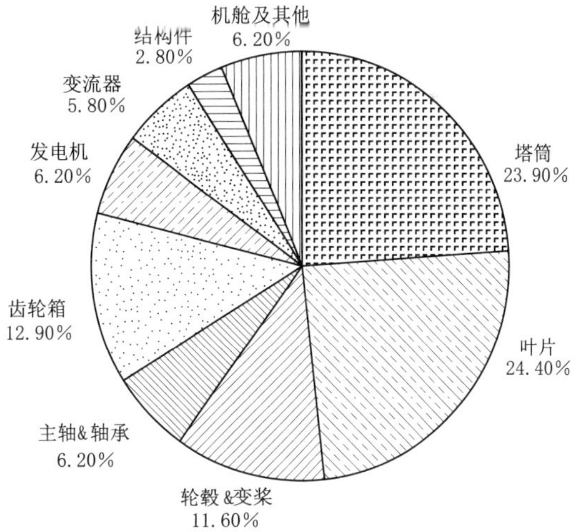

图3-1 风电机组（双馈）主要零部件成本分布图

1. 叶片

叶片在风电机组中的成本占比达到24.4%，市场价值巨大。随着海上风电机组容量的不断增加，风电机组叶片的尺寸随之增大，制造工艺的难度也逐渐提高。在我国海上风电发展初期，整机厂商为确保叶片的高可靠性以及避免风险，在大型海上风电机组叶片选择上更倾向于国外的叶片供应商。荷兰艾尔姆公司（LM）已为金风科技、远景能源和中国海装等整机厂商供应大容量海上风电机组叶片。但是长期来看，整机厂商未来会更多转向选择国内的叶片供应商以降低海上风电机组成本。

现阶段，国内风电机组叶片厂商在大型海上风电机组叶片的结构设计和制造技术上取得了一定的进步，截至2021年8月，国内最长的大型海上风电机组叶片是由明阳智能制造的118m长叶片。国内主要风电机组叶片制造企业见表3-1。

表3-1 国内主要风电机组叶片制造企业

厂 商	介 绍
中材科技风电叶片股份有限公司	中材科技风电叶片股份有限公司成立于2001年，具备年产4000套兆瓦级风电叶片的生产能力，产品开发实现了从1.0MW到7.0MW系列化的推进，拥有六大系列60余个型号产品
连云港中复连众复合材料集团有限公司	连云港中复连众复合材料集团有限公司成立于1989年，具备兆瓦级风电机组叶片生产能力，年产万只兆瓦级风电机组叶片，功率从1.25MW到7MW，长度从31m到84m，共有9个系列60多个型号
株洲时代新材料科技股份有限公司	株洲时代新材料科技股份有限公司成立于1984年，是中国中车旗下的新材料产业平台，以高分子复合材料研究及工程化应用为核心，在国内拥有浙江运达风电股份有限公司、远景能源有限公司、湘电风能有限公司、华创风电有限公司、山东中车风电有限公司等五大战略客户
上海艾郎风电科技发展有限公司	上海艾郎风电科技发展有限公司（简称上海艾郎）成立于2007年，是一家高科技民营企业，上海艾郎通过与国际知名叶片设计公司德国Aerodyn、WINDnovation等公司的合作研发，为国内外兆瓦级海上和陆地风电整机配套
洛阳双瑞风电叶片有限公司	洛阳双瑞风电叶片有限公司成立于2008年，是中船重工控股公司，拥有15种规格型号的2MW系列叶片产品，具有年产风电叶片1800套的产能，已累计实现装机运行近3000套
吉林重通成飞新材料股份公司	吉林重通成飞新材料股份公司成立于2007年，隶属于重庆机电股份有限公司，主要产品为2MW、2.5MW、4MW、5MW、6MW等不同规格型号的陆上与海上风电机组叶片，具备年产近2000套风电机组叶片的能力

2. 轴承

风电机组轴承是风电机组中最易损耗的部件之一，其质量优劣关系到风电机组的使用寿命。风电机组轴承主要包括偏航轴承、变桨轴承、主轴轴承、增速器轴承和发电机轴承等。国内风电轴承企业的产能主要集中在技术水平较低的偏航轴承和变桨轴承上，并已基本实现国产化，大连瓦轴集团和浙江天马轴承在该领域所占市场份额最大，国内其他厂商还包括洛轴、京冶轴承、轴研科技等。但在技术含量较高的主轴、增速器轴承、发电机轴承等领域，我国技术水平与国外企业仍存在差距，国内只有瓦轴等技术实力雄厚的大型企业进入，国际供应商主要有德国舍弗勒集团FAG轴承、瑞典斯凯孚集团（SKF）、日本精工株式会社（NSK）、美国铁姆肯公司（Timken）等。

3. 齿轮箱

齿轮箱是双馈风电机组的核心部件，主要功能是将风轮在风力作用下所产生的动力传递给发电机并使其得到相应的转速。齿轮箱作为机组传动链中的薄弱环节，是最容易损坏的部件之一。国内的风电齿轮箱供应商主要有南高齿、重齿、大连重工、太重齿轮、杭州前进等，国外厂商主要有德国博世力士乐（Bosch Rexroth）、德国威能极（Winergy）等。根据相关企业年报显示，国内厂商在该领域已占据大部分市场，2015 年仅南高齿一家就取得国内双馈风电机组齿轮箱市场约 60%的市场份额。

值得注意的是，与陆上风电中带有齿轮箱的双馈风电机组占据绝大多数市场不同，没有齿轮箱的直驱风电机组凭借低风速时发电效率高、维护成本低等优点，在海上风电市场的占比要高于双馈风电机组。

4. 发电机

目前双馈风电机组采用的发电机包括同步发电机和异步发电机。相比于同步发电机，异步发电机维护量较小，更适合海上风电。直驱风电机组的发电机为低速多级发电机，转速低，磁极数多，体积和重量均比双馈风电机组大。对于海上风电而言，在低风速区间的发电效率高、可靠性好，维护成本低的直驱风电机组将更具优势。

我国发电机工业基础良好，拥有一批实力较强的大型发电机装备企业。直驱风电机组发电机的主要供应商为永济电机和湘潭电机。双馈风电机组发电机的主要供应商有永济电机、南车株洲等，详细见表 3-2。除国内发电机供应商外，整机厂商远景能源也从 ABB、西门子采购发电机。

表 3-2 国内主要整机厂商发电机供应商

整机厂商	机组类型	供应商
新疆金风科技股份有限公司	直驱	永济电机/南车株洲
湘电风能有限公司	直驱	湘潭电机
国电联合动力技术有限公司	双馈	联合动力
远景能源有限公司	双馈	西门子/ABB
中国船舶集团海装风电股份有限公司	双馈	中船电机
明阳智慧能源集团股份公司	双馈	南京汽轮电机/湘潭电机/南车株洲
上海电气风电集团股份有限公司	双馈	上海电机
东方电气风电有限公司	双馈	东方电机/永济电机

5. 控制系统

风电机组控制系统包括变流系统、变桨系统、主控系统以及监控系统等，具有技术壁垒高、客户黏性强的特点。变流器是风电机组控制系统中的核心部件之一，成本约占机组总成本的 6%。风电变流器有全功率式和双馈式两种类型，分别对应直驱风电机组和双馈风电机组。

国内从事兆瓦级风电变流器开发和生产的企业可分为两类：一类是整机厂商（或其子公司）自主设计、制造的风电变流器，例如天诚同创（金风科技全资子公司）等，其产品主要为整机厂商内部配套，很少对外销售。另一类是禾望电气、海得新能源、科诺伟业等独立的风电变流器生产及销售企业。

海上风电方面，由于国内海上风电起步较晚，国产海上风电变流器尚未积累足够的设计及运行经验，市场主要由ABB、西门子等国外品牌主导。国内主要整机厂商变流器供应商见表3-3。随着我国海上风电的发展，国内厂商也陆续研制并推出4MW以上大容量海上风电变流器。2017年起，天诚同创、禾望电气等国产大容量海上风电变流器已在福建兴化湾海上试验风场投入运行，进一步推动了我国海上风电变流器的国产化进程。

表3-3 国内主要整机厂商变流器供应商

整机厂商	变流器厂商
金风科技	天诚同创、Switch、Freqcon
远景能源	远景能源、禾望电气
明阳智能	明阳龙源电力、ABB、艾默生、禾望电气、国电南瑞、天津瑞能
联合动力	龙源电气、禾望电气、阳光电源、ABB、日立、日风电气
中国海装	禾望电气、ABB、Switch、重庆科凯前卫、重庆佩特
上海电气	上海电气电力电子、禾望电气、阳光电源、ABB、艾默生、Woodward、国电南瑞、日风电气
湘电风能	禾望电气、浙江海得、阳光电源、ABB、国电南瑞、日风电气、湘潭电机、合达电子、江苏大全
东方电气	禾望电气、浙江海得、艾默生、科孚得、Switch、国电南瑞、科陆新能、成都德能、东方自控

6. 塔架

风电机组塔架为整套风电机组提供支撑，其成本约占机组总成本的20%。与陆上风电机组塔架相比，海上风电机组塔架的运行环境更为特殊，在生产过程中需要考虑海上防腐等特殊技术要求。此外，海上风电机组塔架还具有单段长度长、直径大、重量大的特点，对技术要求较高。在风电机组塔架市场中，2MW以下的中低端风电机组塔架市场竞争激烈，而大容量风电机组的高端市场份额则被少数实力较强的企业所占据。行业规模较大的供应商有天顺风能、泰胜风能、天能重工、大金重工、华电重工等。

3.2.1.2 海上风电机组基础结构

风电机组的基础结构承担着固定风电机组的关键作用，对整机安全至关重要。海上风电的运行环境与陆上风电截然不同，海上风电基础的结构设计更为复杂，需要考虑海上强风载荷、海水腐蚀、抗海浪冲击等多种环境因素。根据不同的水深、海床条件、风电机组机型和环境情况，海上风电机组的基础结构可总体划分为固定式和漂浮式两大类。其中固定式适用于水深不大于50m的海域，漂浮式适用于水深大于50m的海域。海上风电机组基础结构分类图如图3-2所示。

海上风电机组基础设计与风电场所在海域环境条件、地质特点、风电机组机型等

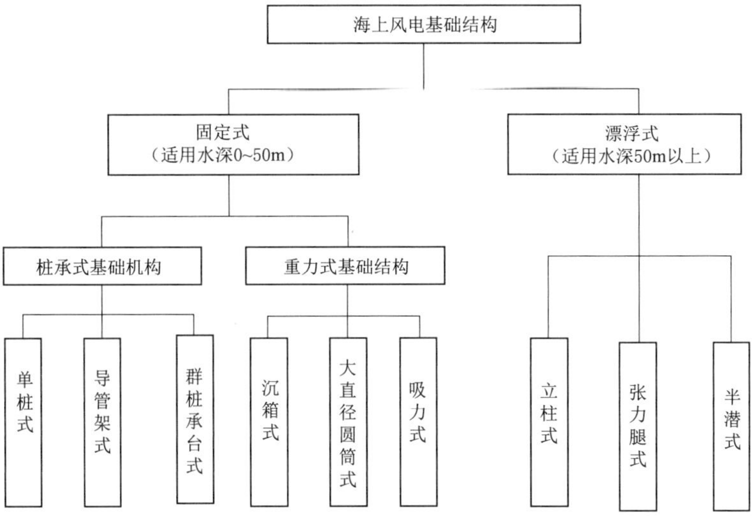

图 3-2　海上风电机组基础结构分类图

密切相关，各种基础结构见表 3-4。

表 3-4　海上风电机组基础结构

结构型式	适用水深	优　势	局　限
单桩式	<25m	自重轻、构造简单、受力明确、安装便捷、无须整理海床	受地质条件和水深约束较大，需防止海流对海床的冲刷，受潮汐、浪涌冲击的影响较大
导管架式	5～50m	基础整体性好、强度高，对打桩设备要求低，重量轻，适用于大型风电机组和较深海域	需要大量的钢材，受海浪影响，容易失效，安装时受天气影响较严重
群桩承台式	5～20m	适用于各种地质条件、水深，重量较轻，建造和施工方便，无须做任何海床准备	建造及施工安装费用较高，达到工作年限后很难移动
重力式	浅水区域	结构简单，造价低，抗风暴和风浪袭击性好，稳定性和可靠性高	地质条件要求高，需预先处理海床，施工周期较长。基础体积大、重量大，安装和运输均不便
漂浮式	＞50m	结构成本更低，易于运输可扩展现有海上风电场范围	技术处于试验和研究阶段，尚未形成大批量应用

3.2.2 风电整机

随着我国海上风电的快速发展，风电整机厂商正在积极布局海上风电。2020 年 8 月，第五届全球海上风电大会在山东省济南市召开。在本届海上风电大会上，全球风能理事会、中国风能协会等多家组织联合发布《海上风电回顾与展望 2020》报告，备受业内关注的中国海上风电整机制造商排名也正式公布。2019 年我国海上风电整机企业海上新增装机容量见表3－5，2019年，我国海上风电发展提速，新增装机容量达到2494万kW；累计装机容量达到6937万kW。2019年共有6家整机制造企业有新增装机，其中上海电气新增装机最多，电机容量为647万kW，新增装机容量占比达到25.9%。其次分别为远景能源、金风科技、明阳智能、中国海装、湘电风能。

表3－5 2019年我国海上风电整机企业海上新增装机容量

制造企业	新增装机容量/MW	累计装机容量/MW	制造企业	新增装机容量/MW	累计装机容量/MW
上海电气	647	2909	明阳智能	470	603
远景能源	615	1399	中国海装	150	294
金风科技	604	1378	湘电风能	8	71

截至2019年年底，国内海上风电整机制造商共12家，其中，累计装机容量达到100万kW以上有上海电气、远景能源、金风科技、明阳智能、中国海装、华锐风电，这6家企业海上风电机组累计装机容量占海上风电总装机容量的97.3%，上海电气以41.9%的市场份额领先，截至2019年年底我国风电整机企业海上累计装机容量如图3－3所示。

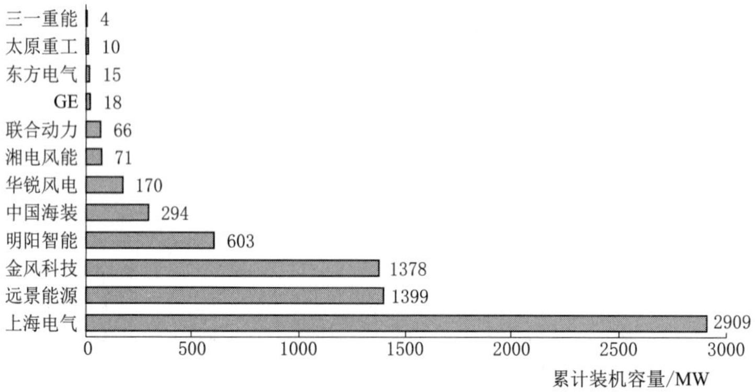

图3－3 截至2019年年底我国风电整机企业海上累计装机容量

目前，整机厂商已推出多款5MW以上大容量海上风电机组，并积极布局8MW以上产品。上海电气已于2018年从西门子歌美飒再生能源（上海）有限公司引进SG8MW－167海上风电机组，并计划与浙江大学合作对10MW量级以上风电机组进行攻关。2021年5月，SG8MW－167海上风电机组发往福建长乐海上风电场C区项目现场进行吊装，这标志着上海电气风电目前装机容量最大、工艺最先进、可靠性最佳、商业化运行最为成熟的8MW海上风电机组开始批量下线。金风科技也在2018年发布了GW168－8MW机型，并计划在福建三峡兴化湾二期海上风电场安装两台8MW样机。2020年7月，由东方电气研制的国内首台10MW海上风电机组在福建兴化湾海上风电场成功并网发电。此外，中国海装、湘电风能、明阳智能等诸多整机厂商也在开展大容量风电机组的研发工作。国内整机厂商主要大容量（≥4MW）海上风电机组见表 3－6。

表 3－6 国内整机厂商主要大容量（≥4MW）海上风电机组

整机厂商	机组型号	功率等级/MW	风轮直径/m
上海电气	D6/7MW－154	6/7	154
	D6. XMW－172	6. X	172
	D8. 0MW－167	8	167
金风科技	GW154－6. 7	6. 7	154
	GW184－6. 45	6. 45	184
	GW175－8. 0	8	168
远景能源	EN－4. 2/130/136	4. 2	130/136
	EN－4. 5/148	4. 5	148
明阳智能	MySE5. 5－155	5. 5	155
	MySE7. 25/7. 0－158	7. 25/7	158
	MySE6. 45－180	6. 45	180
湘电风能	XE/DD115	5	115
	XE/DD128	5	128
中国海装	H5. 0	5	128/151/171
	H152－6. 2	6. 2	152
东方电气	DEW－G5000－140	5	140
	DEW－D10000－185	10	185
联合动力	UP6000－136	6	136
太原重工	TZ5000	5	128/154
运达风电	WD130/139/－5000	5	130/139

3.2.3 风电场建设

与陆上风电相比，海上风电场建设不仅是电力工程，也是海洋工程，建设过程需要依托专业的海上施工设备。海上风电安装工程成本较高，占到总项目成本的 20%以上，仅次于风电机组。当前，我国主要的海上风电场建设承包商主要有龙源振华、中交三航局、华电重工、中铁大桥局五公司、南通海洋水建等。

1. 工程船舶

海上风电场建设过程中应用到的工程船舶包括风电安装船（平台）、铺缆船、供应船、调查船等，其中风电安装船是海上风电场建设的核心设备。早期的安装船舶都是借用或由其他海洋工程船舶改造而成，但随着海上风电机组的大型化发展，对海上风电机组安装的专用船舶起重高度、起重能力以及专业化程度的要求越来越高。

现阶段，我国对专业的风电安装船舶需求旺盛，风电安装船的短缺已成为我国海上风电建设成本过高的直接原因之一。在此背景下，国内海洋工程企业正在积极布局海上风电安装设备，龙源振华旗下的全球最大安装船“龙源振华三号”已于2018年投入应用；中船雷工（天津）淘上风电工程公司的“中船重工101号”海上风电安装平台已经开建；华电重工旗下的“华电春天号”“华电稳强号”“华电亨通号”风电安装平台也正在建造中。国内主要的海上风电工程船舶见表3-7。

表3-7　国内主要的海上风电工程船舶

公司名称	船舶/平台名称	名称公司	船舶/平台名称
中交三航局	三航“风范号”	中铁福船	福船三峡号
	三航“风华号”	广东精铟海工	精铟1号
龙源振华	龙源振华1号		精铟2号
	龙源振华2号	中铁大桥局	天一号
	龙源振华3号		小天鹅号
	普丰托本号	中海油	蓝疆号
	精铟1号（租赁）		蓝鲸号
	顺一1600（租赁）		滨海108
南通海洋水建	海洋风电38	广州打捞局	南天号
	海洋风电36		华龙号
华电重工	华电1001号	上海打捞局	大力号
	华尔辰号（租赁）		勇士号
	长德号（国外引进）	中交四航局	奋进号
	Ocean号（国外引进）	中交一航局	振浮7号
	力雅号（国外引进）		

2. 海底电缆

国内海上风电场的数量正在不断增加，且海上风电场选址越来越推向远海，这些因素将加速海上风电输出电缆的年复合增长率，海上风电的广阔前景拓宽了海底电缆行业的市场空间。海底电缆是海上风电与陆上风电的主要区别之一，作为电力设施中主要的成本项，海底电缆可以占到风电场投资成本的6%，由于海底电缆要求耐腐蚀性强，还要具备一定的抗拉、抗侧压能力，一般采用复合结构设计，为兼具电力传输和通信传输的光电复合缆。海底电缆的进入门槛高，市场集中度较高，全球海底电缆生产商主要有耐克森、普睿司曼、ABB、藤仓等。国内海底电缆起步较晚，但是发展速度很快，国内220kV以上的海底电缆制造商主要是中天科技、东方电缆、青岛汉缆、江苏亨通等。国内海底电缆主要制造商见表3-8。

表 3-8 国内海底电缆主要制造商

厂商	介绍
中天科技	中天科技起步于1992年，以光纤通信起家，现在已经形成信息通信、智能电网、新能源、海洋系统、精工装备、新材料等多元产业格局；具有水下生产系统用脐带缆、水下动态缆、集束电缆、500kV及以下交流电缆、交流海底电缆、±550kV及以下直流电缆、直流海底电缆系列海底电缆产品生产能力
东方电缆	东方电缆成立于1998年，拥有500kV及以下交流海底电缆、陆缆，±320kV及以下直流海底电缆、陆缆的系统研发生产能力，并涉及海底光电复合缆、海底光缆、智能电网用光复电缆、核电缆、通信电缆、控制电缆、电线、综合布线、架空导线等一系列产品
青岛汉缆	青岛汉缆成立于1982年，是从事电线电缆研发和生产经营的技术密集型企业集团，其海洋系列电缆有220kV及以下交联聚乙烯绝缘光电复合海底电缆、35kV及以下乙丙橡胶绝缘海底电缆系列
江苏亨通	江苏亨通成立于1991年，是专业从事通信电缆、光纤光缆、电力电缆、同轴电缆、光器件等产品生产、销售与工程服务的线缆专业制造商和服务商；目前已拥有超高压电力电缆、超高压海底电缆、中低压电力电缆、电气装备用电缆、特高压导线、电力光缆以及铜铝加工等重点产业

3.2.4 风电场开发与运维

1. 海上风电场的开发

与陆上风电相比，海上风电的技术壁垒和资金壁垒更高，大型电力央企是我国海上风电开发的主力。我国海上风电开发企业共16家，其中国家能源集团、国家电力集团、华能集团、三峡集团、东海风电、国家电网有限公司的海上风电累计装机容量超过全国总装机容量的80%。而随着海上风电市场的不断扩大，广东能源、浙江能源等地方国有电力企业以及部分民营资本也开始陆续进入海上风电开发市场。

2. 海上风电场的运维

海上风电运维与陆上风电运维最大的区别在于可达性差。由于海上风电特殊的运行环境，风电场的运维需要依托专业的风电运维船来实现。依据国外海上风电的发展，风电运维船主要分为普通运维船、专业运维船、运维母船、自升式运维船四种类型。其中，专业运维船作为最重要的可达性装备被普遍应用到海上风电场的运维中，主要由单体船、双体船以及三体船等船型组成。当前国内运维船发展处于起步阶段，使用的运维船主要是由交通艇和渔船发展而来的普通运维船，多为钢制单体船，虽然成本较低，但是存在航行特性差、运维专业化程度低等问题。随着离岸距离加大，以及天气更加恶劣的南方区域海上风电的开发，现有运维船的出行天数将会减少，而航速更高、航行特性更好、运维功能更完备的专业风电运维船将成为未来海上风电运维的主力。

近年来，随着海上风电运营商对装载能力、吊装能力、舒适性、安全性要求的提高，国内现阶段已打造出若干艘双体船型的海上风电专业运维船，主要集中应用在江苏和福建等地。

3.2.5 海上风电产业链发展展望

在国内大力开展产业结构和能源结构调整，加快实现高质量发展和绿色发展的背景下，海上风电产业也迎来了快速发展的机遇，在全行业的共同努力下，我国海上风电已经步入规模化发展阶段，形成了较为完整的产业体系，综合价值正在显现。截至 2021 年 4 月底，我国海上风电并网装机容量已经达到 1042 万 kW，为我国海上风电规模化发展奠定了坚实基础。

从产业链角度看，经过多年的培育，我国已具备大容量海上风电机组自主设计、研发、制造、安装、调试、运行能力。此外，海上风电开发成本已大幅下降，2010—2020 年单位电量成本降幅接近 53%。过去两年，海上风电行业一直在紧锣密鼓地探索海上风电平价之道。但目前我国海上风电每千瓦造价仍相对较高，海上风电每千瓦造价普遍为 1.4 万～1.6 万元，距离平价上网还有很大差距，特别是近两年受“抢装期”影响，海上风电产业链产能受波及，海上风电每千瓦造价出现上涨，部分地区达到 1.8 万元左右。

在“双碳”目标的指引下，我国海上风电要实现进一步高质量发展，“十四五”时期则更需要产业链协同，打造全产业链体系，加快推动海上风电产业技术进步和成本降低，实现海上风电产业高质量可持续发展，共促海上风电“平价时代”来临。在中上游产业链方面，伴随着“竞价政策”的落地，风电行业“降成本”的压力将持续向整机厂商以及零部件制造商传导，中上游企业的盈利能力会受到显著影响。未来中上游产业链企业需要加强技术创新及资源整合，加快成本降低及技术能力提升。在下游产业链方面，随着国内海上风电的快速扩张，海上风电安装船等专业工程船舶设备的需求十分旺盛。在具备规模化开发海上风电的地区，逐步建设完备的海上风电产业基地，逐步建成集海上风电机组研发、海工装备制造、海工工程设计、施工安装及运营维护于一体的海洋能源全产业链。

3.3 前期、在建和投产项目

海上风电投资开发包括项目开发前期工作、风电场项目建设以及运营维护。前期工作包括海上风电规划、申请项目开发权、申请项目核准 3 个阶段。风电场项目建设包括风电机组基础建设、风电机组吊装、海上升压站建设、海底电缆敷设、风电机组并网等阶段。

据统计，2020 年我国海上风电新增并网装机容量达到 306 万 kW，截至 2020 年年底，我国海上风电累计装机容量约 900 万 kW。截至 2021 年 6 月，我国处于前期、在建、投产阶段的部分海上风电项目统计见表 3－9。

表 3-9 我国近期部分海上风电项目统计

序号	项 目 名 称	装机容量/MW
1	龙源江苏大丰 H4 号 300MW 海上风电项目	300
2	龙源江苏大丰 H6 号 300MW 海上风电项目	300
3	华能山东半岛南 4 号海上风电项目	300
4	国家电投山东分公司山东半岛南 3 号海上风电项目	300
5	华能苍南 4 号海上风电项目	400
6	华润电力苍南 1 号海上风电项目	400
7	嵊泗 2 号海上风电项目	400
8	中广核惠州港口一海上风电场项目	400
9	国家电投江苏如东 H4 号海上风电项目	400
10	国家电投江苏如东 H7 号海上风电项目	400
11	国电象山 1 号海上风电场（一期）25.2 万 kW 项目	252
12	江苏如东 H2 号海上风电场工程	350
13	上海奉贤海上风电项目	200
14	三峡新能源阳西沙扒海上风电场项目	300
15	广东粤电阳江沙扒海上风电项目	300
16	华能如东 H3 海上风电项目	400
17	三峡新能源江苏如东 800MW（H6、H10）海上风电项目	800
18	华能射阳海上南区 H1 号 30 万 kW 海上风电项目	300
19	国家电投山东半岛南基地 3 号海上风电项目	300
20	福建兴化湾海上风电二期项目	280
21	福建莆田平海湾海上风电场 F 区	200
22	浙能嘉兴 1 号海上风电场	300
23	中广核岱山 4 号海上风电场一期	234
24	江苏华威启东 H1、H2 海上风电项目	800
25	三峡新能源阳江阳西沙扒三四五期海上风电项目	1000
26	国电电力象山 1 号海上风电场（一期）	252
27	嵊泗 5 号、6 号海上风电项目	282
28	广东粤电湛江外罗海上风电项目	198
29	广东粤电珠海海上风电项目	300
30	珠海桂山海上风电场示范项目	120
31	国电舟山普陀 6 号海上风电项目	252

续表

序号	项 目 名 称	装机容量/MW
32	国家电投江苏滨海北 H2 号 400MW 海上风电项目	400
33	国家电投大丰 H3 海上风电项目	300
34	三峡江苏大丰海上风电项目	300
35	龙源江苏大丰 H7 海上风电项目	200
36	中广核阳江南鹏岛海上风电项目	400
37	大唐滨海 300MW 海上风电项目	300

3.3.1 国内海上风电前期项目

1. 浙能嵊泗 2 号海上风电场项目

2019 年 12 月 24 日，浙能嵊泗 2 号海上风电场工程获得舟山市发展改革委核准，同意建设嵊泗 2 号海上风电场项目。该风电场拟建设 67 台 6MW 的风电机组，总装机容量为 400MW，项目静态投资约 69.9 亿元、计划总投资约 72.2 亿元，建设总工期约 36 个月。

这是继嘉兴 1 号海上风电场以来，浙能集团获得的第二个大型海上风电项目，是目前浙江省已核准的最大海上风电项目。该风电场项目位于崎岖列岛西南侧王盘洋海域，实际涉海面积约 $62km^2$。

该风电场风能资源较好，年等效满负荷小时数 2594h，年上网电量 10.42 亿 kW·h，项目建成后，每年可节约标煤 33.6 万 t，减少排放温室气体 CO_2 68.8 万 t，减少排放 SO_2、氮氧化物约 3755t。此外，还可节约淡水 300.4 万 m^3，并减少相应的水力排灰废水和温排水等，环境效益十分显著。

2. 国家电投江苏如东 H4 号海上风电项目

2020 年 3 月 18 日，国家电投江苏如东 H4 号 400MW 海上风电项目顺利取得用海批复，这是该项目继 2019 年 12 月取得海环批复后完成的又一重要审批环节，此项工作完成为下步顺利办理海域使用证和水上水下施工许可证、推进项目正式开工迈出了关键一步。

该项目规划装机容量 400MW，拟布置 100 台单机容量 4MW 的风电机组，配套建设一座 220kV 海上升压站和一座陆上集控中心，工程计划于 2021 年年底实现全容量并网。该项目作为国家电投在南通区域的首个海上风电场，项目建成后，年发电量预计 12 亿 kW·h，将全面加快盐城、南通“两个百万千瓦海上风电基地”南通基地的建设步伐，为推进国家电投江苏电力有限公司持续高质量发展和集团公司建设具有全球竞争力的世界一流清洁能源企业创造有利条件。

3. 国电电力象山1号（二期）海上风电项目

2020年6月，浙江省最大海上风电项目——国电电力浙江舟山海上风电开发有限公司象山1号（二期）项目即将进入测风阶段，使用的海上测风塔具备国内最专业的风能资源数据收集与分析能力。

该项目规划总装机容量75.42万kW，分两期工程进行建设，其中一期工程容量为25.42万kW，拟建设41台6.2MW风电机组，涉海面积约30km^2，理论年发电量可达107731万kW·h，每年可减少标准煤耗约22.7万t。项目总体建成后可进一步加快浙江省海上清洁低碳新能源的发展步伐，保证该地区未来绿色能源的长效供应。

本次使用的测风塔塔高120m，在20m、50m、80m、100m、120m处各设置两个风向仪和风速仪，共计配备两套完整的风能资源收集设备，采用世界先进的RNG风能资源数据处理系统。

3.3.2 国内海上风电在建项目

1. 广东粤电阳江沙扒海上风电项目

粤电阳江沙扒海上风电项目位于阳江市阳西县沙扒镇南侧海域，本期项目为300MW海上风电项目，项目海上场址中心离岸距离约18km，场址涉海面积约48km^2，水深为25～30m。场址西侧有沙扒港航道，场址北侧2km为湛黄航道以及阳江1号锚地区，东北侧靠近陆地为阳西大树岛海洋保护区，东侧有阳西火电厂航道，场址南侧水深30m外为外海习惯航路，项目安装47台海上风电机组，通过35kV集电线路汇集至海上升压站，并通过双回220kV海底电缆主线路将电能送至陆上控制中心，采用1回220kV架空线路接入220kV汇能站，以220kV等级电压接入阳江电网。

2. 江苏华威启东H1、H2海上风电项目

2020年5月28日，由中交一航局承建的江苏华威启东H1、H2海上风电项目完成首桩沉桩作业，标志着国内单体容量最大的海上风电项目、启东市首个海上风电项目主体工程正式开工。

该项目工程位于江苏启东近海海域，地质条件复杂，潮差大，可作业窗口期短。工程分为H1、H2、H3三个标段，总装机容量超过800MW。中交一航局江苏启东海上风电项目部具体负责H1、H2两个标段的施工任务，此工程离岸距离40km，包括84台大兆瓦风电机组基础施工及风电机组安装施工任务。

3. 三峡新能源阳西沙扒三、四、五期海上风电项目

三峡新能源阳西沙扒三、四、五期海上风电项目由中国三峡新能源（集团）股份有限公司投资，是粤港澳大湾区重点绿色能源项目。2020年6月4日正式开工，建成后，对优化粤港澳大湾区能源结构具有积极意义。交通运输部广州打捞局总承包该项目风电机组基础施工项目第三标段。

三峡新能源阳西沙扒三、四、五期海上风电项目总装机容量为1000MW。其中，三、四、五期装机容量分别为400MW、300MW和300MW。此次先期开工的四期项目共安装43台单机容量为7MW的抗台风型海上风电机组。风电机组基础采用大直径四桩导管架基础，管桩直径3.5～4.5m，是目前国内直径最大的四桩导管架基础。海上风电场沉桩作业现场图如图3-4所示。

图3-4 海上风电场沉桩作业现场

项目建成后，年上网电量可达22亿kW·h，将超过启东市全年用电量的一半（2019年启东市全社会用电量为39.91亿kW·h）。与传统煤电相比，每年可节约标煤73万t，减少CO_2排放162.8万t，减少灰渣29.6万t，减少烟尘144.1万t，节约淡水709.1万m^3，并减少相应的废水排放，社会环境效益明显，同时对提振省市区域发展实力、加速构建新基建产业链意义重大。

3.3.3 国内海上风电投产项目

1. *龙源江苏大丰H7海上风电项目*

2019年6月，龙源江苏大丰H7海上风电项目第80台风电机组成功并网，这标志着该项目的设备交付、安装和并网发电工作画上圆满“句号”，同时也再一次刷新了我国海上风电场建设纪录。

该海上风电项目是龙源在江苏大丰海域投资建设的第二个海上风电场，风电场选用80台新疆金风科技股份有限公司（下称“金风科技”）GW130－2.5MW机组，项目容量共计20万kW。该项目于2018年4月签订合同，同年7月底完成首台设备交付；2019年6月，全场80套设备已完成交付安装，且实现并网。整个项目交付建设周期用时不超过11个月，再次刷新我国海上风电场建设的纪录。

江苏龙源大丰H7海上风电场中心离岸直线距离超过45km，具有海况复杂、可达性差、建设难度大等特点。80台机组在11个月内全部吊装完毕，并实现并网发电，吊装规模之大，调试并网及项目建设之快，这在国内海上风电项目领域尚属首次。

2. 中广核阳江南鹏岛海上风电项目

中广核阳江南鹏岛40万kW海上风电项目位于广东省阳江市阳东区东平镇南侧海域，北距南鹏岛约4.6km，中心距离阳江市陆域约28.5km，水深20～30m。项目总装机容量40万kW，采用5.5MW级风电机组，配套建设一座海上220kV升压站、35kV集电海底电缆、220kV登陆海底电缆及一座陆上控制中心。项目建成投产后，预计年上网电量约10.3亿kW·h，每年可节约标煤约33.66万t，减排CO_2约67万t。

中广核阳江南鹏岛海上风电项目于2018年5月10日陆上主体工程开工，同年10月15日海上主体工程建设拉开序幕。该项目是国内最大单体海上风电项目，国内首例采用海上风电项目水下高应变检测，国内首个成功完成30m水深风电机组基础导管架水下灌浆作业的海上风电项目。该项目于2019年年底完成20台风电机组发电，项目建成后年上网电量约10.15亿kW·h，超过阳江市2018年月平均用电量。

3. 广东粤电湛江外罗海上风电项目

2019年12月26日，由中国能建广东院总承包建设的广东能源集团湛江外罗海上风电项目，36台风电机组全部并网发电。该项目位于广东省湛江市徐闻县新寮岛以南、外罗以东的近海区域，涉海面积约29km^2，规划装机容量为198MW，共布置36台5.5MW风电机组、1座220kV海上升压站和陆上集控中心。访项目是广东省首个大兆瓦级海上风电工程，也是国内首个海上风电EPC总承包项目。项目共安装36台单机容量为5.5MW的抗台风型风电机组，风电机组基础采用单桩基础，风电机组轮毂安装高度为100m，是国内首次规模化应用国产5MW以上大容量抗台风型风电机组，对广东省乃至全国海上风电产业的发展具有重要意义。

项目全部建成后，年上网电量约5亿kW·h，每年可节省燃煤消耗约15万t，减排CO_2约39万t、SO_2约54t，对推动广东省能源结构转型升级、促进节能减排具有积极意义。

4. 广东粤电珠海金湾海上风电项目

广东粤电珠海金湾海上风电项目位于珠海市金湾区三灶镇南侧海域，由广东省能源集团有限公司旗下广东省风力发电有限公司负责开发实施。项目总装机容量为30万kW，选用单机容量为5.5MW的风电机组，总投资约56.7亿元。建设内容包括安装55台单机容量为5.5MW海上风电机组（其中一台限发3MW），配套建设一座220kV海上升压站、12回35kV海底电缆集电线路、2回220kV海底电缆，一座陆上集控中心，以220kV电压等级接入系统。广东粤电珠海金湾首台风电机组安装现场如图3-5所示。

2020年5月6日，广东粤电珠海金湾海上风电项目首台风电机组吊装完成。2020

图 3-5　广东粤电珠海金湾首台风电机组安装完成

年 4 月 2 日，项目全容量并网投产，每年上网电量可超 7 亿 kW·h，每年可节约标煤约 23.99 万 t、减少 CO_2 排放约 43.30 万 t，节能减排效果显著。

第4章 海上风电场构成

海上风电场的构成主要包括海上风电机组、海上升压站、海上风电基础、海底电缆、陆上控制中心和其他辅助配套设施六大部分。

4.1 海上风电机组

4.1.1 海上风电机组技术路线

海上风电是一项独立的、技术复杂的开发项目，它不是简单的陆上风电的延伸。海上恶劣的环境对风电机组防腐性能有更高的要求，同时由于海洋环境的特殊性，海上风电机组维护非常困难，运维成本也远远高于陆上风电场。因此，产品可靠性是决定海上风电产品成功与否的关键。

风电机组是将风能转变为电能的设备，其设计首先要考虑自然风况。海上风况及环境特点与陆地有较大的不同，这就决定了进行海上风电机组设计时，要充分考虑海上的风况和环境，选择合适的海上风电机组技术路线。

1. 海上风况特点

海上风况与陆地风况相比，存在以下特点：

（1）海上年平均风速明显大于陆地。有研究表明，离岸10km的海上风速比岸上高25%以上。

（2）由于海面的粗糙度相比陆地小得多，风速变化梯度不明显，甚至有些区域高度上会存在负切变。海上风电机组轮毂高度主要取决了风轮直径和所在海域平均海平面高程，因此采用增加海上风电机组轮毂高度的方法来增加电能产出不如陆地有效，甚至得不偿失。

（3）湍流强度比陆地低。海上大气湍流强度较低，有利于风电机组的疲劳寿命，但也对海上风电机组布局产生影响。由于海上大气湍流强度较陆上低，风电机组产生的大气扰动恢复慢，后排风电机组和前排风电机组需要较大的间隔距离，间接增大了海上风电场的占海面积，增加风电场建设成本。

（4）台风影响。台风对我国东南沿海影响广泛，海上风电机组尤其要注意防台设计。

2. 主流技术路线

目前，海上风电机组主流的技术路线主要有高速双馈、中速半直驱永磁、低速直驱永磁3种。

（1）高速双馈。高速双馈技术路线是指风电机组主要由叶轮、三级传动齿轮箱、双馈异步风力发电机和双馈变流器组成，图4-1为某双馈风电机组。双馈异步风力发电机是一种绕线式感应发电机，定子绕组直接与电网相连，转子绕组通过变频器与电网连接，转子绕组电源的频率、电压、幅值和相位按运行要求由变频器自动调节，风电机组可以在不同的转速下实现恒频发电，满足用电负载和并网的要求。其优点如下：

1）能控制无功功率，并通过独立控制转子励磁电流解耦有功功率和无功功率控制。

2）无须从电网励磁，可从转子电路中励磁。

3）产生无功功率，并可以通过电网侧变流器传送给定子。

（2）中速半直驱永磁。中速半直驱永磁技术路线是指风电机组主要由叶轮、二级传动齿轮箱、永磁同步风力发电机和全功率变流器组成。图4-2为某半直驱风电机组。半直驱概念是在直驱与双馈风电机组在向大型化发展过程中遇到问题时而产生的，兼有两者的特点。从结构上说半直驱与双馈类似，具有布局形式多样的特点，同时目前研究中的无主轴结构还具有与直驱相似的外形。区别在于：一是与双馈机型比，半直驱齿轮箱的传动比低；二是与直驱机型比，半直驱的发电机转速高。这个特点决定了半直驱一方面能够提高齿轮箱的可靠性与使用寿命；另一方面，相对直驱发电机而言，能够兼顾对应的发电机设计，改善大功率直驱发电机的设计与制造条件。此外，为了减轻机舱的重量，半直驱风电机组多为紧凑型机型，也就是取消低速轴或将低速轴的长度减小，增速箱输出轴与发电机主轴直连。

图4-1　双馈风电机组

图4-2　半直驱风电机组

(3) 低速直驱永磁。低速直驱永磁技术路线是指风电机组主要由叶轮、永磁同步风力发电机和全功率变流器组成。图4-3为某直驱风电机组。直驱式同步风力发电机是一种由叶轮直接驱动发电机，也称无齿轮风力发电机，这种发电机采用多级电机与叶轮直接连接进行驱动的方式，免去齿轮箱这一传统部件。直驱式同步风力发电机优点如下：

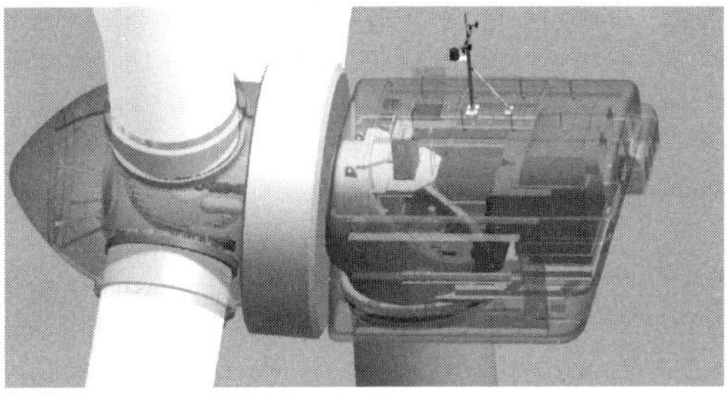

图4-3 直驱风电机组

1）发电效率高。直驱式同步风力发电机没有齿轮箱，减少了传动损耗，提高了发电效率，尤其是在低风速环境下效果更加显著。

2）可靠性高。齿轮箱是风电机组运行出现故障频率较高的部件，直驱技术省去了齿轮箱及其附件，简化了传动结构，提高了风电机组的可靠性；同时，风电机组在低转速下运行，旋转部件较少，可靠性更高。

3）运行及维护成本低。采用无齿轮直驱技术可减少风电机组零部件数量，避免齿轮箱油的定期更换，降低了运行维护成本。

4）电网接入性能优异。直驱或同步风力发电机的低电压穿越使电网并网点电压跌落时，风电机组能够在一定电压跌落的范围内不间断并网运行，从而维持电网的稳定运行。

高速双馈技术路线典型整机商主要有中国海装、江苏远景等；中速半直驱永磁技术路线典型整机商主要有明阳智能等；低速直驱永磁技术路线典型整机商主要有金风科技、湘电风能等。根据摩根士坦利在其亚太区风力发电研究报告，直驱风力发电机在海上风电市场中具有竞争优势，因其取消的齿轮箱维护成本超过了增加的初始投资成本，同时永磁直驱技术还具有自身励磁的优势，可大幅降低电能损失，提高总体效率3%～5%。

对以上3种技术路线从系统可靠性、可维护性及备品备件通用性三个方面上分析，见表4-1。

表4-1 不同技术路线比较

性质	高速双馈	中速半直驱永磁	低速直驱永磁
系统可靠性	增速比在1∶100左右，可靠性低，故障率高	增速比在1∶20左右，可靠性较低，故障率较高	取消了齿轮箱，机械可靠性高，故障率低
可维护性	齿轮箱等大部件易拆卸，可维护性好	齿轮箱和发电机机舱不易拆卸，可维护性较差	发电机等部件不可拆卸，可维护性差
备品备件通用性	通用性好	通用性较差	通用性差

4.1.2 海上风电机组结构

目前海上风电机组均为水平轴风电机组，由叶轮、机舱及塔筒三大部分组成。海上风电机组结构如图 4-4 所示。

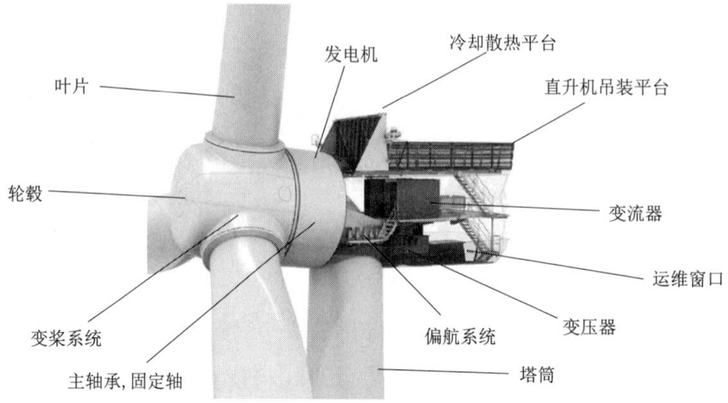

图 4-4 海上风电机组结构

1. 叶轮

叶轮是风电机组的重要组件，是直接吸收风能，并将风能转换为机械能的系统。风与叶片间的作用将风中蕴含的能量转移到叶轮上。但是，由于风不可能在叶轮处停止，因此离开叶轮处的风带走了部分能量，通常用风能利用系数 C_p 来表示叶轮气动特性的优劣及风电机组将风能转化成电能的转换效率。根据贝兹理论，风力发电机最大风能利用系数为 0.593。叶轮主要由叶片、变桨系统及轮毂等部件系统组成。

(1) 叶片。风电机组叶片对材料要求很高，不仅需要具有较轻的重量，还需要具有较高的强度、抗腐蚀、耐疲劳性能，因此现在的风电机组厂商广泛采用复合材料制造叶片，复合材料占整个风电机组叶片的比重甚至高达 90%。叶片制造材料由最初的亚麻布蒙着木板发展至钢材、铝合金，直至目前的复合材料。现在的风电机组厂商在制造风电机组叶片时，通常使用纤维增强塑料（FRPs）和玻璃纤维增强树脂(GRP)。其卓越的高比强度和比刚度，良好的耐疲劳和耐腐蚀、电流绝缘性能，使其成为广泛使用的叶片材料。此外，随着风电机组叶片的不断加长，碳纤维在叶片的使用将会越来越广泛。

典型叶片结构包括以下部件：

1）外壳：风电机组叶片的两个半壳，通常具有较复杂的空气动力学造型。

2）腹板：又称为内部梁，主要用于支撑叶片外壳，并承担叶片所受到的弯曲载荷，腹板常采用工字梁结构以减轻重量。

3）梁帽：用于连接腹板和叶片外壳。

4）挡雨环：安装于叶根处，用于防止雨水流入风电机组。

5）人孔盖：用于连接叶片与风电机组主轴。

6）防雷系统：由于风电机组较为高大且处于空旷地带，雷击也是造成风电机组损坏的一大原因，因此避雷对于风电机组非常重要。

（2）变桨系统。变桨系统是风电机组控制系统的核心部分之一，对风电机组安全、稳定、高效的运行具有十分重要的作用。变桨系统的作用是通过调节叶片的节距角，改变气流对叶片的攻角，进而控制叶轮捕获的气动转矩和气动功率。

变桨系统一般分为电动变桨系统和液压变桨系统。电动变桨系统因其机构紧凑、可靠，相比液压变桨系统传动结构简单，且没有液压系统后期存在的泄漏问题，国内风电机组整机商一般采用电动变桨系统；液压变桨系统因其响应频率快、扭矩大、便于集中布置和集成化等优点在国外风电机组整机商使用较广泛。

电动变桨系统由变桨电机、变桨齿轮箱、变桨控制柜和备用电源系统组成。电动变桨系统的每个叶片配有独立的执行机构，伺服电机连接减速箱，通过主动齿轮与叶片轮齿内齿圈相连，带动叶片进行转动，实现对桨距角的直接控制，给风电机组提供功率输出和足够的刹车制动能力，从而避免过载对风电机组的破坏。

如果电动变桨系统出现故障，控制电源断电，变桨电机由备用电源系统供电，将叶片紧急调节为顺桨位置。在备用电源电量耗尽时，继电器节点断开，原来由电磁力吸合的制动齿轮弹出，制动叶片，保持叶片处于顺桨位置。在轮毂内齿圈边上还装有一个接近开关，起限位作用。在风电机组正常工作时，继电器上电，电磁铁吸合制动齿轮，不起制动作用，使叶片能够正常转动。

液压变桨系统采用液压缸作为原动机，通过一套曲柄滑动结构同步驱动 3 个叶片变桨距。变桨机构主要由推动杆、支撑杆、导套、防转装置、同步盘、短转轴、连杆、长转轴、偏心盘、叶片、法兰等部件组成。变桨控制系统根据当前风速算出叶片的桨距角调节信号，液压系统根据指令驱动液压缸，液压缸带动推动杆、同步盘运动，同步盘通过短转轴、连杆、长转轴推动偏心盘转动，偏心盘带动叶片进行变桨距。

液压变桨执行机构的叶片通过机械连杆机构与液压缸相连接，桨距角同液压缸位移成正比。当桨距角减小时，液压缸活塞杆向右移动，有杆腔进油；当桨距角增大时，活塞杆向左移动，无杆腔进油。液压系统的桨距控制是通过电液比例阀实现的，电液比例阀的控制电压与液压缸的位移变化量成正比，利用油缸设置的位移传感器，利用 PID 调节进行液压缸位置闭环控制。为提高顺桨速度，变桨执行系统不仅引入差动回路，还利用蓄能器为系统保压。当系统出现故障断电紧急关机时，立即断开电源，液压泵紧急关闭，由蓄能器提供油压使叶片顺桨。

（3）轮毂。轮毂是风电机组用来连接叶片和主轴的重要部件，一般由球墨铸铁铸造而成，具有优良的机械性能和可延展性。轮毂应符合《风力发电机组球墨铸铁件》（GB/T 25390—2010）中要求。轮毂外表面防腐等级应为C5M，内表面防腐等级为C4，此外应有充分的防护措施，具有足够的密封性，以防止雨水、盐雾的进入。

2. 机舱

机舱是用来保护风电机组机舱内部各组件免受雨、雪、灰尘、太阳辐射等因素的破坏。本节所指机舱包含安装在机舱内的所有组件。

（1）机舱底。机舱底通常为铸件，为机舱各组件提供安装布置支撑平台。机舱底也可以采用钢结构焊接而成。

（2）主轴。主轴是连接轮毂与主齿轮箱或发电机（针对直驱）的重要部件，一端与轮毂连接，另一端通过联轴器将扭矩传递给主齿轮箱或发电机，将轴向推力、气动弯矩传递给机舱底。风电机组主轴的材质一般为不锈钢，且为中空，用于轮毂处电缆布置。

（3）主轴承及轴承座。主轴承及轴承座主要用来支撑风电机组传动链。目前，海上大兆瓦风电机组主轴承考虑可靠性问题，均采用进口品牌。

（4）齿轮箱。一般来说叶轮转速达不到风电机组发电机的需求转速，需要采用齿轮箱增速。齿轮箱的主要功能是将叶轮产生的低转速进行增速，使转速能够满足风电机组发电机的需要。若技术路线为双馈高速的风电机组，其齿轮箱一般为三级传动，即一级行星齿轮和两级平行轴结构；若技术路线为中速永磁直驱的风电机组，其齿轮箱为二级传动。

（5）联轴器。联轴器用于将齿轮箱的扭矩传递给发电机，同时消除振动、噪声，纠正齿轮箱输出轴和发电机输入轴的同轴度误差。

（6）风力发电机。风力发电机主要分为永磁直驱同步发电机和双馈异步发电机两种。永磁直驱同步发电机主要由定子、永磁体转子、传感器及电子换向开关等组成，具有结构简单、体积小、重量轻、效率高、功率因数高等优点；双馈异步发电机主要由定子、转子和轴承等部件组成，因其定子和转子同时和电网连接，运行时转子和定子可以同时发电，因此被称为“双馈”。

（7）偏航系统。偏航系统的功能是根据风速风向仪的检测反馈信号主动追踪风向的变化，进行机舱的对风调整，使叶轮对准风向，以便风电机组最大限度吸收风能。偏航系统一般包括数量不等的偏航电机、偏航齿轮箱以及偏航制动器等。

（8）液压制动系统。液压制动系统的功能是控制风电机组的制动状态，一般包括发电机转子制动或高速轴制动、偏航制动两部分。

3. 塔筒

海上风电机组塔筒一般为圆锥形钢制结构，分为3～4段。每段塔筒由厚度不等的钢板卷制焊接而成，其顶部和底部均焊接法兰。塔筒段和机舱、塔筒段之间，塔筒段和机舱之间均通过高强度螺栓连接。对于塔筒外表面，防腐等级一般要求为C5M；

对于塔筒内表面，防腐等级一般要求为C4。

塔筒内电气设备通常安装于最底下一段塔筒内。塔筒内电气设备主要包括变流器、变压器、塔基控制柜等。此外，塔筒内部一般设置电梯和爬梯，电梯用于日常人员上下，爬梯用于停电和紧急状况，爬梯上需安装防坠落保护装置，保护人员安全。

4.2 海上升压站

4.2.1 海上升压站概述

海上风电场为了使整个风电场区的集电线路长度最短、线路输电损失最小，一般会在风电场中央以及靠近陆地的地方设置海上升压站。海上升压站是海上风电场和电网实现连接的关键枢纽，对整个风电场起着电力传输、中转的重要作用。如果把海底电缆类比成海上风电场的“血管”和“神经”，那么，海上升压站则可以比作整个风电场的“心脏”。海上升压站电气设备如果出现问题，小则一条回路上的风电机组停运，严重时整个风电场将瘫痪。海上升压站示意图如图4-5所示。

图4-5 海上升压站示意图

因为海上升压站对海上风电场的重要性，其重要性等级高于一般风电机组基础结构。根据《海上风力发电场设计标准》(GB/T 51308—2019)的规定，考虑建筑物的重要性和建筑物破坏后果的严重性，并考虑与风电机组基础的设计标准相匹配，海上升压站结构设计使用年限应为50年，结构安全等级为一级。同时根据GB/T 51308—2019 3.0.3节的相关规定，海上升压站的极端环境荷载设计载荷采用100年设计基准期。

4.2.2 海上升压站结构

根据不同的施工水平及环境条件，形成了两种模式的海上升压站结构，即模块装配式海上升压站结构和整体式海上升压站结构。

模块装配式海上升压站是将升压站分为若干个模块，每个模块都采用钢结构，在陆上组装场制作，在陆上完成模块内的设备安装调试，然后各模块单独运输至现场起吊并安装，各模块安装完后现场完成各模块之间的连接。

整体式海上升压站是将整个升压站上部结构作为一个整体，在陆上组装场完成整个升压站的制造、设备安装和调试，然后采用大型起重船整体运输至现场并安装。下面以 220kV 海上升压站为例进行说明。

1. 模块装配式海上升压站结构

（1）上部结构布置。220kV 海上升压站共分成 2 个平台 4 个模块：35kV 平台和 220kV 平台，其中 35kV 平台布置辅助模块和 35kV 模块，220kV 平台布置主变压器模块和 GIS 模块。

（2）下部结构布置。海上升压站采用四桩导管架基础结构，辅助模块和 35kV 模块及主变压器模块和 GIS 模块分别共用四桩导管架式基础结构。导管架基础采用 4 根钢管桩，矩形布置，钢管桩通过导管架装套管构成组合式基础。导管架顶部通过型钢形成梁系结构。

2. 整体式海上升压站结构

（1）上部结构布置。220kV 海上升压站为一个平台，由上部组块和导管架基础组成，上部组块内布置各项设备，采用整体吊装。

（2）下部结构布置。海上升压站下部结构多采用导管架基础。导管架采用 4 腿导管架型式，导管架 4 腿竖向插入海底。主导管呈矩形布置，在泥面处设水平拉筋及水平斜拉筋，导管架在泥面处设置防沉构件。导管架上设靠船构件、登船平台等附属构件。桩采用开口变壁厚钢管桩，共 4 根。

3. 模块装配式和整体式海上升压站对比

根据类似风电场的工程经验，模块装配式和整体式海上升压站结构型式基本一致，均采用钢结构上部组块和导管架基础。整体式海上升压站是将整个上部结构在陆上组装场完成后运输至现场，采用大型起重船安装，施工难度大、船机设备要求高，但在海上作业的工序较少、时间较短。模块装配式海上升压站采用两座海上平台，其工程量比整体式海上升压站增加 40%以上。综上所述，在施工环境条件和施工设备满足的前提下，建议采用整体式海上升压站，如受到施工设备等因素限制，可以采用模块装配式海上升压站。

对于小型的离岸近的风电场，没有必要设置海上升压站；当海上风电场总装机容量变大，离岸的距离也越来越远，则有必要设置海上升压站，同时在海上升压站上布置直升机平台也是必要的。

4.3 海上风电基础

根据海上风电场水深、海洋环境和工程地质的不同，海上风电机组和海上升压站均需要采用不同的基础型式。

目前，国内外海上风电机组常用的基础型式有单桩式基础、多桩式基础、重力式基础和负压桶式基础等，漂浮式基础将会是海上风电机组走向深海后重要的基础型式。

海上升压站基础常用的基础型式有单桩式、重力式或导管架基础。目前大多数海上风电场升压站在上部结构总重量约为1000t及以下时采用单桩式基础，在地质条件许可、水深较浅时采用重力式基础，在水深较大且上部结构总重量超过1000t时则采用导管架基础。

4.3.1 海上风电机组基础型式

1. 单桩式基础

单桩式基础是最简单的基础结构，也是目前国内外海上风电的主流基础型式。据统计，目前全球海上风电机组80%以上的基础都是采用单桩式。

单桩式基础是采用一根钢管桩，钢管桩直径根据载荷大小而定，一般为4～8m，桩长数十米，采用大型沉桩机械打入海床，上部采用过渡段与钢管桩进行灌浆连接，过渡段与塔筒之间采用法兰连接，过渡段同时起到调平的作用。这种基础的一大优点是不需整理海床。但是，它需要防止海流对海床的冲刷，而且不适用于海床内有巨石的位置。该技术应用范围水深小于25m。大直径钢管桩方案结构受波浪影响相对较小。目前这种基础结构在国内外风电场应用很广泛，金风科技2.5MW机组潮间带响水项目风电场即使用此基础结构。

单桩到达指定地点后，一种是将打桩锤安装在管状桩上打桩直到桩基进入要求的海床深度；另一种则是使用钻孔机在海床钻孔，装入桩后再用水泥浇注。单桩式适用的海域通常比重力式基础要深，可以达到20m以上。由于桩和塔架都是管状的，因此在现场它们之间的连接相比于其他基础更为便捷。

在使用合适设备的情况下，单桩式的打桩过程比较简单。对于水深较浅且基岩离海床表面很近的位置单桩式是最好的选择，因为相对较短的岩石槽就可以抵住整个结构的倾覆力。而对于基岩层距离海床很远的情况，就需要将桩打得很深。另外对于坚硬岩石尤其是花岗岩海床来说，打桩过程需要增加成本甚至难以成行。

单桩式基础具有结构生产工艺简单，施工成本低，施工过程简单易控制，施工单位经验丰富等优点，但是这不意味着单桩式基础是海上风电机组基础的成熟产品，在国内外海上风电场已经出现了很多单桩倾斜的案例。倾斜角度的产生是潮汐、浪涌冲击的必然结果。如何解决此问题，是风电场后期维护、运营的难题之一。单桩式基础如图4-6所示。

2. 多桩式基础

多桩式基础可再分为混凝土承台式基础、三桩式基础、导管架基础。

(1) 混凝土承台式基础。混凝土承台式基础又分混凝土高桩承台和混凝土低桩承台基础，主要在我国海上风电场建设中进行了应用，其最大优点在于施工方法比较成熟，也具有较高的结构刚度。混凝土低桩承台基础是将陆上的基础型式移植到海上，设置围堰挡水保护，采用传统的陆上施工方法。这种基础施工工艺成熟、施工难度小，但施工工序多、工期较长，仅适用于水深较浅、离岸较近的潮间带区域。混凝土高桩承台基础则是借鉴了港口码头、跨海大桥的经验，采用传统的海上施工设备和施工工艺，施工难度较小，大多数海上施工单位都有能力施工。混凝土承台式基础如图 4-7 所示。

图 4-6 单桩式基础

图 4-7 混凝土承台式基础

（2）三桩式基础。三桩式基础是为了解决单桩桩径过大的问题而提出的，主要有水上三桩和水下三桩两种类型。单立柱三桩结构类似于海上油田常用的简易平台，三根钢管桩通过一个三角形钢架与中心立柱连接，风电机组塔架连接到中心立柱上形成一个结构整体，增加了基础的稳定性。水上三桩基础在德国 Bard Offshore 1 海上风电场中进行过应用，业主持有专利，由于该基础型式的钢管桩高出海平面，需要采用嵌岩桩时不存在水下截桩浪费钢材的情况，另外该风电机组基础采用水上灌浆连接，相比水下灌浆在施工上有较大优势，但是基础刚度不如导管架基础，灌浆连接段的中心节点比较复杂，建造和计算分析存在一定难度；水下三桩基础在德国 Alpha Ventus 海上风电场中进行了成功应用，目前技术已比较成熟，但是对焊接工艺要求较高，生产制造存在一定困难。三桩式基础如图 4-8 所示。

（3）导管架基础。导管架基础采用三根或三根以上的钢管桩打入海底，导管架与钢管桩之间通过灌浆连接形成整体，导管架上部为连接段，顶部通过法兰与塔筒连接。导管架基础分为双倾、单倾、直式等形式，具有很好的刚度和承载能力，对水深和地质条件的适应性较广，适用于 0～50m 水深的近海风电场。导管架基础是目前欧洲海上风电场用得较多的一种基础型式，也是未来发展的趋势。根据打桩的先后顺序，导管架基础分为先桩法导管架基础与后桩法导管架基础。后桩法导管架基础与海洋石油平台的导管架基础类似，导管架基础上设置有防沉板与桩靴（又称“桩套管”），先沉放导管架后，再将钢管桩从桩靴内打入海床。后桩法导管架基础在英国的 Beatrice 海上风电示范项目中应用过，以后绝大部分导管架基础均为先桩法。导管架基础借鉴了海洋石油平台的经验，该基础型式适用范围较广，在不同的水深、地质条件和采用大容量风电机组的项目中均可采用，国内目前在广东珠海桂山海上风电场项目中已经成功进行了应用。导管架基础如图4 9所示。

图4-8 三桩式基础

图4-9 导管架基础

3. 重力式基础

重力式基础是利用基础自身的重力使整个系统固定，一般为钢筋混凝土结构。重力式基础依靠自身的重力来抵抗风、浪、流、海冰等荷载的影响，它具有结构简单、造价低、抗风暴和风浪袭击性能好、稳定性和可靠性好等优点，但一般不适合水深超过40m的海上风电场。这种基础型式的结构主体在陆上预制场浇筑完成后，通过半潜驳运输到指定海域，也可通过定倾高度计算满足自浮稳定要求，采用拖船拖运到机位处下沉安装。与普通桩基础施工相比，重力式基础安装方便，大大减少了海上作业时间，并且可以在陆上大批量同时预制，加快工程进度，降低基础总投资。但是重力式基础对海床表面的地质条件有要求，不适用于承载力及压缩模量较低的海床面。重力式基础一般采用预制圆形钢筋混凝土沉箱结构，根据当地材料情况，内部空腔可以采用砂、碎石、矿渣或者混凝土作为压舱材料，使基础有足够的自重来抵抗风、波浪、水流等环境荷载以及使用荷载作用保证基础的抗水平滑动和抗倾覆稳定。基底尺寸通过计算基底脱开面积、地基承载力以及抗滑移、抗倾覆验算确定。在确定满足规范要求的基础尺寸后，采用ANSYS软件对风电机组重力式基础进行有限元计算分析。重力式基础就位前需要将海底整平，就位后再在基础底板方格内抛填块石以增加基础自重和稳定性。重力式基础对地质条件和水深要求较高，应用范围较狭窄，丹麦的Middelgrunden、Nysted和瑞典的Lillgrund等海上风电场应用了此种基础类型。重力式基础如图4-10所示。

图 4-10 重力式基础

4. 负压桶式基础

负压桶式基础又称吸力桶式基础，其基本结构型式是一种大型圆柱薄壁钢制结构，其底端敞开，上段封闭并设有抽水口，具有定位精确、费用经济、施工方便、可重复利用等特点。

负压桶式基础在海上贯入安装的主要机理是负压原理。负压桶式基础制造完毕运输到安装地点后，利用浮吊或自升式吊装船吊装并将其下放至海床，在自重的作用下，基础桶体沉至海床中一定深度后封闭抽水口，形成桶内的密封状态，利用潜水泵持续向外抽水，在桶内外形成压差。当内外压差所产生的下贯力超过海床土体对基础桶体的阻力时，桶体就会不断下沉，直至预定的设计深度。

负压桶式基础在深水系泊工程中应用较为广泛，但因其在施工、承载和重复利用等方面有着独特的优势，在海上风电领域也开始应用，但对海底地质有一定要求。负压桶式基础如图 4-11 所示。

5. 漂浮式基础

漂浮式基础目前还处于研究和应用示范阶段，主要应用于 50m 以上水深的海域，该区域风速较稳定，风能资源丰富、可利用小时数多。风电机组安装在远离海岸线的水域，可消除视觉影响，并大大降低噪声、电磁波对人类生活的影响。这种基础的最大特点是风电机组安装位置可以移动，并便于拆除。海上风电场向深海发展时，漂浮式基础必然有其广阔的应用前景。海上风电机组漂浮式平台的结构型式多种多样，一般都是借鉴海洋石油平台的经验进行设计，主要包括 Spar 式、TLP 式（张力腿式）和 SEMI 式（半潜式），也可采用 Spar 与 TLP 等组合方式。漂浮式基础如图 4-12 所示。

图 4-11 负压桶式基础

(1) Spar 式基础。Spar 式基础的上部主体是一个大直径、大吃水的具有规则外形的浮式柱状结构，主体中有一个硬舱，位于壳体的上部，用来提供平台的浮力；中间部分是储存舱；在平台建造时，底部为平衡稳定舱。当平台已经系泊并准备开始生产时，这些舱则转化为固定压载舱，用于吃水控制。Spar 式基础中部由系泊索呈悬链线状锚泊于海底。系泊索由海底桩链、锚链和钢缆组成。锚所承受的上拔荷载由打桩或负压法安装的吸力式沉箱来承担。Spar 式基础吃水深度大，并且垂向波浪激励力小、垂荡运动小，因此比半潜式基础有更好的垂荡性能，但是由于 Spar 式基础水线面对稳定性的贡献小，其横摇和纵摇值较大。

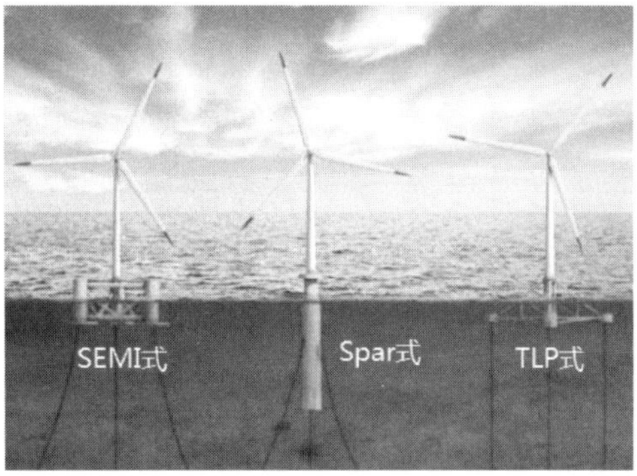

图 4-12 漂浮式基础

(2) TLP 式（张力腿式）基础。张力腿式基础主要由圆柱形的中央柱、矩形或三角形截面的浮箱、锚固基础组成。张力腿式基础的浮力由位于水面下的沉体浮箱提供，浮箱一侧与中央柱相连，另一侧与张力筋腱相连，张力筋腱下端与海底基座模板相连或直接连接在桩基顶端。为了保证风电机组的位置，有时还会安装斜线系泊索系统，作为垂直张力腿系统的辅助。固定设备主要包括桩和吸力桶。张力腿式基础具有良好的垂荡和摇摆运动特性。但是张力腿式基础张力系泊系统复杂、安装费用高，张力筋腱张力受海流影响大，上部结构和系泊系统的频率耦合易发生共振运动。

(3) SEMI 式（半潜式）基础。半潜式基础通过位于海面位置的浮箱来保证风电机组在水中的稳定，再通过辐射式的悬链线来保证风电机组的位置。半潜式基础的浮箱平面需尺寸较大，高度较小，依靠浮箱半潜于水中提供浮力支撑，浮箱平面需尺寸足够大，以保证风电机组的抗倾稳定性。半潜式基础吃水深度小，在运输和安装时具有良好的稳定性，相应的费用比 Spar 式和张力腿式基础节省。目前各海上风电机组生产企业都已经陆续有建设运行的漂浮式样机（示范工程），如英国的张力腿式 Blue H 风电机组、挪威的 Spar 式 Hywind 风电机组等。2021 年，我国三峡集团推出的“引领号”漂浮式风电机组即采用半潜式基础。

4.3.2 海上升压站基础型式

1. 单桩式基础

单桩式基础由钢板卷制而成的焊接钢管组成，可分为有过渡段单桩和无过渡段单桩，钢管桩直径 4～7m，桩长数十米，采用大型沉桩机械打入海床。其优势是单桩式基础结构简单，施工快捷，造价相对较低；劣势是结构刚度小、固有频率低，受海床冲刷影响较大，且对施工设备要求较高。单桩式基础如图 4－13 所示。

2. 重力式基础

重力式基础是应用最早的基础，适用水深一般不超过 40m。其靠基础自重抵抗升压站荷载和各种环境荷载作用，一般采用预制钢筋混凝土沉箱结构，内部填充砂、碎石、矿渣或混凝土压舱材料的基础重一般一千余吨。重力式基础在陆上预制，预制基础养护完成后用驳船运至现场，用大型起吊船将基础起吊就位。其优势是稳定性好；劣势是对地基要求较高（最好为浅覆盖层的硬质海床），施工安装时需要对海床进行处理，对海床冲刷较为敏感。重力式基础如图 4－14 所示。

图 4－13　单桩式基础

图 4－14　重力式基础

3. 导管架基础

导管架基础最开始时应用于海洋石油平台，工程经验较多，适用水深小于 50m。其下部结构采用桁架式结构，以 4 桩导管架基础为例，结构采用钢管相互连接形成的空间四边形棱柱结构，基础结构的四根主导管端部下设套筒，套筒与桩基础相连接。导管架套筒与桩基部分的连接通过灌浆连接方式来实现。其优势是基础刚度大，稳定性较好；劣势是结构受力相对复杂，基础结构易疲劳，建造及维护成本较高。导管架基础如图 4－15 所示。

图 4－15　导管架基础

4.3.3 基础一般检查项目

由于海上环境的特殊性，出行不具备随时性，为了了解基础的情况，海上风电机组和升压站基础顶部一般设置监测项目，如不均匀沉降监测、倾斜监测、振动监测、基础顶静态应力应变监测、导管架主腿腐蚀电位监测。当监测到基础出现异常情况，可根据判断进行停机处理，待出海作业时进行实地勘察。一般基础维护检查项目如下：

（1）检查塔架和基础是否有裂纹、损伤、防腐破损等现象，如有裂纹、损伤等破损情况应停机，如有防腐破损应进行修补。

（2）检查塔架和基础连接处有无防腐破损、有无进水现象。

（3）检查基础内支架的紧固情况，有无电缆烧焦，基础内有无进水、昆虫等现象并清洁。

（4）检查塔架筒体表面是否有裂纹、变形，检查防腐层和焊缝并清洁。

（5）检查塔架内梯子、平台是否破损，防腐层是否破损并清洁。

（6）检查各塔筒段之间的接地装置有无松动、腐蚀现象。

（7）检查塔架平台及平台的连接螺栓是否松动并清洁平台。

（8）按照螺栓力矩紧固表检查塔筒连接螺栓和塔筒内各附属设备的固定螺栓。

4.4 海 底 电 缆

4.4.1 海底电缆的构成

目前，海上风电场海底电缆主要包括风电机组与风电机组之间、风电机组与海上升压站之间的海底集电电缆，以及海上升压站与陆上控制中心之间的海底送出电缆。

海底电缆主要由阻水导体、导体屏蔽层、绝缘层、绝缘屏蔽层、阻水缓冲层、铅套、防蚀层、内护套、内衬层、金属填充条、光纤单元、塑料填充、绑扎带、镀锌钢丝、外被套等主要结构层，具有防海水、防腐蚀、防盐碱等特性，在环境恶劣的条件下能安全、可靠地工作，如图 4-16 所示。

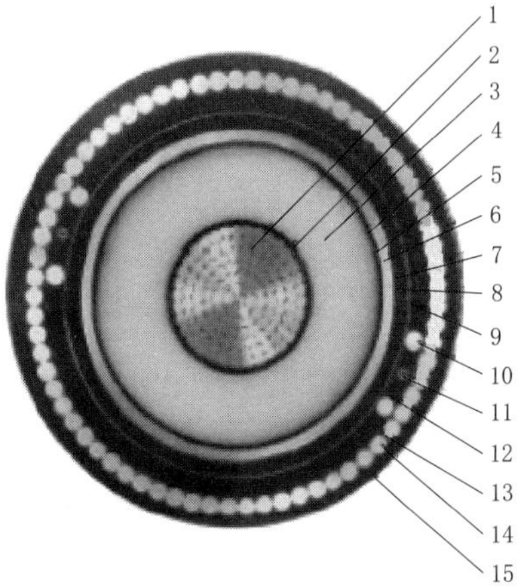

图 4-16 海底电缆结构示意图

1—阻水导体；2—导体屏蔽；3—XLPE 绝缘；4—绝缘屏蔽；5—半导电阻水带；6—铅套；7—防蚀层；8—内护套；9—内衬层；10—金属填充条；11—光纤单元；12—塑料填充；13—绑扎带；14—镀锌钢丝；15—外被套

海底缆线主要有通信光缆、输电电缆、通信电缆等。建设海上风电场是新能源发展的重要方向，也将是我国风电产业发展的“方向中的方向”。我国已有近百个陆上风电场，但海上风电场建设才刚刚起步。随着我国海上风电的快速发展对海底电缆需求量日益剧增，海底电缆在海上风力发电及输电上的应用将拥有非常广阔的市场前景。

4.4.2 海底电缆的分类

海底电缆是敷设在海底及河流水下用的电缆的总称。海底电缆按作用分为海底通信电缆和海底电力电缆，海底通信电缆主要用于通信业务，海底电力电缆主要用于传输大功率电能。将光纤置入海底电力电缆中又称光电复合海底电缆，这种海底电缆既能传输电能又能起通信作用；还有一种使用在海洋石油行业水下生产系统的海底电缆，将送电电缆、信号光纤、液压或化学药剂管组合在一起，这种海底电缆称为脐带缆。

海底电缆按电流传输方式可分为交流海底电缆和直流海底电缆，高压海底电缆按绝缘种类可分为充油式海底电缆、浸渍纸包绝缘海底电缆、挤包绝缘海底电缆。在海底电缆发展史中，曾经出现过一种浸渍纸绝缘充气海底电缆。由于其缺点明显，未被广泛使用和进一步发展。

1. 充油式海底电缆

充油式海底电缆使用油浸纸绝缘作为绝缘介质，并在电缆内部设置油道与压力油箱相连保持油压，从而保证绝缘强度。

充油式海底电缆按不同纸绝缘又分以下两种：

（1）牛皮纸绝缘充油海底电缆。采用牛皮纸作为绝缘材料，以低黏度矿物油来浸渍纸绝缘。

（2）PPLP绝缘充油海底电缆。又称合成纸绝缘海底电缆，这是日本JPS公司的专利产品，在两层牛皮纸中夹入聚丙烯膜（PP膜），可提高绝缘强度、降低损耗。

2. 浸渍纸包绝缘海底电缆

浸渍纸包绝缘海底电缆以高黏度矿物油来浸渍纸绝缘，曾称为不滴流海底电缆，以前用在35kV及以下的交流海底电缆中，对其材料和生产工艺做进一步升级后，有一种主要用在直流输电工程的黏性浸渍纸绝缘（Mass Impregnated，MI）海底电缆。

3. 挤包绝缘海底电缆

挤包绝缘海底电缆按材料分为交联聚乙烯（XLPE）绝缘海底电缆和乙丙橡胶（EPR）绝缘海底电缆，发展过程中也曾出现过聚乙烯绝缘（PE）海底电缆，该海底电缆型式如图4-17和图4-18所示。

（1）交联聚乙烯（XLPE）绝缘海底电缆。其以高纯度聚乙烯为原料，采用干法交联工艺生产的交联聚乙烯（XLPE）挤压层作为绝缘介质，又称干式海底电缆。

（2）乙丙橡胶（EPR）绝缘海底电缆。采用聚合工艺生产的乙丙橡胶（EPR）挤压层作为绝缘介质。

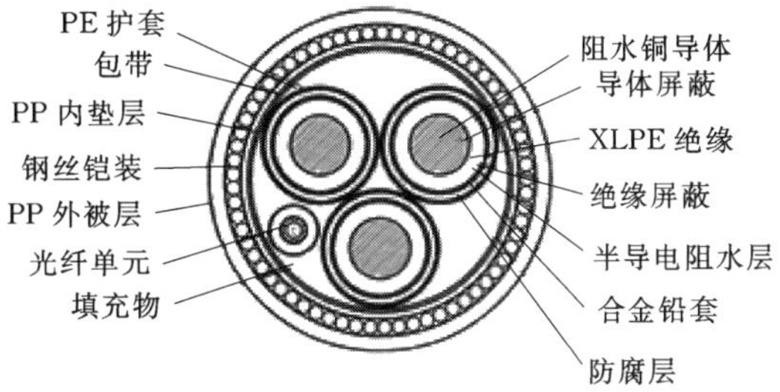

(a) XLPE 交流海底电缆实物图　　(b) XLPE 交流海底电缆结构示意图

图 4-17　铜芯 XLPE 绝缘分相铅套粗钢丝铠装纤维外被层海底光电复合缆

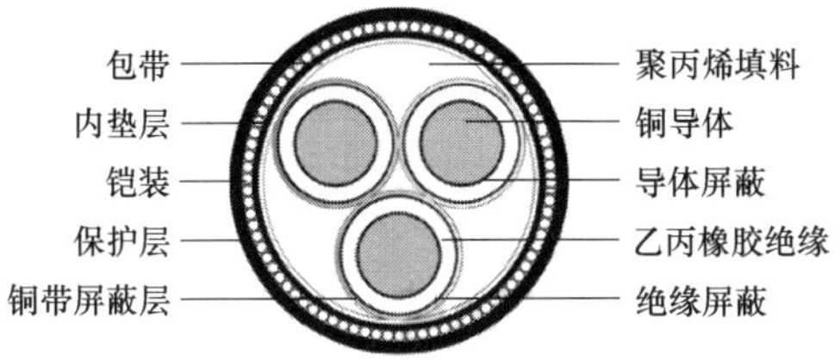

图 4-18　EPR 绝缘交流中压海底电缆

4.4.3　海底电缆的电压等级和技术特性

1. 电压等级

国内海底集电电缆一般采用 35kV 电压等级电缆，国外已有风电场海底集电电缆采用 66kV 电压等级电缆；国内海底送出电缆早期有采用 110kV 电压等级电缆的，现均采用 220kV 电压等级电缆，且随着海上风电场离岸距离越来越远，送出电缆采用高压柔性直流传输（HVDC）成为一种趋势。

2. 技术特性

海底电缆与普通电缆相比，其主要特点是：海底电缆和普通电缆都可用于电力传输，普通电缆一般钢带铠装后挤包外护套即可，海底电缆在外护套的外面多了一层覆盖及混合着沥青的钢丝铠装层来增加敷设时的机械强度和防腐蚀能力；电气方面技术参数除满足 220kV 海底电缆的国家标准外，还需要提供电缆敷设时的环境因素，如深埋、海水温度、海床的土壤热阻系数等，还要考虑提供电缆敷设时海底的通道情况及海面环境状况；另外大长度的海底电力电缆还要考虑电缆中间接头技术是否可靠（发生意外损坏或本体故障时）。某型号三芯 220kV 海底电缆主要技术参数见表 4 2。

表4-2　某型号三芯220kV海底电缆主要技术参数

规　格	3×400	3×500	3×630	3×800
载流量/A（海床/滩涂/陆地）	675/610/504	753/677/559	835/749/617	915/817/671
电阻/(Ω/km)（20℃/90℃）	0.047/0.062	0.0366/0.049	0.0283/0.039	0.0221/0.032
电容/(μF/km)	0.117	0.124	0.137	0.152
设计功率/(MV·A)	192	212	234	255
最小弯曲半径/mm	4894	5056	5115	5216
电缆外径/mm	244.7	252.8	255.8	260.8
电缆重量/(kg/km)	113184	1211927	127227	135003

4.5　陆上控制中心

4.5.1　陆上控制中心概述

如果说海上升压站是海上风电场的“心脏”，那么陆上控制中心就是海上风电场的“大脑”。陆上控制中心负责监控整个风电场的运行。来自风电机组及基础、集电海底电缆、海上升压站及送出海底电缆等设施设备的运行和监控信息都会通过海底电缆中的光缆传输到陆上控制中心进行分析处理。同时，通过陆上控制中心接收电网的调度指令，向风电机组和海上升压站设施设备发送指令。

陆上控制中心运用现代化的通信手段，通过光缆、网线等实时收集风电机组、海上升压站各种设备的实时运行数据，并根据收集到的数据进行整理分析，以便运行人员更好地掌握各生产运行情况。因此陆上控制中心一般配备风电机组监控系统、电缆监测系统、视频监控系统、天气预报系统、变电监控系统、风电场有功功率和无功功率控制系统、风电场集中监控系统。通过这些系统，陆上控制中心就能够实时掌控风电场各设备的运行情况，对其进行控制及维护。

除了监控风电场设备之外，陆上控制中心还保存风电场各设备的历史运行资料，可以通过大数据方式对其进行分析，能够更好地分析出设备故障原因，改进定检计划，减少电量损耗，提高生产效率。常见海上风电项目陆上控制中心效果图如图4-19所示。

4.5.2　陆上控制中心选址原则

作为海上风电场组成部分之一，陆上控制中心选择的建造位置需要考虑海上升压站电缆连接的成本和接入电网线路的成本，因此陆上控制中心应尽可能靠近海上升压站和最近的电网接入点，以减少整个海上风电场的投资成本；同时，选址还应满足交

图 4-19 海上风电项目陆上控制中心效果图

通条件便利，能够利用现有的交通道路运输施工设备、物料，避免产生新建道路成本；选址还应保证施工条件便利，施工现场周围条件有利于工程建设，具有堆放物资的空地，有稳定水源能够保证施工用水等条件；此外，陆上控制中心的选址还需要考虑当地环境生态的影响。综上，陆上控制中心的选址需要考虑很多因素，在综合分析之后才能确定。

4.5.3 陆上控制中心设计原则

1. 电气主接线设计原则

陆上控制中心承担着将海上升压站输送过来的电能输入到电网中的任务，因此陆上控制中心设计可以分为：由一次设备组成的电气主接线；保证路上控制中心运行的厂用电系统；主体建筑部分。对电气主接线的设计的基本要求有可靠性、灵活性、经济性。电气主接线基本形式如图 4-20 所示。

组成电气一次接线的设备如下：

（1）生产和变换电能的设备。例如发电机、变压器。

（2）接通或断开电路的开关电气设备。例如断路器、隔离开关、负荷开关、熔断器。

（3）限制故障电流和防御过电压的保护电器。例如电抗器、避雷器。

（4）载流导体。例如传输电能的裸导体、母线、电缆。

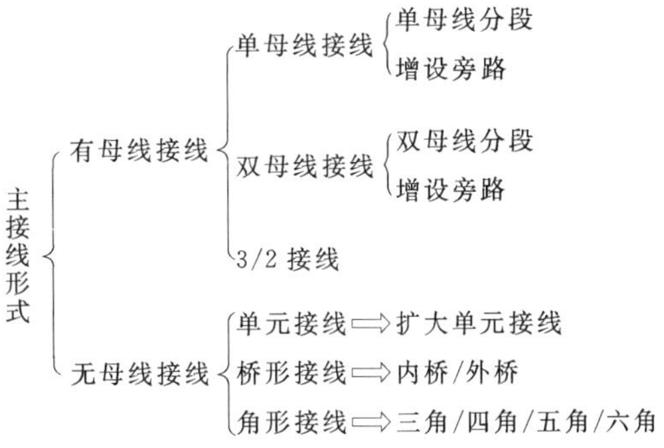

图 4-20 电气主接线基本形式

（5）互感器。包括电压互感器、电流互感器。

（6）无功补偿装置。包括并联电容器、并联电抗器、SVG无功补偿装置。

（7）接地装置等。

上述设备选择的基本要求是可靠性，必须按正常工作条件进行选择，并按短路状态来校验热稳定和动稳定。按正常条件选择需要考虑设备的额定电压、额定电流、使用环境；短路条件校验就是要进行短路热稳定校验和电动力稳定校验。

陆上控制中心主接线形式和设备的选择首先要根据项目自身的实际情况进行，还需要对整个项目的投资成本方面进行综合分析，从而得出最终结果；再根据主接线和设备的选型结果对二次设备和接线进行设计选型。

2. 厂用电设计原则

由于陆上控制中心是海上风电场的“大脑”，所以其厂用电必须24h连续不断，因此厂用电系统设计必须考虑到出现事故时如何保证供电，因此在厂用电系统中需要加入UPS电源直流供电系统、配备柴油发电机、使用外部电源这三种形式作为陆上控制中心的备用电源，从而保证供电。厂用电主接线形式一般采用单母线分段形式并多以成套配电装置接收和分配电能。厂用电设备选型同样是要按正常条件选择，需要考虑设备的额定电压、额定电流、使用环境；短路条件校验就是要进行短路热稳定校验和电动力稳定校验。

3. 主体建筑设计原则

陆上集控中心主体建筑一般分为电气楼和综合办公楼两个部分，其他还包括电缆沟、废油坑、GIS进出线架构。电气楼设计要满足电气设备安装需求，集控室一般设置在电气楼中；综合办公楼要满足生产人员的日常办公需要，同时还要满足生产人员的食宿、文体活动需求。

4.6 其他辅助配套设施

不同海上风电场根据其风电场规模、地理位置、后续规划等因素，会租用或自己建设相应的配套设施，如运维码头、运维船、运维直升机等。

4.6.1 运维码头

运维码头是供船舶停靠、装卸货物和上下旅客的水工建筑物。广泛采用直立式码头，便于船舶停靠和机械直接开到码头前沿，以提高装卸效率。按照不同条件码头可以划分如下：

（1）按环境条件分，有斜坡式码头和浮码头。内河水位差大的地区可采用斜坡式码头，即在斜坡道前方设有趸船作码头使用。这种码头由于装卸环节多，机械难以靠近码头前沿，装卸效率低。在水位差较小的河流、湖泊中和受天然或人工掩护的海港港池内也可采用浮码头，借助活动引桥把趸船与岸连接起来。这种码头一般用作客运码头、卸鱼码头、轮渡码头以及其他辅助码头，供船舶停靠、装卸货物和上下游客，是港口的主要组成部分。

（2）按码头的平面布置分，有顺岸式码头、突堤式码头、挖入式码头等。挖入式码头又分为挖入式港池或半挖入式；突堤式码头又分为窄突堤（突堤是一个整体结构）和宽突堤（两侧为码头结构，当中用填土构成码头地面）。

（3）按断面形式分，有直立式码头、斜坡式码头、半直立式码头和半斜坡式码头。

（4）按结构型式分，有重力式码头、板桩式码头、高桩式码头、斜坡式码头、墩柱式码头和浮码头式码头等。

（5）按用途分，有一般件杂货码头、专用码头（渔码头、油码头、煤码头、矿石码头、集装箱码头、游艇码头等）、客运码头、供港内工作船使用的工作船码头以及为修船和造船工作而专设的修船码头、舾装码头。

（6）按使用时间长短可分，有临时性码头和永久性码头。

海上风电场因其风电机组在海洋处，进行运维任务需要乘船出海，所以海上风电场一般配备一个运维码头用于停靠运维船只以及供运维人员上下船用。由于不是做海上风电机组安装、存放使用的运维码头，因此其配备的设备不需要像专业的海上风电码头那么多，比如不需要大型的龙门吊、起重机。而且一般是直立式码头，便于运维船只停靠和物资的卸放，负责停靠运维船的码头也应该距离陆上集控中心相对较近。

海上风电场的运维码头目前有自建和租借两种配置方法。一般的原则是如果规划海域内只有单个海上风电场或者风电场之间的距离较远则可以选择租借就近具备条件的码头作为运维码头使用。优点是成本低，缺点是码头的设施配套会存在不足。如果规划海域内有多个海上风电场并且距离相近形成成片风电场，例如广东能源集团旗下粤电阳江海上风力发电有限公司的阳江沙扒海上风电场就与三峡沙扒海上风电场、明阳海上风电场、华电海上风电场在同一片海域形成成片海上风电场，所以可以选择共同建造一个运维码头。这样的优点是码头的功能配置得以专业化、集约化，不足是前期投资成本高。

国内海上风电项目目前都是以租借现有客运码头作为运维码头使用，其最主要的作用就是能够让风电场的运维船只或船队有停泊的地方，能够保证及时执行任务。

4.6.2 运维船

1. 运维船的分类

目前我国海上风电发展迅猛，海上风电项目建设如火如荼，但是由于海上风电场的地理特殊性，使得海上风电运维存在相当的难度。其难度在于运维任务会受到台风、风浪、闪电、气流等海洋恶劣气候环境的影响，当风电机组出现故障时，由于这些恶劣条件的影响，使得运维任务无法出海抵达风电机组维修，故障待机时间延长，影响发电指标，降低运维效率，也增加运维的安全风险。

由于我国海上风电发展较晚，因此运维船的发展相对落后，目前国内的运维船大多以改装租借的渔船与交通船为主，安全性、速度、装卸载能力等相对于专业运维船来说都较差。根据挪威船级社的测算，每台海上风电机组平均每年有高达40次停机故障，整体故障率约3%，大约每30台海上风电机组就需要1艘专业的运维船。相对于海上风电突飞猛进的开发建设，专业运维船的需求也随之增加。

海上风电运维船的主要作用是为维护海上风电场、风电机组的运维人员提供便利的条件；能够具备相当的空间存放风电机组的备品备件、检修工器具、生活物资，有专业的空间用于存放变压器油或齿轮箱油等危化品，并能够将这些物资与运维人员一齐运往风电机组处；具备灵敏的操控型，能够以低航行速度靠近风电机组，防止撞击损伤风电机组基础桩；同时还具备为运维人员提供食宿、休息、急救的条件。国内风电运维船通过不断的发展，主要可以分为四类。

（1）普通运维船。普通运维船一般指用于海上风电工程或者运维的单体交通船（艇），主要特点是航速较慢、耐波性差、靠泊能力差、装载能力差、安全性差，如图4－21所示。

（2）专业运维船。专业运维船指用于海上风电工程或运维的专业船舶。专业运维船又可以分为单体船、双体船和三体船，其优点有稳性好，航速中等；靠泊能力强，有效波高1.5～2.0m；甲板面积大，可搭载各种专业运维设备及物资，可拓展性强；船体为钢、铝或钢铝混合结构，建造成本低，运营成本低；可居住10个运维人员，适合近海风电场。专业运维船如图4－22所示。

图4－21　普通运维船

图4－22　专业运维船

(3) 运维母船。运维母船指用于远海海上风电运维，供人员住宿、存放备件的较大型船舶。典型特征为可提供 40 人以上的住宿，具备一个月以上自持力，靠泊能力优异（有效波高 2.5m 以上），具备动力定位系统（Dynamic Positioning System，简称 DP 定位）及补偿悬梯传送人员功能，安全性高。缺点是建造与运营成本很高。国外海上风电应用不多，目前国内海上风电不适用。运维母船如图 4-23 所示。

(4) 自升式运维船。自升式运维船指主要用于海上风电运维的大部件更换（齿轮箱、叶片、发电机等）的船舶，典型特征为具备一定的起重能力，拥有自升式平台，能适应水深 40m 左右的大多数海域作业；适合离岸距离远，水深 40m 左右的海上风电场。优点是作业范围广，海上居住舒适性强，安全性高；缺点是建造与运营成本高。自升式运维船如图 4-24 所示。

图 4-23 运维母船

图 4-24 自升式运维船

2. 运维船的性能需求

挪威船级社在海上风电技术研讨会上就“Offshore project O&M，Health and Safety”（海上风电运维，健康和安全）主题提出对于海上风电机组的运行与维护，将其分为预防性维护（即定期维护和状态检测，如检查、清洁）和纠错性维护（即停机维护，某种程度的故障检修，如手动重启或更换主要部件）两个部分；且纠错性维护终将会向预防性维护转变。海上风电场的可及性是在保证经济和安全上可接受的天气状况下，将维护人员和配件运抵风电机组现场，安全到达机舱对风电机组进行检修或维护。目前国内外常使用的从陆上到海上风电场的交通船有很多，主要有海上建设施工船、母舰船、20m 以上渔船、专用运维船。对于不同地区海上风电场，则要结合其海况、海上风电场离维护基地的距离、天气情况以及经济性等方面因素来综合考虑。

租用建设施工船往往成本较高，且航速较低，很容易受天气情况及海况等影响。如果仅几台风电机组损坏，租赁这种船型显然很不合适。但当风电机组大型或重型零部件需要维护时，如齿轮箱、发电机、叶片等，由于机舱固定式吊车不能满足维护要求，需要使用建筑施工船的吊车进行吊装工作。母舰船型通常较大，运行成本较高，航速较低，且也需在海浪不高的情况下装载或者卸载子舰等。20m 以上的渔船航速较慢，安全性和稳定性均较差，现已逐渐被专业运维船所代替。国内的专业运维船主要有玻璃钢单体船、钢制单体船、钢铝合金单体船，及铝合金双体船。几种专业运维船的共同特点如下：

（1）船长通常在 15～38m，且吃水较浅，载人在 12～20 人。

（2）有较好的操纵性和回转性，航速要求较高，通常为 15～25kn，续航力在 160n mile 左右，持续航行时间在 9h 左右。

（3）有开阔的甲板空间，且甲板承载力在 10t 以上，至少 $20m^2$ 的载货面积用于承载风电机组、电气模块及油品工具或集装箱等，另需设计单独的封闭船厂，用于存储电气模块，并注意防尘及防潮。

（4）船上需配置 5t 左右的吊车，臂长可自由伸缩 10m 左右，可以将物品从岸上起吊到船上，或从船上起吊到风塔承台上。

（5）有一定的防护扶手、救生装备以保证人员能够安全运至风塔承台及岸边。

（6）有防碰撞护舷等用于保护船体及风塔底桩或风塔防碰桩等。

（7）船上有厨房、生活区域、医疗箱等，供工作人员食宿、休息，及简单救助伤员等。

（8）在 50%～80%的气象条件下可以正常使用，抗风浪等级达到 6 级左右。从经济性、安全性及高效性等各方面因素考虑，海上风电运维工具适合使用专业运维船。

3. 运维船的数量需求

据欧洲海上风电运维行业的调研数据统计，为满足海上风电场维护的交通需求，海上风电场专业运维船配备数量与装机数量的比例应在 1∶25～1∶30。国内已经建成的风电场（如上海东海大桥一期、二期项目）非常成功地验证了这个比例的准确性。同时，为了提高工作效率，国内的风电场还配置了配套的小型快艇运维船。按小型运维船与装机数量 1∶20～1∶25 的比例，用于两台风电机组风塔之间、风塔与运维船之间人员、工具和物品的运输，及日常巡检和临时输送考察人员工作，平均每 25 台风电机组将会由 1 艘专业运维船及 1 艘小型快艇运维船负责运输工作人员、工具、油品等往返于码头、风电场现场及各风塔承台之间，并且负责日常的巡检工作。目前国内主要海上运维船参数见表 4-3。

表 4-3　国内主要海上运维船参数表

船　名	船舶功能类型	航区	船长/m	船宽/m	型深/m	制造时间
龙源运维 1	双体船	近海	13.4	4.2	—	2013 年 11 月
新能运 1201	双体船	沿海	14.8	4.2	1.5	—

续表

船　名	船舶功能类型	航区	船长/m	船宽/m	型深/m	制造时间
丰能1	双体船	近海	26.88	8.4	3.0	2016年8月
风电运维5	双体船	近海	28.0	12.8	3.7	2016年9月
风电运维6	双体船	近海	28.0	12.8	3.7	2016年9月
运维001	双体船	沿海	19.5	5.2	2.0	2017年8月
润邦海豚1	双体船	近海	26.0	9.6	3.2	2017年8月
海电运维101	双体船	近海	19.7	7.8	—	2018年7月
海电运维201	双体船	近海	19.7	7.8	—	2019年1月
海电运维301	双体船	近海	25.8	8.0	3.4	2019年5月
海电运维801	自升式	近海	78.0	40	—	2019年11月
风电运维9	双体船	近海	30.0	10.8	4.2	2020年6月

随着海上风电突飞猛进的开发建设，专业运维船的需求也快速增长，但是我国的海况气候与欧洲不同，因此我国在发展专业运维船的道路上要根据我国领海的气象条件、海况情况。开发符合我国海域环境条件的专业运维船。

4. 运维船的配置

海上风电场运行维护需综合考虑离岸距离、气象海况、机组故障率、维护行为、发电能力、运维经济性等因素来进行运维船的配置。一般来说较大规模的风电场采用船队形式，如交通艇、专业运维船、专业运维母船、救援监护船及其他专用工程船舶。

运维船配置的一般原则是：天气较好、离岸较近的采用普通运维船；天气复杂、离岸较近的采用先进的专业运维船；天气较好、离岸较远的采用普通运维船或专业运维船和运维母船；天气较复杂、离岸较远的采用专业运维船和运维母船。

影响运维船参数的环境因素主要包括距离、水深、波高、风况等。一般而言抗风能力超过抗浪能力，所以波高是更关键的因素。国内风电场主要集中在黄海北部、黄海、福建和广东等区域，各区域概况见表4-4和表4-5。

表4-4　各区域环境概况表

区域	风电场距离/km	水深/m	平均风速/(m/s)	波高/m	特殊天气天数/d
黄海北部	10～30	10～30	6.5～7.5	1.3～3.5	90
黄海（江苏）	5～60	0.5～25	7～7.5	1.6～4.4	73.5
福建	5～30	3～30	8～10	1.0～4.5	134
广东	5～30	3～30	7～8	1.0～4.4	130

表4-5 各区域风频分布表

风速/(m/s)	黄海北部/%	黄海（江苏）/%	福建/%	广东/%
1	0.5	2.0	2.0	1.2
2	6.0	4.0	2.8	3.2
3	10.5	7.0	4.6	5.4
4	11.0	8.5	5.9	7.4
5	11.4	10.5	6.7	9.6
6	11.0	11.5	6.1	11.9
7	9.9	12.5	7.0	14.6
8	9.0	10.5	7.4	12.6
9	7.5	9.0	8.3	12.4
10	6.5	7.0	8.9	8.5
11	5.0	5.5	8.1	5.6
12	3.5	4.5	7.4	3.4
13	3.0	3.0	6.7	1.8
14	2.2	2.0	5.4	1.2
15及以上	3.0	2.5	12.8	1.3

本书根据环境情况、运维船的航速、运维船环境适应能力、机组数量、机组性能、运维能力等因素建立了一个可利用率的估算模型，通过该模型计算出来的某海上风电场的相关数据见表4-6。从中可以看出，风电机组单台年故障次数超过5次时采用普通运维船可利用率小于95%；如果采用专业运维船，单台年故障次数为5次时可利用率超过96%，当风电机组单台年故障次数为3次时可利用率可以达到98%以上。

表4-6 某海上风电场模型计算数据表

单台年故障次数	可利用率/%		单台年故障次数	可利用率/%	
	专业运维船	普通运维船		专业运维船	普通运维船
3	98.16	97.44	8	93.11	90.4
4	97.43	96.42	9	91.74	88.49
5	96.61	95.28	10	90.05	86.13
6	95.59	93.86	11	88.15	83.48
7	94.37	92.15	12	86.48	81.17

5. 运维船主体材料选择

目前国外运维船船体常用材质为钢质、玻璃钢（FRP）、铝合金及复合材料。刚性充气艇（RIB）是一种复合材质艇型，但是充气护舷的寿命较短，且易被尖物损坏，玻璃钢船使用寿命为10年，铝合金船使用寿命为20年，综合考虑船体性能和建造成本，船体可以采用钢质或者铝合金材料，上层建筑采用玻璃钢的复合型船。目前传统玻璃钢结构存在刚性不足、强度有余的特点，且其高昂的开模成本是制约因素。针对风电场的气象条件和水文环境，运维船体及甲板室均采用钢质。钢材硬度高、比重大、加工性能好，可满足运维船的强度和刚度要求，能承载海上风浪载荷冲击。与钢材相比玻璃钢的刚度和强度较低，在船体结构中刚性不足容易变形，若风电场的有效波高较大，玻璃钢运维船将难以承载此类波浪的冲击。铝合金是脆硬性材料，韧性差，弹性模量只有钢材的1/3，硬度低、冲击性能差，而且铝合金造价高昂，同等重量的铝合金价格为钢材的3～4倍。因此综合考虑船舶的功能性和经济性，以及目前国内海上风电场的平均离岸距离，建议船体以钢质为主，上层建筑采用钢质或铝合金。

6. 运维船主尺度和推进系统选择

（1）船舶长度。运维船需要足够的船长来保证甲板面积，船长过大，接近不同海域的波浪长度，会显著破坏船舶的舒适性，而且过大的船长也会造成浪费，所以要保证船舶的机动性和耐波性，船长一般控制在24～30m。

（2）船宽及片体宽度。双体船稳定性一般余量较大，一般在保证甲板面积的同时适当减少船宽，通过牺牲稳性来达到弥补耐波性的目的；同时，需保证片体的宽度来保证主机等大型设备及管路的正常布置及检修，也需保证足够的片体间距来避免较大的片体间的干扰阻力。

（3）吃水及型深。双体船吃水一般较同排水量的单体船大，一般需要足够的吃水和干舷来保证稳性及耐波性，铝质双体船的吃水一般明显小于同尺寸的钢质双体船。

（4）推进系统。高速船常用的推进方式有螺旋桨和喷水推进。就运维船的特性而言，喷水推进总效率比螺旋桨低20%，加上价格和系统重量方面的原因，采用螺旋桨推进较为合理、可行。尽管喷水推进具有保护性好、工况变化适应性强、引起的振动小等优点，但难以弥补上述三个方面的缺点。

4.6.3 运维直升机

随着海上风电在我国的迅猛发展，我国近海风能资源越来越少，远海风电场开发是大势所趋，而且随着众多风电场的建造与并网，对于海上风电运维的需求也越来越大，国内专业运维船的发展不能满足远海风电场的需求。由于使用直升机作为海上风电场运维交通工具在欧洲的海上风电场已有先例，甚至已经成为某些风电场的运维交通工具标配。因此远海风电场除配置运维船之外还需要考虑增加新的运维交通工具——直升机。

使用直升机作为海上风电场的好处在于：一方面它能快速反应，目前直升机的航速一般是240km/h，比专业运维船快得多，也就意味着直升机能快速地载着运维人员和工具前往所需目的地进行作业，而且直升机受到大海的风浪影响较少，尤其是远海风电场，假定检修完一台风电机组的时间是固定的，那么使用直升机就比使用运维船节省很多路程时间，而这些路程时间就能转化为发电时间，提高发电量；另一方面，直升机可以做救援使用，其航行速度可达240km/h，而且还具有搜索范围大，受海况影响小的特点，因此在参与海上救援时能够迅速救援被困人员和落水人员。2020年6月，广东能源在湛江外罗海上风电场组织开展海上风电应急救援演练中就启用了直升机救援，也是广东省首次海上风电的救援演练，如图4-25所示。

图4-25　开展海上风电直升机应急救援演练

但是，运维直升机目前的运用仍然存在难以解决的难点。首先，使用直升机运维的成本相比运维船来说高很多，会增加风电场的运维成本，而成本的增加就会影响风电场的收益；其次，直升机参与一次运维任务能够携带的人员和装备相比运维船只来说要少，海上持续工作时间也比不上运维船。此外，目前我国民用直升机领域的应用极少，空域受军用管辖极其严格，因此使用直升机进行维运工作条件极为苛刻，而且使用直升机参与运维的风电场也需要配备相应的条件，如直升机的降落平台、相关专业人员。因此直升机适用于大容量远海风电场，如英国Walney Extension 659MW海上风电场。

第5章　海上风电场运维准备

海上风电场的运行和维护即风电项目开发商进行风电场运营管理、生产维护等海上风电项目全生命周期内所需的各类工作内容，运维准备就是一个从无到有，开展一个全新的海上风电项目的运维策划和准备工作的过程，是对项目竣工、风电机组转入运行后运维工作的前瞻性统筹和策划。海上风电场运维准备需要打好运维工作基础框架，理清运维思路，明确运维目标，使海上风电项目后续从基建期到运维期形成无缝对接，安全、高效地顺利开展运维期各项工作。

随着国内海上风电产业不断发展，风电机组由原来的引进进口设备，逐步发展为自主设计、生产的国产化设备，风电机组的日常运行维护也越来越重要。目前，我国的海上风电场运维管理制度正在不断完善，但是相比于欧美等具有成熟海上风电场运维管理体系的国家仍然有较大差距。

海上风电场的运维准备工作主要包括运维方案编制、运维调研、运维目标、运维指标、运维管理模式、组织机构及岗位职责、人员配备及培训、车辆及船舶配备、管理体系和风电场制度建设、工器具管理及备品备件库建设、生产运维一体化智能平台建设、生产运维技术准备、启动试运及运营准备等。

5.1　运维方案编制

海上风电场运维方案编制应遵循“预防为主，巡视和定期维护相结合”的原则，监控设备设施的运行，及时发现和消除缺陷，预防运维过程中设备、电网、海事及海洋污染等不安全事件的发生。

海上风电场运维方案编制应根据规模、海况和风能资源特点，结合实际设备状况，选择通达方式确定运行维护模式，优化设备运行。

运维方案编制前应注意两点：①充分了解风电场所选风电机组的特性和特点、海域特点、现场环境；②收集整理运维资料，加深对海上风电运维的认识了解，熟悉海上风电的各种运维模式，选择一个适合项目的最优运维方式。

海上风电场运维工作主要包括运行工作内容和维护工作内容。

1. 运行工作内容

（1）监测风电场海域的海洋水文天气信息。

（2）监测风电机组、海上升压站设备及海底电缆监控系统各项参数的变化情况，发现异常情况应进行连续监测，并及时处理。

（3）监控钢结构基础防腐系统。

（4）监控海上升压站平台生产、应急避难辅助设施。

（5）检查海上作业登记及交接班情况。

（6）应根据风电场安全运行需要，制定海上逃生救生、船损、火灾、爆炸、污染等各类突发事情及台风、风暴潮、团雾等恶劣天气下的应急预案。

（7）在运行过程中发生异常或故障时，属于海洋海事管辖范围的，应立即报告。

（8）与陆上风电场相同的运行工作按照《风力发电场运行规程》（DL/T 666）的有关规定执行。

（9）海底电力电缆运行按照《海底电力电缆运行规程》（DL/T 1278）的有关规定执行。

2. 维护工作内容

（1）风电场维护范围。

1）风电机组（包括本体、基础、环控系统、升降设备及起重装置）。

2）海上升压站（包括本体、基础、靠泊和防撞装置、起重装置、防冲刷结构及防腐系统）。

3）陆上控制中心。

4）海底电缆（包括J形管、场内和送出海底电缆及电缆接入等附属结构）。

5）风电场测风系统（含海洋水文监测系统）。

6）航空障碍灯。

7）助航标志。

8）逃生及救生装置。

9）消防系统。

10）运行维护交通工具。

11）通信设施。

12）防雷接地系统。

（2）维护工作一般规定。风电场维护包括巡视和定期维护，其一般规定主要如下：

1）根据风电场海域的海洋水文天气信息等情况确定维护计划。

2）检查风电机组基础及其安全监测系统。

3）检查钢结构基础防腐外加电流系统或阴极保护系统。

4）检查、维护和管理海上风电机组和海上升压站平台生产、应急避难辅助设施。

5）检查海底电缆监控系统。

6）检查海床稳定及冲刷情况。

7）检查海上作业交通工具、助航标志及靠泊系统。

8）检查海上逃生救生安全器具。

（3）风电场定期维护。

1）风电机组和其他关键部件应按维护手册进行定期维护，定期维护间隔时间一般不超过1年。

2）整个风电场所有部件（包括海底电缆）在5年内至少检查一次。

3）维护周期应根据上次定期维护的结果、设备设计寿命、等效运行时间及运行年限适当调整。

4）定期维护项目：防腐系统、海上升压站、海底电缆、风电机组基础的定期维护工作按照《海上风电场运行维护规程》（GB/T 32128）的有关规定执行；风电机组的定期维护按照《风力发电场检修规程》（DL/T 797）的有关规定执行。

3. 完整的海上风电场运维方案

（1）加强运维流程管理。进一步完善运维管理流程，健全运维管理制度和标准，重点加强事件管理、问题管理、变更管理、配置管理等关键管理流程和数据管理等制度标准建设与执行力。加强管理流程整合，完善信息交互机制，形成闭环管理。强化事件分级制度，建立有效的事件升级及响应机制；加强事件后续分析与处理，不断优化管理流程；建立变更分类标准和变更分级审批流程，完善变更窗口管理制度，有效降低变更对生产运行的负面影响。

（2）加大集中监控及一体化管理力度。健全生产系统软硬件、网络及应用系统性能监测指标体系，优化监控策略；在实现对系统、设备、网络、基础环境等监控的基础上，重点加强对核心应用系统渠道的监控；构建统一监控平台，统一管理和展现各种监控资源，实现集中告警方式，全面、及时掌握系统整体运行状态，快速定位故障、缩短处理时间；加大对监控系统的整合力度，提高生产系统监管能力，进一步完善监控、响应、处理、报告、反馈和跟踪机制，实现全场范围基础设施和主要应用系统生产运行情况的全面监控，提高运行管理的全面控制能力，提高运维管理自动化水平，整合操作、维护、监控、响应、处理等管理流程，推进企业级总控中心建设，促进运维管理一体化。

（3）加强应急处置，提高协作能力。建立健全应对突发事件的预警、报告、决策、指挥、响应及退出等环节的应急处置机制。制定监测指标，实时监测业务运行状态，及时发现异常情况，及时预警；建立清晰的报告流程，明确报告路线；建立应急指挥、决策体系，统筹协调，高效决策，保证指挥流程畅通；制定应急处置响应流程，加强关键岗位人员配置；建立应急预案一体化管理体系，建立涵盖总体预案、专项预案等预案框架；统筹预案管理，加强预案之间的衔接与配套；建立有效的预案维护机制，涵盖预案制定、评审、发布、变更和回收过程；制定预案编制规范，保证预案编制质量；强化预案后评价与持续改进机制，保证预案有效性。

（4）完善灾备体系，提高灾难恢复能力。根据风险战略与业务连续性目标，制定灾难备份体系建设策略与实施路线；以业务有效恢复目标，逐步加强灾备体系建设；逐步加大数据、系统、基础设施等各类资源的保护范围以及恢复能力。

（5）加强应急演练力度，保证应急灾备体系的有效性。加强应急演练，加大演练频度、扩大演练覆盖范围，采取计划性、非计划性等多种演练形式，有效验证应急响应及灾难恢复流程、决策机制、指挥体系、报告渠道、资源保障效果与能力，通过演练提高认知、完善技能；逐步推进以真实业务接管为目标的实战演练、逐步加大演练频度，全面提高应对重大突发事件能力；推进跨地域、跨行业应急演练，加强合作、相互支持、共享经验，促进行业以及社会整体应急管理水平的提高。

5.2　运维目标和指标

5.2.1　运维目标

风电运维服务既横跨项目前期、中期、后期三大阶段，囊括咨询、设计、评估、融资、采购、运输、施工、运维、备件供应、维修、技术支持、职业培训、检查、保险等一系列活动；又包含贯穿整个生命周期的准则化、职能管理以及评价体系开发等，是具有多业务领域、长时间跨度、高专业水平、强整合需要的细分行业。

风电运维的领域虽宽，但受自身发展周期和外部环境等因素所限，现阶段尚难以形成具有全行业普遍共识且完整、系统、清晰、有序的业务发展规划，更多表现为风电开发商对某些具体问题的困扰和期许。

风电运维的基本目标如下：

（1）降低由风电机组零部件质量下降导致的机组故障频次，提高可利用率。

（2）保障备件供应及时，压缩故障恢复时长，提高风电机组可利用率。

（3）提高零部件的维修能力，更好利用资源，节省运营成本。

（4）提升运维人员素质和技术水平，合理部署人员配置，压缩故障恢复时长，提高风电机组可利用率。

（5）摸索建立适合风电行业特点的运维管理模式，合理、优化利用现有资源。

（6）加强技术开放性，提供业务职业培训和技术职业培训，带动全行业运维能力升级。

（7）加强准则化体系开发，促进行业健康稳定发展。

（8）加强交流合作和经验分享。

（9）加大技术研究和创新力度，提高资产收益等。

综上，以风电场开发运行角度看，急切需求运维服务帮助解决实际运营活动中的各种问题并提供专业保障的能力。

5.2.2 运维指标

（1）风电机组日常检查时间。

（2）风电机组定期检查时间。

（3）风电机组无故障运行时间。

（4）风电机组一般故障维护时间。

（5）风电机组大部件故障维护时间。

（6）风电机组维护有效率。

（7）风电机组可利用率。

（8）船舶可利用率。

（9）船舶航行时间。

（10）海底电缆故障维护时间。

（11）海上升压站重大故障维护时间。

（12）海上升压站一般故障维护时间。

（13）厂用电量。

（14）年发电小时数。

（15）年上网电量。

5.3 岗位职责与人员培训

5.3.1 岗位职责

根据欧洲海上风电项目每1万kW配置1.5～2人计算，30万kW项目需配备运维人员48～60人。以30万kW项目海上风电场管理为例，海上风电场一般归属生产部门（运维部）负责管理，统筹风电场各项管理工作。风电场一般选择具有丰富运维经验的工作人员派驻现场，组织机构如图5-1

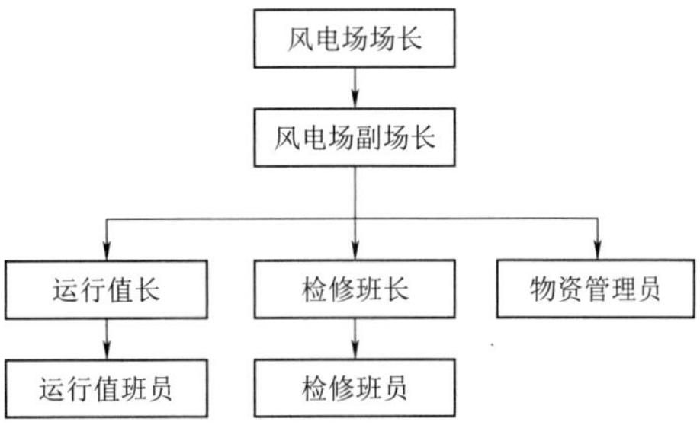

图5-1 组织机构设置

所示。

1. 生产部门（运维部）主要职责

（1）全面负责部门的安全生产、行政及技术管理工作，有权向各风电场发布生产技术指令（包括与生产有关的人、财、物、车辆、生活安排），各风电场必须执行。

（2）在紧急情况下，对重大生产技术问题有权临时处置，事后报告公司。

（3）领导全体员工搞好安全文明生产，努力提高经济效益，积极完成公司布置的各项任务。

（4）部长是本部门的安全第一责任人，对部门的人员和设备的安全负责，可合理调配人力、物力，迅速果断处理风电场事故和其他突发事件。

（5）在组织生产过程中，具体贯彻公司各项规章制度，组织制定和完善安全生产的组织措施和技术措施。

（6）按规范化管理要求，切实做好部门运行、维修、管理工作，重点做好以“两票三制”为中心的各项规章制度执行情况的检查工作，切实纠正习惯性违章。

（7）负责审查风电场的各种事故、障碍、各种报表，按时上报。严肃对待风电场发生的事故、障碍、异常，主持事故调查分析会，根据“四不放过”的原则，做到原因清楚、责任明确、防范措施落实。

（8）积极支持下属的工作，并加以指导，办事公开、公正、透明，团结部门全体员工，保质保量地完成上级布置的生产任务。

（9）认真执行公司的各项规章制度和工作标准。按照公司和“6S”［Seiri（整理）、Seiton（整顿）、Seiso（清扫）、Seiketsu（清洁）、Shitsuke（素养）、Safety（安全）］的管理理念进行管理与生产。

（10）以和谐、及时、妥善、协作的作风与方法工作，保证工作质量。

（11）随时检查部门对公司经营管理理念、生产指令及各项制度的执行落实情况。发现问题及时纠正，分析原因、落实责任、制定防范措施。

（12）负责制定和健全风电场各项管理制度、工作标准并组织实施。

（13）按国家、行业相关标准《电力安全工作规程　发电厂及变电站电气部分》（GB 26860）、《风力发电场运行规程》（DL/T 666）和《风力发电场检修规程》（DL/T 797）督促、监督各值执行并建立各项预防措施。

（14）负责编制、审核部门的月、年度工作计划，完成上级下达的各项任务。

（15）做好员工的培训工作，注重实效，不断提高员工的企业文化素质、技术业务素质和团队精神。

2. 风电场场长及副场长岗位职责

（1）领导风电场全体员工搞好安全文明生产，努力提高经济效益，积极完成上级下达的安全、文明、生产各项任务。在场长有事外出离开风电场时由副场长全面负责风电场生产的各项工作。

(2) 风电场场长是风电场安全生产第一责任人，对风电场的安全生产负重要责任，对风电场的人员和设备的安全负责，支持配合部门经理合理调配人力、物力，迅速果断处理风电场的事故和其他突发事件；审批各班组的月度工作计划和审核非常规检修工作计划。

(3) 负责执行公司指令和部门分配的工作。具体贯彻公司各项规章制度，组织制定和完善安全生产的组织措施和技术措施；组织技术专业人员搞好风电机组的生产运行及维护工作。

(4) 按规范化管理要求，切实做好风电场的运行、检修、管理工作，重点做好以“两票三制”为中心的各项规章制度执行情况的检查工作，切实纠正习惯性违章；确保安全生产，定期组织风电场运行、安全分析会议。

(5) 组织开展安全生产与经济分析，不断总结、交流安全生产工作经验，提高设备的安全性与经济性；对安全生产、经济运行执行好的给予表扬及奖励。

(6) 负责审查风电场各种事故、障碍、各种报表，按时上报。严肃对待发生的事故、障碍、异常、未遂、差错，督促事故调查、分析，根据“四不放过”的原则，做到原因清楚、责任明确、处理准确、防范措施落实。

(7) 积极配合生产运维部的工作并及时提出个人意见或建议；支持值长的工作并加以指导、督促，办事公开、公正、透明，团结风电场全体员工，保质保量地完成部门经理与场长布置的各项任务；审核备品备件、工具采购申请，定期检查库房台账和管理工作。

(8) 配合部门负责制定和健全风电场各项管理制度、工作标准并组织实施；审核风电场半年检修和全年检修计划。

(9) 随时配合部门检查对公司企业文化、经营管理理念、生产指令及各项标准、制度的执行落实情况。发现问题及时纠正，分析原因、落实责任，制定防范措施。

(10) 认真贯彻执行公司颁发的各项规章制度和工作标准。按照公司和“6S”的管理理念进行管理与生产。

(11) 认真贯彻执行上级的指令，完成风电场工作。

(12) 按国家相关标准《电业安全工作规程》(GB 26164)、公司制定的《风电场运行规程》《风电场检修规程》监督检查各班组的执行情况并建立各项预防措施。

(13) 负责编制分管范围的月、年度工作计划，上报部门并组织员工共同努力如期完成。

(14) 做好员工的培训工作，注重实效，不断提高员工的文化素质、技术业务水平、团队精神等。

(15) 抓好各班组建设，掌握员工动态，培训与培养相结合。

3. 运行值长岗位职责

(1) 严格执行省、地调度管理条例以及调度规程、《中华人民共和国电力法》以及配套的有关法律、文件、规定。服从调度命令，完成下达的各项调度计划，负责日调度计划的接收和执行。

(2) 组织好当值生产，合理安排当值的运行任务，努力完成各项技术经济指标以及风电场的各项生产计划。

(3) 树立“安全第一，预防为主”的思想，经常对本值人员进行安全教育，每月组织不少于一次的全值安全活动，分析安全情况，发现不安全因素积极采取防范措施。对于当班发生的异常情况，必须如实记录并分析说明其原因，班后负责组织分析，吸取教训，做到“四不放过”，并配合总工在3天内写出书面分析报告（包括原因分析、责任落实、防范措施以及责任人的处理意见等）。

(4) 负责办理调度管辖设备的停役申请、复役竣工及自行管辖的主要设备（主要辅助设备和主要公用设备）的停启审批工作以及“两票”的审批。

(5) 根据定期维护、试验有关规定，督促、检查本值人员认真执行定期维护、切换、试验等工作，并检查试验结果。

(6) 认真执行设备缺陷管理和档案管理，检查设备缺陷记录及消缺后验收工作的执行情况以及设备的健康情况。对于风电场的重大缺陷应亲自查看，发生威胁人身和设备安全的缺陷时应做好相应的安全技术措施并向上级汇报。做好消缺的联系和安排。

(7) 认真配合场长和总工执行上级下达的培训计划，督促本值人员的技术学习，积极执行考问讲解、反事故演习、技术问答、事故预想等多种形式的培训活动，经常围绕当前生产上的关键问题进行分析和讨论，提出合理化建议。

(8) 值长在电场场长和总工的领导下进行工作，同时接受电网调度的指挥，完成各项生产任务。

(9) 值长在值班期间是风电场生产系统的正常运行和事故处理的指挥者，负责本值班组的管理工作。当值长因故离开岗位时，必须向主值说明去向与联系方式。

(10) 值长必须掌握当班期间风电机组和变电站的全面运行情况，包括对变电站主要系统的运行方式、风电机组运行情况及气候环境等情况；同时向值班人员提出要求和对风电机组检修人员进行技术要求及指导。

(11) 每个轮值对变电站一次设备和二次设备巡检一次，并在值班记录上做好记录。

(12) 负责“两票”的审核、批准，确保操作票的正确性。监督运行人员严格执行操作监护制度和有关操作规定，杜绝误操作事故的发生。

(13) 在特殊运行方式、恶劣气候时组织全值人员做好事故预想及防范措施。

（14）在变电站重大操作时应了解操作前的准备情况以及必要的操作指导和督促，保证操作进度和安全。

（15）在设备出现异常情况的处理过程中，因指挥不当，造成事故扩大时，应负扩大事故的主要责任。

（16）值班期间对发布命令的正确性、运行方式的可靠性和人员、设备安全负责。指挥当值人员进行事故处理。

（17）以身作则，严格执行各项规章制度，发现违章作业行为应立即制止。遇到异常情况应立即调查处理，并做好记录。对威胁安全运行的设备缺陷，除立即通知消缺外，还应向有关领导汇报。

（18）对当值工作票、操作票、危险点预控措施的正确性负责，并检查督促现场安全措施的正确执行。

（19）结合本值实际积极开展安全活动，经常进行安全教育和劳动纪律教育。对本值发生的事故、障碍、异常等不安全情况进行认真分析，吸取教训，采取防范措施。

（20）准时参加各种安全会议并汇报生产上存在的问题，听取场长及总工的安全生产的指示，认真贯彻执行有关安全生产的规程、标准、制度等。

4. 风电场检修班长岗位职责

（1）组织好当班生产，合理安排当班的检修任务，努力完成各项技术经济指标以及风电场的各项生产计划。

（2）树立“安全第一，预防为主”的思想，经常对本班人员进行安全教育，每月组织不少于一次的全值安全活动，分析安全情况，发现不安全因素积极采取防范措施。对于当班发生的异常情况，必须如实记录并分析说明其原因，班后负责组织分析，吸取教训，做到“四不放过”，并配合总工在 3 天内写出书面分析报告（包括原因分析、责任落实、和防范措施以及责任人的处理意见等）。

（3）根据定期维护试验有关规定，督促、检查本值认真执行定期维护、试验等工作，并检查试验结果。

（4）认真执行设备缺陷管理和风电机组档案管理，检查设备缺陷记录及消缺后验收工作的执行情况以及风电机组的健康情况。对于风电场的重大缺陷应亲自查看，发生威胁人身和设备安全的缺陷时应做好相应的安全技术措施并向上级汇报。做好消缺的联系和安排。

（5）认真配合场长和总工执行公司下达的培训计划，督促本值人员的技术学习，积极执行考问讲解、故障模拟、技术问答等多种形式的培训活动，经常围绕当前生产上的关键问题进行分析和讨论，提出合理化建议。

（6）班长在电场场长和总工的领导下进行工作，完成各项生产任务。

（7）班长在当班期间是风电场检修工作的指挥者，负责本班组的管理工作。当班长因故离开岗位时，必须向场长说明去向与联系方式。

（8）班长必须掌握当班期间风电机组和变电站的全面运行情况，包括变电站主要系统的运行方式、风电机组运行情况及气候环境等情况；同时向当班人员提出要求和对风电机组检修人员进行技术要求及指导。

（9）按照上级要求进行设备巡检，并做好记录。

（10）负责“工作票”“危险点预控措施”的审查，确保其正确性。监督运行、检修人员严格执行安全措施和有关操作，确保安全措施准确执行，杜绝误操作事故的发生。

（11）在特殊运行方式、恶劣气候时组织全值人员做好事故预想及防范措施。

（12）在进行大部件更换作业前，做好更换工作的计划和组织工作，亲自指挥大部件更换并做好相关的安全防范措施，确保更换工作正常完成。

（13）在设备出现异常情况的处理过程中，因指挥不当，造成事故扩大时，应负扩大事故的主要责任。

（14）当班期间对发布命令的正确性、检修方式的可靠性和人员、设备安全负责。指挥当班人员进行事故处理。

（15）以身作则，严格执行各项规章制度，发现违章作业行为应立即制止。遇到异常情况应立即调查处理，并做好记录，对威胁安全运行的设备缺陷，除立即通知消缺外，还应向有关领导汇报。

（16）结合本班情况开展安全活动，经常进行安全教育和劳动纪律教育。对本班发生的不安全情况进行认真分析，吸取教训，采取防范措施。

（17）准时参加各种安全会议并汇报生产上存在的问题，听取场长及总工的安全生产的指示，认真贯彻执行有关安全生产的规程、标准、制度等。

5. 检修班员岗位职责

（1）在检修班长的领导下，执行检修组各项管理制度、业务流程。

（2）按照班长要求编写本组物品需求计划，并按照上级相关管理制度组织管理。

（3）根据风电场安排，确保各项工作有序进行。

（4）对包管风电机组设备负责，确保风电机组健康指数。

（5）坚持“安全第一，预防为主”方针，认真执行“两票三制”及各项规章制度，特别注意避免人身伤亡及重大事故。

（6）风电机组出现故障时，应及时处理故障，并做好检修记录。

（7）认真执行各项检修计划。

（8）确保人身及风电机组的安全。

（9）参加月度、季度、年度运行分析、故障分析，并按时提交报表。

6. 运行值班员岗位职责

（1）在值长的监护、指导下进行工作。

（2）对风电机组的操作和变电站的倒闸操作过程的标准化负责，对操作的正确性负责。

（3）对抄录的各种数据及计算电量的正确性负责。

（4）对各种工具、安全用具的正确使用及保管负责。

（5）对钥匙的借用和保管负责。

（6）对交接班及当班期间的文明生产工作负责。

（7）对与调度联系、试验及上报数据负责，准确记录并传递调度命令。

（8）对变电站的档案资料的准确性负责，及时更新档案资料。

7. 物资管理员岗位职责

（1）对所管物资坚持经常性永续盘点，平时自检，切实做到“账、卡、物、金额”四相符。

（2）严格执行“先进先出”的原则，凡有保管期限的物资应在有效期内发出。

（3）每月 25 日前进行记账核算，由值长对每月入库单、领料单进行稽核。

（4）对库存备件执行预警制度，防止由于备件的库存减少影响风电机组运行。

5.3.2 人员培训

风能作为当前社会发展最具潜力的能源之一，得到前所未有的发展和壮大，大规模风电场的崛起给社会发展带来了丰富的电能，同时给自身的运维管理工作带来了巨大的挑战。装机容量增大，电力网架比例攀升，机组设备不断更新，对运维管理技术、人员均提出了更高要求。因此，风电场的运维管理必须立足现状，在设备、技术、人员等维运管理中探索有效的方法，才能真正做到与时俱进，为企业和风电事业的蓬勃发展推波助澜。

目前而言，我国海上风电场规模在逐步扩大，但从发展进程来看我国海上风电行业仅仅处于初始阶段，工作岗位不稳定，地处偏远地区，工作条件差难以有效地吸收专业人才。最终导致运维管理人才稀缺，无法满足运维管理工作需求，给风电场的安全管理埋下隐患。

风电场规模扩大、技术更新的同时需要更高素质的风电场员工。因此需要在风电场运行的过程中加强对风电场人员的管理培训。人员培训主要包括新员工的进场培训、岗前作业培训以及工作中对于岗位工作的各种培训。由于新员工没有风电场生产管理的经验，需要重点培训相关岗位的知识和操作技能，了解基本的风电场运行结构原理，另外要学习相关的操作规章制度，按照要求进行操作。经过考核后方可进入下一轮的岗前作业培训。岗前作业培训中要逐渐接触一些实质性的岗位工作，在实习指导中更好地体会具体的岗位工作内容，逐渐成长为独立合格的风电场工作人员，最后经过考评合格后正式着手风电场的各项工作。进入岗位后还要根据实际工作进行各种不同的培训，例如对于老员工的安全意识培训。老员工在工作一段时间后很容易产生懈怠心理，安全意识也逐渐降低，可能造成风电场的故障，因此需要重点加强这方面的培训管理。另外还有其他的一些综合技能、文明的礼仪培训等。

1. 安全培训

风电场的安全管理是管理要素中的重中之重，因为电力企业的安全生产不仅关系到千家万户的用电问题，更是影响着企业的发展和最根本的经济效益，同时也关系到工作人员的人身安全，对工作人员进行安全文化教育是风电场运维管理中极为重要的部分。

2. 技术培训

风电行业对于从业人员要求较高，他们的从业水平和专业技术直接关系着风电事业的发展进程。因此需要进行技能培训，以提高全体人员的素质及水平。随着风电场企业的快速发展，对运维管理人员已经提出了更高的要求，工作人员不仅仅要掌握基础的电气工程知识，还要对融入现代技术的机械工程、自动化技术及国外风电场发展的先进技术进行全方位的学习了解及应用。

5.4　车辆及船舶配备

1. 车辆配备

风电场车辆主要有两种用途：一种是交接班期间用于接送人员往返风电场和站点之间，由专门司机进行接送，风电场综合管理人员安排调度；另一种是运送工作人员和货物往返码头，按实际需求灵活调度。由于场内一般不会放置大部件，所以无须配置专门的行车、吊车。

根据调研数据显示，按风电场 40 人用车计算，18 人为检修人员，分 2 组，一般情况下只有 1 组人员在场，这也是会出海工作的人员（并非 9 人全部出海工作）。其他人员一般上班期间不需要外出用车，再考虑外单位人员，可配置工程专用皮卡车 4 辆。另外配置可容纳 40 人的大巴车和 1～2 辆商务车。

2. 海上风电运维船的配置

海上风电运维船作为海上风电运维重要的装备，对我国海上风电的发展具有一定的影响。运维船的合理配备与智能调度是海上风电智能运维的必备条件，高效合理的船队配置和调度技术是降低海上运维成本，提高发电量的关键措施之一。在发展海上风电运维船的过程中，既应该借鉴国外成熟的经验，还应该根据我国的实际情况来发展适用于特定环境、特定工作模式的海上风电运维船。

国内运维船从2014年开始起步，主要由交通艇和渔船发展而来。相对于专业运维船，渔船和交通艇在适航性、舒适性、安全性、靠泊方式上表现较差，如图5-2所示。

图5-2 运维船发展图

现有的运维船主要有单体船、双体船、三体船，如图5-3所示。根据现有项目的建设情况，预计到2025年末，国内运维船需求数量将至少达到180艘。

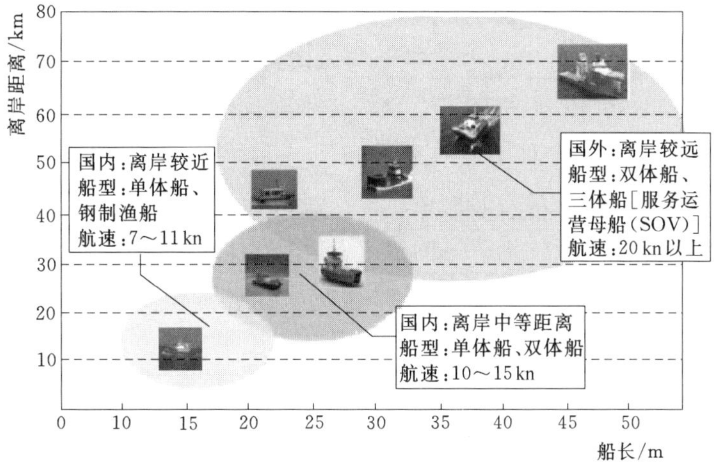

图5-3 各类型船只介绍

海上风电运维船是用于海上风电机组运行维护的专用船舶。该船舶在波浪中应具有良好的运动性能，在航行中具有很好的舒适性，能够低速精准地靠泊到风电机组的基础，防止对基础造成较大冲击，并能够与基础持续接触，能够安全便利地将人员和设备运送到风电机组；船舶甲板区应具有存放工具、备品备件等物资的集装箱或风电机组运维专用设备的区域，并可以进行脱卸；船舶还具有运维人员短期住宿生活的条件和优良、舒适的夜泊功能。

海上风电场运行维护需综合考虑离岸距离、气象海况、风电机组故障率、维护行为、发电能力、运维经济性等因素来进行运维船的配置。一般来说较大规模的风电场采用船队形式，如高速运维船、专业运维船、居住船、自升式运维船及其他专用工程船舶。

根据地域不同，运维船配置一般如下：

(1) 江苏沿海。此海域大多为潮汐带，工作水位从 0～20m 不等，风速为 3～7m/s，波高为 0.5～4.6m，早期风电场离岸距离为 3～50km，波周期的平均值为 3.1s，全年安全出海时间约为 160 天，全年可作业时间约为 220 天；此区域适合使用专业双体风电运维船、高速专业双体运维船和居住船。例如：中广核如东海上风电场是标准双十海上风电场，离岸 10n mile，水深 10m，适合使用专业双体运维船，日常运维时码头到风电场的航行时间在 1h 左右，集中检修时可夜泊风电场，减少来回时间与燃油的消耗；龙源大丰项目，离岸距离 40km 左右，风电机组区域有深水区、浅水区、露滩区多种海况，风电机组数量多，需要的运维人员多，日常运维时需要多条运维船舶往来，最佳的配置是 1 条居住船、1 条高速专业双体运维船用于人员来往及应急救生，2 条搭配水陆两用车的专业双体运维船，此方案可快速响应半小时内到达任何 1 个机位，减少燃油成本，既高效又经济。

(2) 福建、广东、浙江海域。此水域海域情况复杂，岛礁、暗礁多，涌浪大，水流急，风浪大，水深在 10～50m 内，年平均风速为 8.0m/s，平均浪高为 2.0m，早期风电场离岸距离为 3～30km，全年安全出海作业时间约为 140 天，全年可作业时间约为 200 天。此区域适合专业双体运维船、自升式运维船。早期项目离岸距离近，浪高，风大，适合快速、抗风浪的船舶运维。

(3) 北方沿海。此水域优于多风的福建和潮汐带的江苏沿海，但北方沿海水域冬天有冰冻现象，所有运维船舶需在艏部增加 B 级冰区加强的破冰功能和保暖防冻功能。适合使用专业双体运维船、居住船、自升式运维船。

5.5　管理体系和风电场制度建设

近年来，随着风电场集中规模投产速度的加快，风电场管理方面所产生的问题也越来越多。例如：风电场现场人员技术素质参差不齐，设备机型不统一、大部件规格配置不统一引起的备件管理难度逐渐加大，大容量机组技术不成熟，机组并网性能缺陷，电网接纳能力不足等问题逐渐显现。风电运营企业的主要工作重心从资源拓展向风电场运营管理转变，管理体系和风电场制度建设显现出十分重要的地位。企业管理体系和风电场制度建设应符合《电力企业标准编写导则》（DL/T 800）的要求，技术标准、管理标准、岗位标准编写内容应相互协调，执行的技术标准应贯彻到相应的管理标准和岗位标准中，管理标准内容应分解落实到相关岗位标准，岗位标准应确保技术标准、管理标准的有效实施，对于电力企业标准体系总体架构，主要有以下部分构成：

（1）技术标准体系：由技术标准、典型作业指导书等组成。

（2）管理标准体系：由管理标准、制度等组成。

（3）岗位标准体系：由岗位标准或岗位说明书等构成。

企业标准体系总体架构关系图如图 5-4 所示。

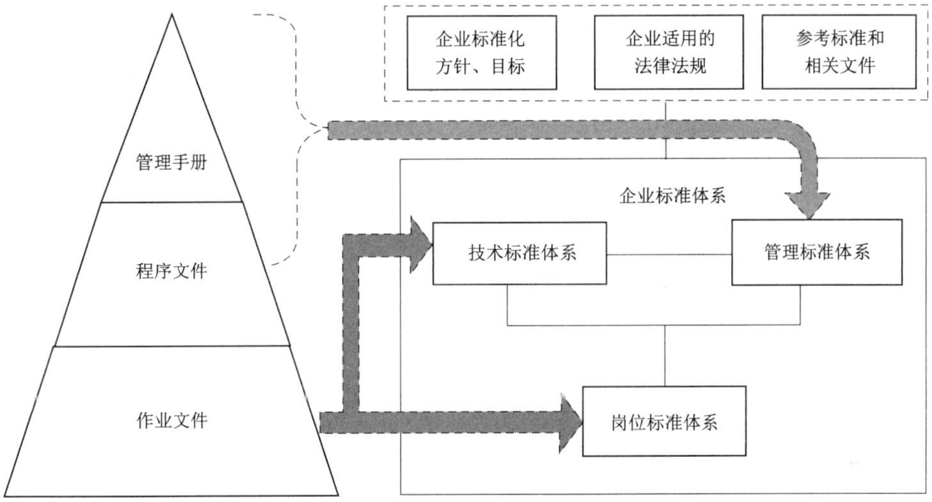

图 5-4　企业标准体系总体架构关系图

规范科学的管理体系和风电场制度，对于实现人员无违章、设备无渗漏、生产现场清洁、安全设置完善、机制体制健全，最终建设本质安全型电力企业具有十分重要的作用。

5.6　工器具管理和备品备件管理

海上风电场应制定工器具管理及备品备件管理相关规定，工器具和备品备件是保证海上风电场及时运维的物质基础，做好海上风电场工器具管理和备品备件管理对于规范化生产具有重要意义，同时也体现了风电场现场的管理水平。

5.6.1　工器具管理

在工器具管理方面，风电场需确保各类工器具在申请、采购、保管、检验、使用、维修和报废各环节得到有效控制，确保员工在使用各类工器具过程中的人身安全，提高设备的完好率和利用率，延长其使用周期，降低生产成本，增加全体员工爱护公共财产的意识，确保工器具的安全合理使用，保证各项工作的顺利开展。

工器具分为公用工器具和个人工器具。风电场仓库管理员应按照工器具配置定额建立风电场工器具清单和公用、个人工器具管理台账。风电场仓库管理员作为风电场公用工器具的负责人；个人工器具使用者作为个人工器具的责任人。工器具配置清单由风电场负责人签字并由风电场仓库管理员保管。风电场仓库管理员按照工器具配置清单发放公用、个人工器具到位，并将所发工器具登记到工器具管理台账中。

1. 工器具台账管理

风电场仓库管理员负责本风电场的工器具管理，建立相应的工器具管理台账，并做到账物相符。

根据各风场管理制度，由风电场负责人定期组织进行工器具盘点，无论是个人工器具还是公用工器具必须做到账、卡、物相符。

2. 工器具的保管和试验

工器具要分类保管，定置定位摆放，摆放整齐，根据工器具存放特性要求，采取防雨、防潮、防火、防盗、防腐、防风、防冻、防爆、防砸、防有害气体等项措施，做到不磕碰、不变形、不生锈，特殊工器具按特殊保养技术标准保管。

个人工器具的管理原则是个人保管、以旧换新、损毁及时补充；公用工器具的管理原则是集中保管、使用登记。

工器具应严禁随意胡乱堆放，并定期保洁、保养。

新购置的工器具必须要有出厂合格证件，严禁将报废、未经试验、逾期未试验、试验不合格的工器具与正常使用的工器具混放在一起，不合格的工器具应有明显标识。

3. 已到使用期限的工器具管理

已到期限工器具经风电场仓库管理员审核、鉴定，风电场负责人签署明确意见。使用期限已满确不能使用的，正常报废，交旧领新。仍可使用者，不再配置。

4. 工器具使用一般注意事项

(1) 工器具的使用者应熟悉工器具的使用方法，否则不准使用。

(2) 工器具的使用者，在使用前应认真核查合格证是否在有效期内，并进行使用前的常规检查。不准使用超过有效期以及外观有缺陷等常规检查不合格的工器具。

(3) 外界环境条件不符合使用工器具的要求时、使用者佩戴劳动保护用品不符合规定时不准使用。

(4) 工器具的使用者应按工器具的使用方法规范使用工器具，爱惜工器具，严禁超负荷使用工器具，严禁错用工器具，严禁野蛮使用工器具。

（5）工器具使用安全注意事项执行安全规程的相关要求。

5.6.2 备品备件管理

备品备件管理是风电场日常管理工作的一个重要组成部分，做好风电场设备的备品备件管理工作，对于及时消除设备缺陷，防止故障的发生和加速故障抢修，缩短停运时间，提高设备健康水平，保证设备安全、经济运行十分重要。

备品备件管理的主要内容包括备品备件计划编制、备品备件库定置管理、备品备件存储管理等。为保证安全生产，备品备件必须按根据生产实际和资金情况核定计划和储备，备品备件应保证随时可以使用，使用后应适时补充。

1. 备品备件计划编制

备品备件计划编制是备品备件管理的基础工作，以保障安全生产及满足运行、检修工作的需要。编制备品备件计划时应重视备品备件储备品种和数量与资金占用之间的矛盾，摸清设备的使用情况及设备可能发生事故的规律性，实事求是地确定其品种和数量，确定合理的订货周期，减少资金占用。

备品备件计划编制以一年为周期，每年度的备品配件计划在上一年度上报，保证现场备品备件充足。

备品备件计划和存储管理应实现信息化、智能化。

2. 备品备件库定置管理

海上风电场因自然地理环境较为特殊且备品备件和生产用工器具价格较高、种类较多，所以对库房有较高的要求。库房的设置应能满足备品备件及工器具的存放环境要求，并有足够的消防设施和防盗措施。在库房中长期存放的各种物资要定期检验与保养，防止损坏和锈蚀，被淘汰或损坏的物资应及时处理或报废。凡备品备件入库，必须登记入库台账，按备件类别存库并分区定置、存放。按“四号”定位（库号、架号、层号、位号），做到齐、方、正、直，上轻下重，整齐有序，保证安全，便于作业，取用方便。

3. 备品备件存储管理

备品备件的存储应根据批准的备品备件计划安排，对尚未储备和储备不齐的备品备件，要根据供应和资金的可能，分轻重缓急，有计划地储齐。备品备件完成购置后，由公司相关业务部门和风电场共同组织验收工作和进行必要的试验或检查工作，验收合格后填写验收单，有关人员签字后与备品备件一齐保管，验收不合格的备件不能入库。

风电场应定期对备品备件数量与质量及使用和储备情况进行检查，按风电场管理标准定期编制备品备件使用、储备报告，报公司相关业务主管部门，以便全面掌握了解，及时修正补充备品备件计划。

4. 海上风电备品备件库建设的趋势

海上风电场由于造价高、投资大，设备资金占比大，购买备品备件使用资金需求高。目前，海上风电正朝着集约化开发建设的模式发展，各风电开发商可以地区为划分，建立备品备件资源共享库，在同一地区可以减少备品配件重复储备及资金积压，加强各风电运维企业资源整合和利用率，建立和完善地区风电备品备件共享服务平台，应采用计算机大数据管理等先进信息化技术手段，不断提高备品备件的科学管理水平，以适应海上风电场不断发展的要求。

5.7　生产技术及启动试运准备

5.7.1　生产技术准备

1. 运维资料收集

运维资料主要包括风电场的主接线图、变电站运行规程、风电机组运行规程、巡检技术规范、标准操作票、典型工作票、变电站检修规程、风电机组检修规程、检修作业指导书、设计图纸资料、施工图纸资料、竣工图纸、设备使用说明书、设备接线图、设备控制原理图、设备运行维护手册、变电站的保护定值文件、风电机组故障代码文件、风电机组保护定值文件、风电机组主控系统可控制原理图、变频系统控制原理图、变桨系统控制原理图、液压系统控制原理图等相关文件。

2. 运维技术资料编制审批

运维部在项目投产前，根据工程部提供的施工图纸资料、竣工图纸、设备使用说明书、设备运行维护手册、变电站的保护定值文件、风电机组故障代码文件、风电机组保护定值文件、风电机组主控系统可控制原理图、变频系统控制原理图、变桨系统控制原理图、液压系统控制原理图组织新建风电场编制风电场变电站主接线图、各风电场《变电站运行规程》《风电机组运行规程》《巡检技术规范》标准操作票、典型工作票，按照各企业的《企业标准化管理标准》制（修）定的内容进行编制审批。

运维部在项目投产一年后，根据设备使用说明书、设备运行维护手册、变电站的保护定值文件、风电机组故障代码文件、风电机组保护定值文件、风电机组主控系统可控制原理图、变频系统控制原理图、变桨系统控制原理图、液压系统控制原理图再组织新建风电场编制《变电站检修规程》《风电机组检修规程》检修作业指导书，按照《企业标准化管理标准》制（修）定的内容进行编制审批。

3. 培训资料编写

抽调各专业生产技术骨干，根据风电场设计文件、合同和设备说明书、技术规范书等进行培训资料的编写工作。

5.7.2 启动试运及运营准备

1. 风电机组启动试运

风电机组的启动试运分为静态调试、动态调试、250h试运行、投产四个阶段，成立风电机组启动试运指挥小组，小组成员由业主、调试总包、施工、厂家、监理等有关单位的相关技术人员组成。

2. 技术资料移交

技术资料和备品配件、专用工器具等的移交：在风电机组完成250h试运后一个月内办理交接手续。技术资料由建设单位组织有关单位按《电力建设施工技术规范》（DL 5190）向运行单位移交，一般应包括以下各项：

（1）据以施工的整套设计图纸、技术条件、设计变更、重要设计修改图。

（2）施工过程中，修改过而必须重新回执的竣工图，包括电气、地下管线、电缆埋设和接地装置竣工图等。

（3）制造厂家的整套安装图、说明书及出厂证明书。

（4）材料试验记录和质保书。

（5）建设及安装工程质量检查及验收记录和中间验收签证。施工和试运过程中发现的质量事故和设备缺陷记录。

（6）施工过程中补充的地质及水文资料及建筑物、构筑物、大型设备基础的观测记录。

（7）升压站电气设备调试报告和投运记录。

（8）风电机组安装、质检、调试记录及250h试运行记录。

（9）经上级质监站监察的项目、结果、评价及其他有关文件。

（10）与工程有关的将来生产上必须作为依据的合同、协议、来往文件及重要会议记录等。

技术资料的移交由启动验收委员会的验收工作组负责办理，应移交的资料，双方如有不同意见，由启动试运指挥小组决定。全部资料应在整套启动试运完毕，进入试生产一个月内移交完毕，特殊情况由试运指挥小组决定时间。随同设备供应的备品配件、生产试验仪器和专用工器具等，由工程管理部负责组织安装单位在风电机组投产后一个月移交给生产部门。

3. 投产的运营准备

（1）信息化建设。根据要求参与生产管理信息系统的建设，实现办公自动化、计划管理、生产管理、设备管理、技术监督、物资管理、消耗品管理、人事劳资管理、党政工团管理、综合查询等模块，大幅减少表报卡单的使用。

（2）并网准备。风电机组并网运行应在明确调度关系后，重点解决好调度电量和电价的问题，同电网公司签订购售电合同、并网调度协议等，做好值班长、继电保护、自动化、通信等相关岗位同电网相关部门的协调工作。

（3）其他准备。完成消防验收工作；做好并网安全性评价准备工作；设备缺陷消除和验收；安全生产技术部（工程管理部）指定一名技术负责人，负责对提报的设备缺陷进行审核管理。

4．设备投运后准备

设备投运后，运行维护人员发现缺陷，应填写“设备缺陷单”，由责任单位落实处理，并录入当日的运行日志。“设备缺陷单”一式两份，填写后一份签发给责任（处理）单位；一份保留在集控运行值班室内，由运维部归口管理。对技术要求较高、处理难度较大或责任不明确的缺陷，由试运指挥小组研究，决定处理方案和处理单位。在设备缺陷消除后，必须经验收合格后方可办理验收手续，一般设备缺陷由当值运行人员负责验收，重要设备缺陷应由监理、调试单位、施工单位、工程部组成验收组共同验收。试运中发现的需设备制造单位处理的缺陷，应及时反映给试运指挥小组统一协调解决。

第6章 海上风电场运行

海上风电场运行主要涉及海上风电机组、海上升压站、海底电缆和陆上开关站。本章以常见的采用双回 220kV 海底电缆、2 台额定容量为 180MV·A 的主变压器、12 条集电海底电缆通过 4 段 35kV 母线接入海上升压站的 30 万 kW 海上风电项目为例介绍海上风电场的运行。

6.1 海上风电机组运行

海上风电场风电机组的运行过程是风电机组把风能转换为电能的过程，就是通过调节风电机组的桨距角来改变对风能的捕捉，利用传动系统将叶轮旋转的机械能通过主轴轴承、齿轮箱、联轴器传递给发电机，从而实现发电，风电机组发出的电不能直接并到电网，需要经过升压站进行升压。本节以明阳半直驱 5.5MW 海上风电机组为例，对发电机组的运行进行阐述。该海上风电机组额定功率为 5.5MW，水平轴、三叶片、上风向、电动变桨、半直驱，额定风速为 10.1m/s，轮毂高度为 100m，设计寿命 25 年。风电机组总体技术参数表见表 6-1，该 5.5MW 风电机组的整机结构示意图如图 6-1 所示。

表 6-1 风电机组总体技术参数表

序号	名　称	参数	序号	名　称	参数
1	额定功率/MW	5.5	8	切出风速（10min 平均值）/(m/s)	25（30 软切出）
2	功率调节	变桨变速	9	再切入风速/(m/s)	20
3	对风方向	上风向	10	运行温度范围/℃	－10～＋40
4	旋转方式	顺时针	11	生存温度范围/℃	－20～＋50
5	叶片数/个	3	12	机组出口额定电压/V	690
6	切入风速/(m/s)	3	13	设计使用寿命/年	25
7	额定风速/(m/s)	10.1（静态）			

6.1.1 运行基本条件

（1）新投运风电机组应有验收报告。

图 6-1 整机结构示意图

（2）停运超过 10 天的风电机组在投入运行前应测量发电机定子、转子绝缘，合格后才允许启动。

（3）按照厂家规定对风电机组进行必要的盘车检查。

（4）经维修的风电机组在启动前，检修时设立的安全技术措施应均已拆除，机组应满足启动条件。

（5）调向系统处于正常状态，风速仪和风向标处于正常运行的状态。

（6）外界环境条件符合风电机组的运行条件，温度、风速在风电机组设计参数范围内。

（7）风电机组动力电源、控制电源处于正常工作状态。

（8）各安全装置均在正常位置，无失效、短接及退出现象。

（9）控制装置正确投入，风电机组控制系统无故障信息，控制参数均与批准设定值相符。

（10）风电机组各分系统的油温、油位正常，系统中的蓄能装置工作正常。

（11）手动启动前叶轮无结冰、叶片无被雷击现象。

（12）远程通信装置处于正常状态。

6.1.2 启停机的操作方式

（1）主控室操作。在主控室操作计算机启动键或停机键。

（2）就地操作。在塔基控制柜面板上操作启动按钮或停机按钮。

（3）远程操作。在远程终端操作启动键或停机键。

（4）机舱上操作。在机舱控制柜面板上操作启动按钮或停机按钮。

6.1.3 运行状态

1. 控制流程图

风电机组控制系统根据实时数据信息的反馈，控制风电机组运行于各种工作模式，其具体控制流程如图 6-2 所示。

2. 风电机组运行模式

风电机组的控制系统根据反馈数据信息调整风电机组的运行模式，保证风电机组一直在优化、安全的状态下运行。风电机组共有 19 种不同的运行模式，见表 6-2。

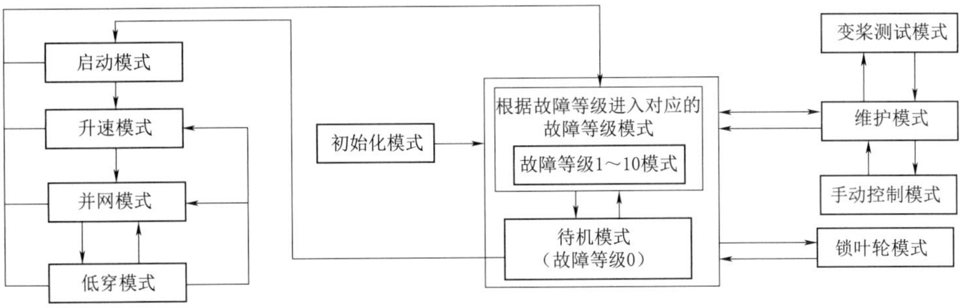

图 6-2 控制流程图

表 6-2 风电机组运行状态

状态码	状态名称	描述及参数限制	模式切换
0	初始化	叶片角度设定值：89°； 叶轮转速设定值：0r/min； 叶片 90°至 0°速度设定值：−5°/s； 叶片 0°至 90°速度设定值：5°/s	PLC 自启动完成后进入，初始化模式进入故障或待机模式：完成初始化后
1	故障等级 10	叶片角度设定值：89°； 叶轮转速设定值：0r/min； 叶片 90°至 0°速度设定值：−5°/s； 叶片 0°至 90°速度设定值：5°/s	根据机组最高故障等级进入对应的故障模式； 故障模式进入待机模式：机组无故障； 故障模式进入维护模式：维护旋钮触发； 故障模式进入锁叶轮模式：锁叶轮按钮触发
2	故障等级 9	叶片角度设定值：89°； 叶轮转速设定值：0r/min； 叶片 90°至 0°速度设定值：−5°/s； 叶片 0°至 90°速度设定值：5°/s	
3	故障等级 8	叶片角度设定值：89°； 叶轮转速设定值：0r/min； 叶片 90°至 0°速度设定值：−5°/s； 叶片 0°至 90°速度设定值：5°/s	
4	故障等级 7	叶片角度设定值：89°； 叶轮转速设定值：0r/min； 叶片 90°至 0°速度设定值：−5°/s； 叶片 0°至 90°速度设定值：5°/s	
5	故障等级 6	叶片角度设定值：89°； 叶轮转速设定值：0r/min； 叶片 90°至 0°速度设定值：−5°/s； 叶片 0°至 90°速度设定值：5°/s	
6	故障等级 5	叶片角度设定值：89°； 叶轮转速设定值：0r/min； 叶片 90°至 0°速度设定值：−5°/s； 叶片 0°至 90°速度设定值：5°/s	

续表

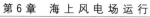

状态码	状态名称	描述及参数限制	模式切换
7	故障等级4	叶片角度设定值：89°； 叶轮转速设定值：0r/min； 叶片90°至0°速度设定值：−3°/s； 叶片0°至90°速度设定值：3°/s	根据机组最高故障等级进入对应的故障模式； 故障模式进入待机模式：机组无故障； 故障模式进入维护模式：维护旋钮触发； 故障模式进入锁叶轮模式：锁叶轮按钮触发
8	故障等级3	叶片角度设定值：89°； 叶轮转速设定值：0r/min； 叶片90°至0°速度设定值：−3°/s； 叶片0°至90°速度设定值：3°/s	
9	故障等级2	叶片角度设定值：89°； 叶轮转速设定值：0r/min； 叶片90°至0°速度设定值：−3°/s； 叶片0°至90°速度设定值：3°/s	
10	故障等级1	叶片角度设定值：89°； 叶轮转速设定值：0r/min； 叶片90°至0°速度设定值：−3°/s； 叶片0°至90°速度设定值：3°/s	
11	待机	叶片角度设定值：齿轮箱油温高于启动温度且叶轮锁定销释放时，角度设为80°，否则设为89°； 发电机转速设定值：齿轮箱油温高于启动温度且叶轮锁定销释放时，发电机转速设为10r/min； 叶片90°至0°速度设定值：−3°/s； 叶片0°至90°速度设定值：3°/s	进入条件参考初始化和故障模式； 待机模式进入启动模式：机组准备好且齿轮箱油温满足要求10s； 待机模式进入维护模式：维护旋钮触发； 待机模式进入锁叶轮模式：锁叶轮按钮触发
12	启动	叶片角度设定值：若叶轮锁定销锁定，设定值为89°；若叶轮锁定销松开，设定值为75°； 发电机转速设定值：30r/min； 叶片90°至0°速度设定值：−3°/s； 叶片0°至90°速度设定值：3°/s	进入条件参考待机模式； 启动模式进入升速模式：发电机转速大于20r/min，持续30s； 启动模式进入故障模式：机组触发故障进入相应的故障等级
13	升速	叶片角度设定值：0°； 叶轮转速设定值：125r/min； 叶片90°至0°速度设定值：−4°/s； 叶片0°至90°速度设定值：4°/s	进入条件参考启动模式； 升速模式进入发电模式：发电机转速大于120r/min； 升速模式进入故障模式：机组触发故障进入相应的故障等级
14	并网发电	发电机转速大于120r/min后的发电状态； 叶片角度设定值：0°； 发电机转速设定值：380r/min； 叶片90°至0°速度设定值：−4°/s； 叶片0°至90°速度设定值：4°/s	进入条件参考升速模式； 发电模式进入升速模式：发电机转速低于120r/min； 发电模式进入低电压穿越模式：发电模式时变频器触发低电压穿越功能； 发电模式进入故障模式：机组触发故障进入相应的故障等级

续表

状态码	状态名称	描述及参数限制	模式切换
15	低电压穿越	变频器触发低电压穿越， 叶片角度设定值：0°； 发电机转速设定值：380r/min； 叶片90°至0°速度设定值：－4°/s； 叶片0°至90°速度设定值：4°/s	进入条件参考发电模式； 低电压穿越模式进入升速模式：发电机转速低于120r/min； 低电压穿越模式进入并网模式：变频器功率输出恢复； 低电压穿越模式进入故障模式：机组触发故障进入相应的故障等级
16	维护	只有故障模式和待机模式下可以切换到维护模式； 叶片角度设定值：89°； 叶轮转速设定值：0r/min； 叶片90°至0°速度设定值：－3°/s； 叶片0°至90°速度设定值：3°/s	进入条件参考故障模式和待机模式； 维护模式进入锁叶轮模式：锁叶轮按钮触发； 维护模式进入变桨测试模式：变桨测试按钮触发； 维护模式进入手动模式； 维护模式进入故障模式或待机模式：机组旋钮复位
17	锁叶轮	只有维护模式下可以切换到锁叶轮模式； 叶片角度设定值：89°； 叶轮转速设定值：0r/min； 叶片90°至0°速度设定值：－3°/s； 叶片0°至90°速度设定值：3°/s	进入条件参考故障模式和待机模式； 锁叶轮模式进入故障模式或待机模式：锁叶轮按钮复位
18	变桨测试	只有维护模式下可以切换到变桨测试模式； 叶片角度设定值：89°； 叶轮转速设定值：0r/min； 叶片90°至0°速度设定值：－3°/s； 叶片0°至90°速度设定值：4°/s	
19	手动模式	只有维护模式下可以切换到变桨测试模式； 叶片角度设定值：手动输入； 叶轮转速设定值：手动输入； 叶片90°至0°速度设定值：－3°/s； 叶片0°至90°速度设定值：3°/s	进入条件参考维护模式； 手动模式进入维护模式：手动模式按钮复位

6.1.4 风电机组运行操作

1. 操作人员资格

只可分配经过培训或熟练的员工进行操作，必须明确操作、维护和修理人员的各自职责范围，必须指定一名负责人，该负责人有权拒绝执行任何第三方所发出的不利于安全的指令。

操作人员必须了解和熟知关于防止事故发生的现有法律和规定，以及风电机组内及周围现有的各种安全设备。

操作人员必须了解并遵守操作说明，这是保证所有相关人员树立安全意识和危险意识的唯一方法。

2. 就地操作部件说明

风电机组的就地操作是通过塔基控制柜和机舱信号柜上的操作按钮及触摸屏来实现的。风电机组在塔基控制柜的面板上安装了触摸屏，触摸屏与控制柜面板的操作按钮/转换开关构成了主要的人机接口。通过触摸屏监视机组状态并可设定机组的运行参数。通过面板上的按钮/转换开关可对机组进行停机、启动、手动偏航等一些简单的操作，如图 6-3 所示。

图 6-3　塔基控制柜控制面板操作示意图

在安全链正常，且各设备的相关保护条件不成立时，可通过控制面板的手动控制界面进行手动控制。

塔基柜与机舱柜门板控制按钮及指示灯说明见表 6-3 和表 6-4。

表 6-3　塔基柜门板控制按钮及指示灯说明

图　标	标　记	控制部件	功　能
	启动/自动/停止	绿色三位选择开关； 绿色 LED 灯	“1”位置：机组快速启动； “0”位置：机组自动运行； “2”位置：机组减速并停止，停止时绿灯亮。 注：“1”在左边，“0”在中间，“2”在右边
	错误代码激活按钮	红色按钮：LED 灯亮	复位故障码，有故障码激活时灯亮

续表

图 标	标 记	控制部件	功 能
	安全链断开按钮	红色按钮：LED灯亮	复位安全链，安全链断开时灯亮
	塔基检修维护开关	黄色三位选择开关	“1”位置：机组检修；检修状态时黄灯亮； “0”位置：机组运行； “2”位置：机组维护；维护状态时黄灯亮。 注：“1”在左边，“0”在中间，“2”在右边
	手动顺时针偏航/手动逆时针偏航	白色三位选择开关	“1”位置：顺时针偏航； “0”位置：偏航停止； “2”位置：逆时针偏航。 注：“1”在左边，“0”在中间，“2”在右边
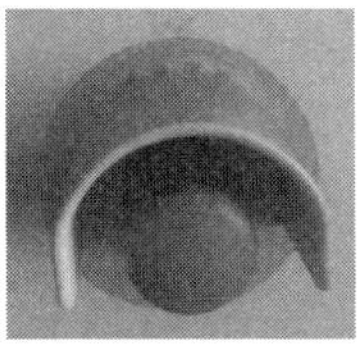	塔基紧急停止开关	急停按钮	使机组进入紧急停机状态

表 6-4 机舱柜门板控制按钮及指示灯说明

图 标	标 记	控制部件	功 能
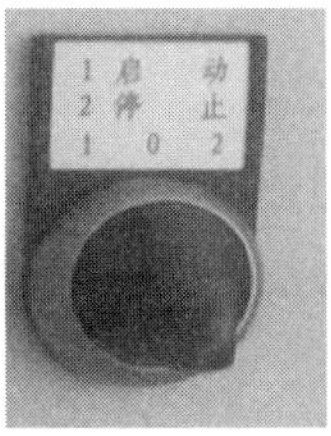	启动/自动/停止	绿色三位选择开关； 绿色LED灯	“1”位置：机组快速启动； “0”位置：机组自动运行； “2”位置：机组减速并停止，停止时绿灯亮。 注：“1”在左边，“0”在中间，“2”在右边

续表

图　标	标　记	控制部件	功　能
	安全链断开按钮	红色按钮：LED灯亮	复位安全链
	错误代码激活按钮	红色按钮：LED灯亮	复位故障码，有故障码激活时灯亮
	机组维护/变桨维护开关	黄色三位选择开关	“1”位置：机组维护； “0”位置：机组运行； “2”位置：变桨维护，在维护状态时黄灯亮。 注：“1”在左边，“0”在中间，“2”在右边。 以下操作，维护开关须在维护位置： 偏航的手动； 偏航扭缆保护开关动作时进行的复位； 变桨紧急顺桨后进行的复位； 工厂测试模式
	转子手动刹车	白色两位选择开关；白色LED灯	“1”位置：转子抱闸； “0”位置：转子释放。 注：“1”在右边，“0”在中间
	手动顺时针偏航/手动逆时针偏航	黑色三位选择开关	“1”位置：顺时针偏航； “0”位置：偏航停止； “2”位置：逆时针偏航。 注：“1”在左边，“0”在中间，“2”在右边
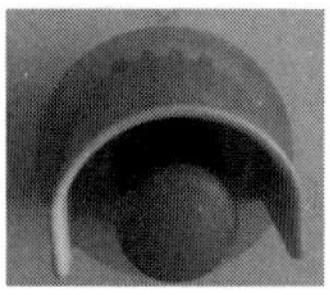	机舱紧急停止开关	急停按钮	使机组进入紧急停机状态

3. 启停机操作

风电机组就地启停机可以通过控制柜门板上的操作按钮和塔基控制柜触摸屏两种方式实现，但紧急停机后在塔基进行开机操作时必须将操作按钮和触摸屏一起配合使用才能完成开机操作。风电机组远程操作只能进行正常的启停机。

（1）风电机组就地正常开机。通过塔基控制柜门板上的操作按钮（图 6-4）的正常开机步骤为：①按下“错误代码激活”按钮，复位故障代码；②控制柜面板上所有旋钮处在“0”位置；③复位后控制柜面板上的指示灯全部处于熄灭状态；④由控制系统负责机组的正常开机运行。

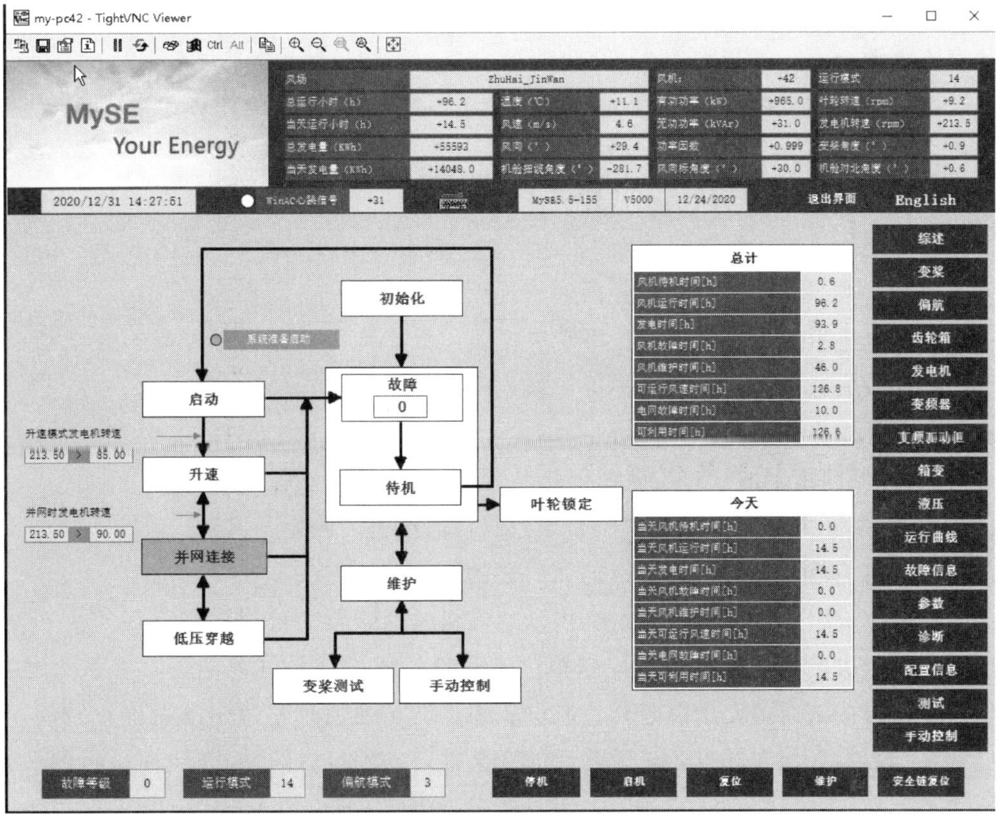

图 6-4 塔基控制柜触摸屏系统总览界面

注意事项如下：

1）如果“机组维护”旋钮没有处在“0”位置，可能有维护人员在机舱或其他原因，此时不能进行开机操作。

2）如果“错误代码激活”指示灯亮，则按下其红色复位按钮检查设备是否有故障。如果设备没有故障，则复位后，红指示灯应该处于熄灭状态。如果复位后指示灯还亮，说明设备存在故障，根据显示屏的故障显示，排除故障后再复位，直到指示灯熄灭。

通过塔基控制柜触摸屏，正常开机步骤为：①点击“复位”按钮；②复位后故障等级为0，偏航模式为0；③三叶片处于89°位置；④由控制系统负责机组的正常开机运行。

注意事项：当叶片处于91°时，需要对变桨系统进行旁通操作。

(2) 风电机组紧急停机后的开机。按下机舱柜上的“错误代码激活”按钮且按下塔基柜上的“安全链断开”按钮，进行手动复位安全链。当塔基柜与机舱柜上的检修开关都不在检修位置时，可在远程计算机上复位。在所有安全链输入点都正常的情况下，安全链能正常地复位。

若安全链复位成功，则有：①塔基D0输出24V直流电源合上；②机舱D0输出24V直流电源合上；③变桨400V交流电源合上；④转子制动器松闸。

通过触摸屏“变桨”按钮进入变桨系统界面，再经过“桨叶旁通”按钮复位叶片，使三叶片回到89°。

叶片复位后的开机与风机正常开机步骤相同。

注意事项：风电机组开机前，“机组维护”旋钮必须处在“0”位置。当按下“错误代码激活”按钮后，红指示灯必须处于熄灭状态。

(3) 风电机组就地正常停机。不管风电机组处于何种状态，都可以通过控制柜门板上的操作旋钮或塔基控制柜触摸屏对风电机组执行停机操作。

具体两种操作如下：

1) 将控制门板上的“1启动/2停止”旋钮旋至“2”位置。

2) 在触摸屏主界面上点击“控制”控制栏内红色“停止”按钮。

正常停机后的开机方法可参考前面所述的正常开机方法。

(4) 风电机组紧急停机。风电机组紧急停机是通过紧急停机按钮实现的，紧急停机按钮安装于机舱信号柜和塔基控制柜内。紧急停机按钮是红色的，其背景为黄色。使用紧急停机按钮后，安全链断开，风电机组的转子便通过紧急制动器停止转动，不受控制系统影响。与此同时，转子叶片的变桨被转动到最后的91°与风向平行的位置；并网断路器动作，启动盘状制动器，使发电机与电网断开。

停机之后的开机方法可参考前面所述紧急停机后的开机方法。

注意：紧急停机按钮只有人员遇到危险或风电机组及其部件处于危险状态时才可使用。

(5) 风电机组远程启停机。风电机组远程启停机必须满足以下条件：

1) 塔基柜门上的“0‘自动运行’、1‘启动’、2‘停机’”转换开关切至“0‘自动运行’”位置。

2) 塔基柜门上的“0‘自动运行’、1‘机组维护’”转换开关切至“自动运行”位置。

3）塔基柜门上的“0‘自动运行’、1‘顺时针偏航’、2‘逆时针偏航’”转换开关切至“自动运行”位置。

当以上三个条件满足后，即可远程操作风电机组。

风电机组的远程操作如下：

1）风电机组启动。通过远程“风电机组运行参数”界面选择当前风电机组××（机组编号，下同），点击“Start 启动”按钮，即可启动××风电机组运行。

2）风电机组停机。通过远程“风电机组运行参数”界面选择当前风电机组××，点击“Stop 停机”按钮，即可停止××风电机组运行。

6.1.5 监控系统介绍及操作

风电机组的正常运行离不开日常的监视，一套完整的监控系统应该包括风电机组监控（SCADA）、集成升压站监控、箱式变压器控制等，多个子系统整合在统一平台下，实现设备和数据信息共享，极大地方便了风电场的运行和维护。通过工业级数据库系统对生产数据的存储和处理，将大量矫正性维护转变为预防性维护，使风电场智能化监控和故障早期预警成为可能。

SCADA 系统是一套监视和控制合二为一的风电机组监控系统平台。风电机组的实时数据通过以太网由数据采集子系统传送到主站，在服务器后台完成数据的接收、存储、处理、转发，监控人员通过友好的用户界面实现与后台的交互，完成对机组的监控。监控系统结构如图 6-5 所示。

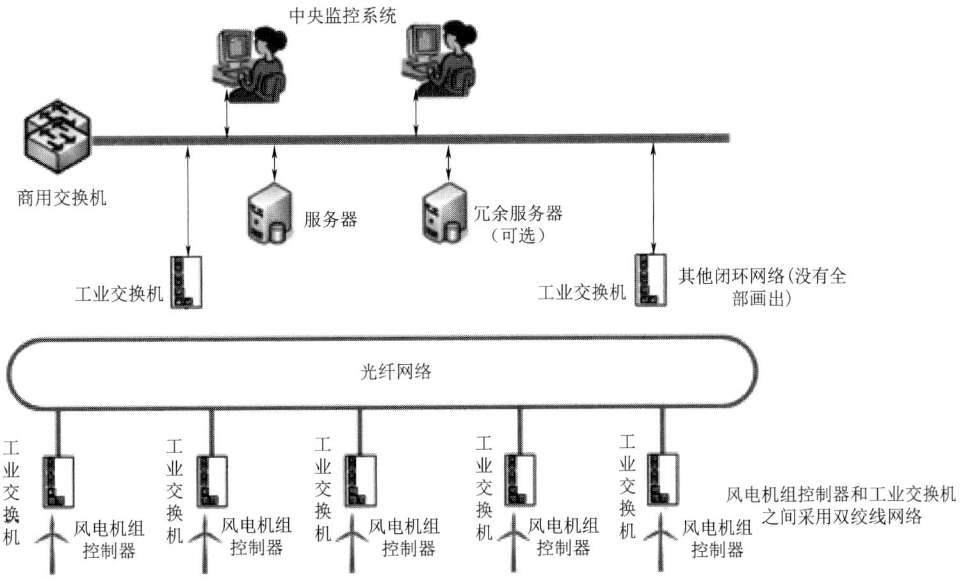

图 6-5 监控系统结构图

6.1.5.1　监控系统功能介绍

监控系统主要包括风电机组就地监控系统和中央监控系统。

1. 风电机组就地监控系统

(1) 风电机组就地监控系统网络结构。风电机组就地监控系统具有风电机组监控的所有功能，包括风电机组运行状态的监视、风电机组实时运行数据的收集、风电机组的控制等。风电机组就地监控系统的核心是一台监控系统工业交换机。该交换机配置有 2 个光口和 6 个电口，通过光纤接口将风电场内的所有风电机组组成一个具有环路功能的光纤以太网，并连接到中央监控室。风电机组就地监控系统网络结构如图 6－6所示。

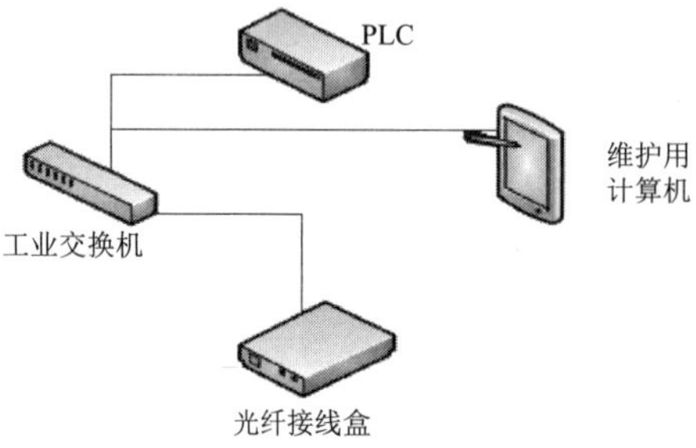

图 6－6　风电机组就地监控系统网络结构

(2) 风电机组就地监控系统功能。风电机组就地监控系统的主要功能见表 6－5。

中央监控系统安装在风电场中央监控室，完成对风电机组的监视和控制的同时为系统的扩展提供数据平台。在监控系统中，实时数据是数据采集子系统定期传送到主站的数据，这些数据是构成监控系统中各种监控画面状态、报警信息和报表显示的主要依据。在中央监控系统或远程监控系统故障情况下，各个风电机组的运行不会受到干扰。

表 6－5　风电机组就地监控系统的主要功能

功能	项　　目
数据采集	风速、功率、电机转速、发电量、环境温度、发电机温度、机舱温度、偏航角度、总发电量、消耗电量、A 相电压、A 相电流、B 相电压、B 相电流、C 相电压、C 相电流、故障时间、运行时间、标准运行小时等
数据传输	将数据传输至中央监控室
报警	当风电机组出现故障时，系统会产生报警
数据更新	实时数据的更新时间在 100ms 和 1s 之间

2. 中央监控系统

(1) 中央监控系统功能。中央监控系统能够实现对每台风电机组的实时监控和管理，控制每台风电机组的启机和停机；设置机组的参数，实现统计控制操作的画面显示、报表生产、事件记录、报警、分析等功能。中央监控系统的具体功能见表 6－6。

表 6-6 中央监控系统的具体功能

功能	项目
监测功能	风速、实时有功功率、无功功率、A相电压、A相电流、B相电压、B相电流、C相电压、C相电流、频率、功率因数、发电机转速、运行时间、维护时间、风电机组的当前状态、发电机温度（包含定子、转子、集电环等的温度）、齿轮箱温度、齿轮油温度、机舱的环境温度、机械的刹车状态
控制功能	单独控制某台机组或者集中控制风电场所有机组的开机、停机、复位、偏航等风电机组相关操作及箱式变压器控制
记忆存储功能	运行数据的存储，包括运行时间、机组状态、风速、有功功率、发电量、发电时间、发电机转速、偏航角度、风向角、机舱温度、A相电压、B相电压、C相电压、A相电流、B相电流、C相电流、功率因数、无功功率。 以数据库文件方式进行存储，每台机组每天生成一个文件；故障存储，每次机组出现故障时，都会进行记录。记录的内容包括故障发生时间、事件名称、存储方式等，以数据库文件方式进行存储
报警功能	声音报警，当机组出现故障时，触发声音报警或语音报警，值班人员可根据报警声得知现场风电机组发生故障，进行及时处理
权限保护功能	系统对不同的操作人员设置了不同的权限，权限不同所对应的操作也不同，没有权限的模块将无法操作
报表统计	可以统计单台或全场机组发电量的分时段报表、日报表、月报表、年报表等，支持报表/图表的导出。 可以查询风电机组的风电机组性能统计、损失发电量统计等
实时数据	实时趋势图：实时查看风电机组的功率、风速实时趋势图，可以几条曲线同时对比显示。 历史趋势图：可以等间隔查看风电机组在任何时间段内的功率曲线、风速曲线等历史曲线实时数据。 列表：任意设定模板的标签点数据

（2）监控系统扩展接口。风电机组监控系统提供的对外扩张接口主要包括以下类型：

1）数据采集扩展通信接口。可以按照用户的要求添加必要的数据采集接口，例如风电场升压站的数据监控等。添加数据采集扩展驱动不会影响其他的应用程序模块。扩展的驱动程序模块只与实时数据库进行数据交换。

2）实时历史数据扩展通信接口。用户可以通过 socket 接口连接实时和历史数据库，通过这些接口访问数据库的效率非常高。

3）报警和操作事件记录扩展接口。监控系统保存所有的操作事件记录和报警事件记录到 PostgreSQL 数据库中，用户可以采用任何标准的 SQL 命令访问这些数据记录。

4）工业标准的 PC 扩展通信接口。监控系统实时数据库支持 OPC DA 2.0 接口，任何标准的 OPC 客户端可以通过该接口访问监控系统实时数据库中的数据，OPC 接口支持标签点浏览的功能。

5）其他系统通信接口。为了更好地监控风电机组的运行状态，可以根据招标人的要求为风电机组的在线振动状态监测系统、自动消防系统、视频监控系统、升压站监视系统、箱式变压器监视系统和风功率预测系统等预留通信接口，并支持 IEC104、ModbusTCP 通信接口扩展。

6.1.5.2 监控系统软件概述

一个成熟的监控系统应包含风电机组控制器数据通信模块、实时数据库模块、历史数据库模块、监控系统中央控制室人机界面模块 4 个程序模块。监控系统各个程序模块处在不同的软件层，它们之间主要通过数据交换来协调运行。监控系统软件结构模型图如图 6－7 所示。

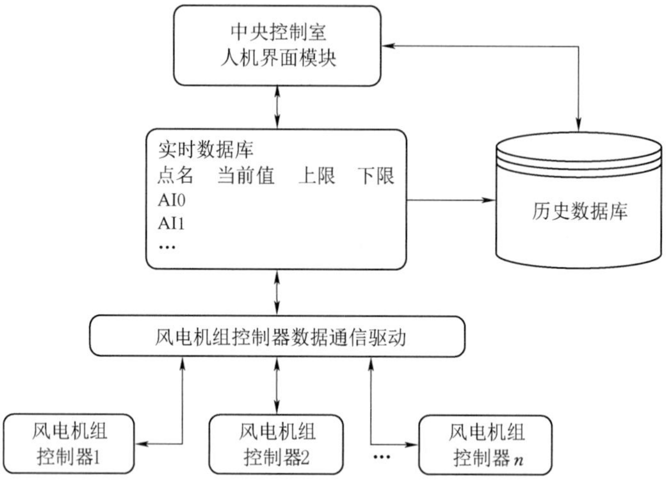

图 6－7 监控系统软件结构模型图

1. 数据通信模块

监控系统通过光纤网络连接所有的风电机组，在每台机组的塔基柜内安装一个光纤转换为双绞线电缆的工业级以太网交换机监控系统，支持同时采集 100 台风电机组的数据，所有数据的采集采用并发连接，数据刷新率高。

监控系统数据的采集采用数据内存块进行数据交换，以提高通信效率，同时数据采集还支持指定每个内存块的数据交换速率，通过降低不必要高速采集的数据内存块的数据刷新率来达到提高需要高速采集的数据内存块的数据刷新率的目的。

监控系统数据通信模块为一个框架应用程序，只要具有其他设备的通信协议，例如电力行业的 CDT 规约、101 规约和 104 规约等，就可以比较容易地编写出一个支持这些通信规约的监控系统数据通信程序模块。

2. 实时数据库模块

实时数据库模块保存风电场的所有实时数据。实时数据处理程序模块接收从监控系统数据采集模块发送过来的实时数据，并转发给所有需要实时数据的应用程序，转发的效率非常高，转发的时间延迟不会超过 50ms。实时数据程序模块还把当前数据转发给历史数据库模块。实时数据处理模块最少支持 20 个客户端并发访问，即支持

20台操作员站。

实时数据库支持冗余的服务器配置，系统会在双机冗余服务器中自动切换服务器。风电场监控系统的标配是一台服务器，但可以按照用户的需求扩展配置为两台互为冗余的服务器。

3. 历史数据库模块

监控系统具有专门用于工业现场的历史数据库，该历史数据库专门为风电场这种特大型历史数据库系统记录设计，基本支持无限量的历史数据记录，可以保存风电场数万亿条的历史数据记录，同时不会因为历史数据记录的增加而延长历史数据记录的查询时间。

历史数据记录支持毫秒级的时间存储功能，从而可以保存系统的顺序事件数据记录。查询任意标签点的任意一天的历史数据记录时间不超过150ms，如果同时查询多个数据点，数据查询效率将更高。

历史数据库模块每天保存一个历史数据文件，用户只需要把历史数据文件复制到其他可靠存储的地方就完成了历史数据的备份，只需要把备份的历史数据文件复制到保存的目录就完成了历史数据的备份恢复过程。

4. 监控系统中央控制室人机界面模块

对于风电场监控系统，首先要显示各风电机组的运行情况及主要参数，然后要能够对风电机组进行远程控制。人机界面作为监控应用软件的主要组成之一，是实现风电场监控系统监视控制功能的直接途径。因此，风电场监控系统人机界面应具有如下功能：

(1) 友好的人机界面。在设计人机界面时，应充分考虑到风电场运行管理的要求，使用汉语菜单，操作显示简洁明了，尽可能为风电场管理人员提供方便。

(2) 能够显示各台风电机组的运行数据，如每台风电机组的瞬时发电功率、累积发电量、发电时间、风轮及电机转速、风向等。

(3) 显示各风电机组的运行状态，如开机、停车、调向、手自动控制以及发电机工作等情况。通过风电机组的状态了解整个风电场的运行情况，这对整个风电场的管理十分重要。

(4) 能够及时显示各风电机组运行过程中发生的故障。在显示故障时，应能显示出故障的类型及发生时间，以及时处理及消除故障，保证风电机组的安全和持续运行。

(5) 能够对风电机组实现开机、停机等控制，应具有实时趋势和历史趋势查看功能。

(6) 历史报表显示及报表导出。

6.1.5.3 风电机组实时监控界面

在主界面上点击某台风电机组，进入风电机组实时监控界面，显示该台风电机组的详细信息，包括实时功率、风速、变桨角、转速等全部实时数据和全部信号量数据，风电机组以及业主基本信息，当前最近的故障、状态等历史记录。单台风电机组状态界面如图6-8所示。

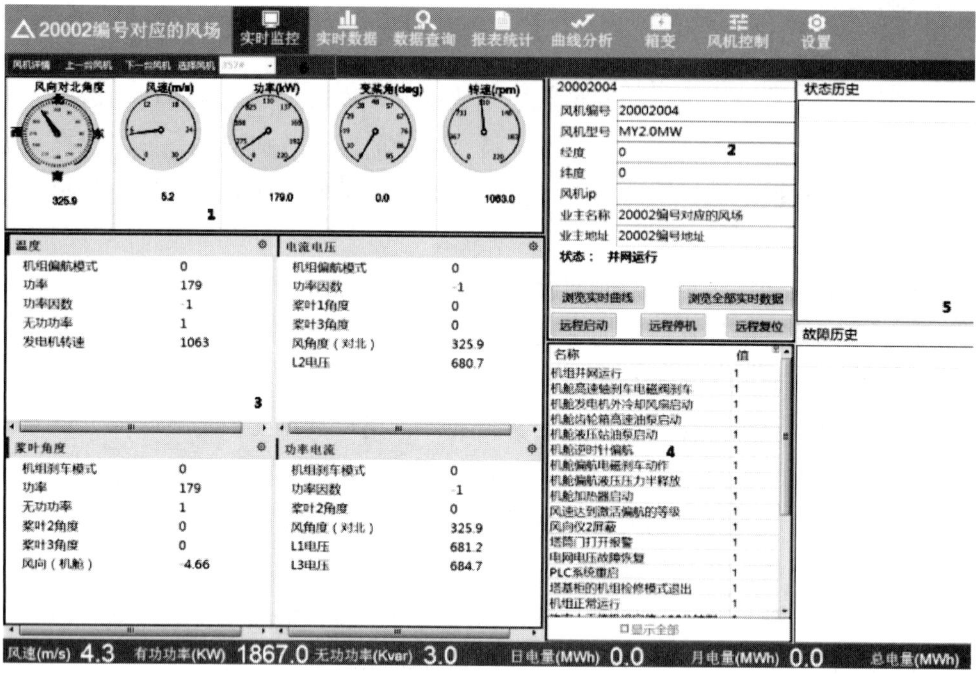

图6-8　单台风电机组状态界面

风电机组总览页面可分为图6-8中的6个区域。具体的说明见表6-7。

表6-7　风电机组状态画面各区域功能说明

序号	说　　明
1	以仪表盘直观地显示风电机组的风向对北角度、风速、功率、变桨角、转速信息
2	显示风电机组的静态信息、状态以及部分统计信息、业主的名称和地址，对风电机组进行启动、停机、复位等操作，可浏览实时曲线及实时数据
3	可配置显示风电机组的IO信息
4	显示风电机组的实时信息
5	显示最近一个月的历史状态和故障历史
6	在工具栏点击上一台风电机组或下一台风电机组，选择某台风电机组，可快速切换显示所选风电机组，不用切换回主界面

1. 实时曲线画面

点击“浏览实时曲线”按钮，可查看当前风电机组的实时数据，选择时间间隔（20分钟、1小时、1天），开始时间后，点击“查询”，相应的查询曲线画面如图6-9所示。

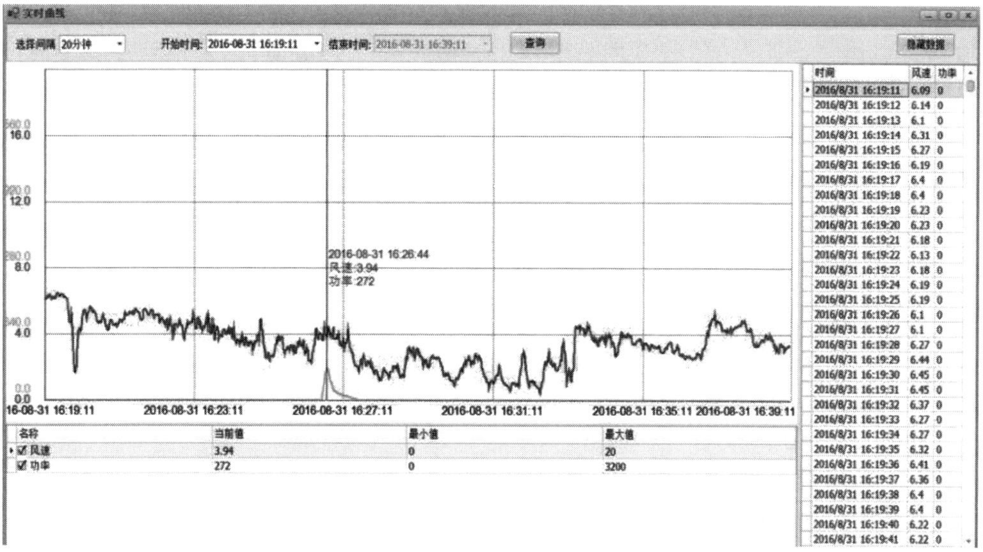

图 6-9 查询曲线画面

当选择间隔为 20 分钟时，查询的数据间隔为 1 秒；当选择间隔为 1 小时时，查询的数据间隔为 3 秒；当选择间隔为 1 天时，查询的数据间隔为 1 分钟。

点击页面的 IO，改变其 check 状态，相应的曲线及右边列表的显示会跟着改变。点击曲线，会显示该点的时间及相应的 IO 值。

点击“隐藏数据”，右边表格会隐藏，相应的按钮变成“显示数据”。点击“显示数据”，右边表格会显示，按钮变成“隐藏数据”。

2. 故障数据查询

点击“数据查询”→“故障数据”，首先在左边风电机组列表中选择要查询的风电机组，再在上边选择查询的开始时间和结束时间。查询条件选择完成后，点击“查询”，表格中显示查询的结果，主要包括故障名称、故障的开始与结束时间、持续时长等。点击“导出”，可将查询结果以 csv 格式导出到本地。

3. 状态数据查询画面

点击“数据查询”→“状态数据”，首先在左边风电机组列表中选择要查询的风电机组，再在上边选择查询的开始时间和结束时间。查询条件选择完成后，点击“查询”，表格中显示查询的结果，主要包括风电机组的类型、状态码与状态描述、首触码与首触码描述等。点击“导出”，可将查询结果以 csv 格式导出到本地。

4. 分钟数据查询画面

点击“数据查询”→“分钟数据”，首先在左边风电机组列表中选择要查询的风电机组，再在中间对应的 IO 列表中选择查询的 IO 量，最后在上边选择需要查询的数据类型（默认为 10min 数据）、查询的开始时间和结束时间。查询条件选择完成后点击“查询”，表格中显示查询的结果，主要包括时间、选择的风电机组编号、选择的IO信息。点击“导出”，可将查询结果以csv格式导出到本地。

5. 发电量统计画面

点击“报表统计”→“发电量统计”，首先在左边风电机组列表中选择要查询的风电机组，再在上边选择查询的时间间隔类型（时、日、月）、查询的开始时间和结束时间。查询条件选择完成后点击“查询”，表格中显示查询的结果，主要包括风电机组编号、风电机组类型、时间、平均风速、最大风速、最小风速、发电量。点击“导出”，可将查询结果以csv格式导出到本地。

选择“时报”，查询的时间间隔为1小时。选择“日报”，查询时间间隔为1天，如图6－10所示。

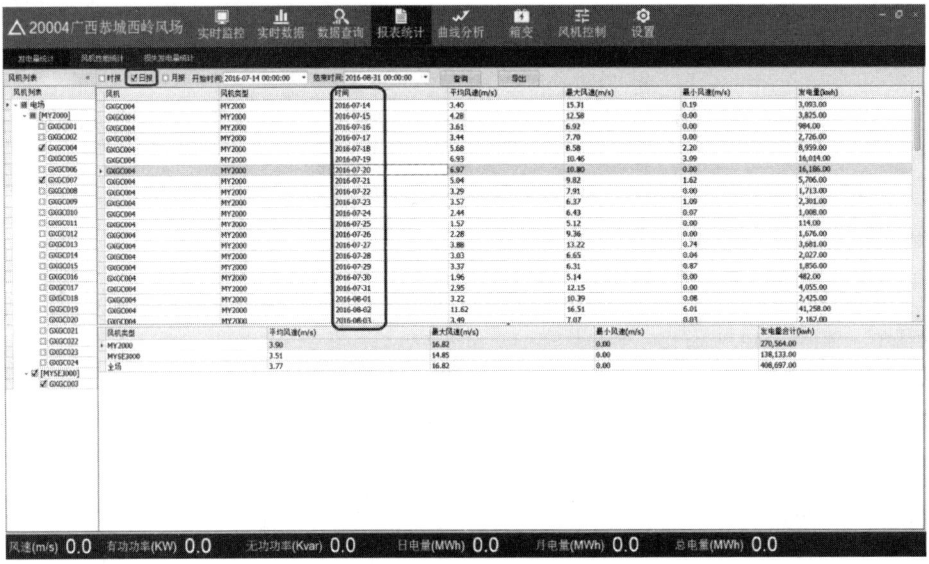

图6－10　日报表查询画面

6. 风电机组性能统计画面

点击“报表统计”→“风电机组性能统计”，首先在左边风电机组列表中选择要查询的风电机组，再在上边选择查询的开始时间和结束时间。查询条件选择完成后点击“查询”，表格中显示查询的结果，上边表格为选择风电机组的信息，下边表格为全场的信息，主要包括风电机组的风速、有效风时、发电小时数、等效利用小时数、发电量、故障次数、故障小时数、可利用率等。点击“导出明细”，可将上边表格的风电机组信息以csv格式导出到本地。点击“导出全场”，可将下边表格的全场信息以csv格式导出到本地，如图6－11所示。

7. 功率曲线画面

点击“曲线分析”→“功率曲线”，首先在左边风电机组列表中选择要查询的风

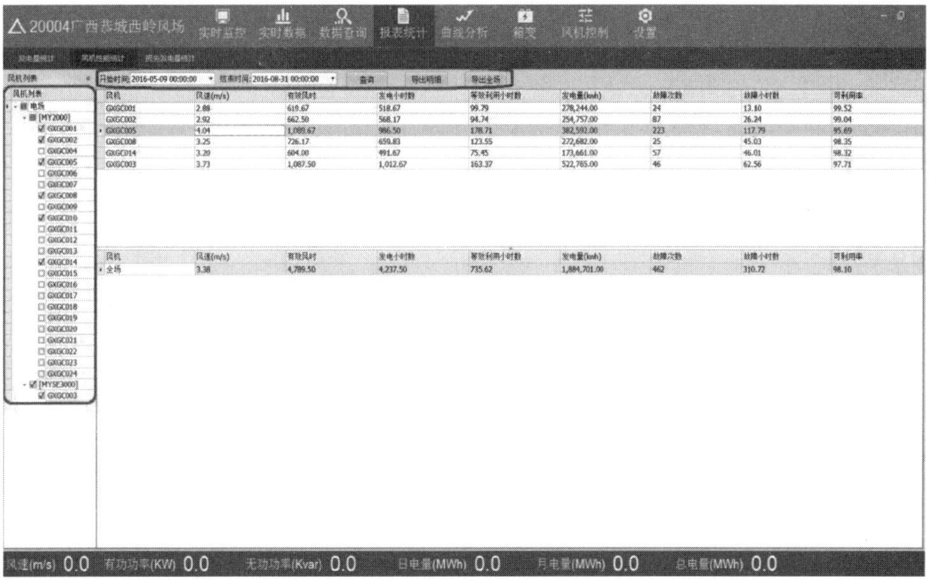

图 6-11　风电机组性能统计界面

电机组，再在上边选择查询的开始时间和结束时间、曲线类别。

当曲线类别为趋势图时，最多可选择 3 台风电机组且类型相同；当曲线类别为散点图时，只能选择 1 台风电机组。查询条件选择完成后点击“查询”，功率曲线显示如图 6-12（趋势图）和图 6-13（散点图）所示，横坐标为风速，纵坐标为功率。

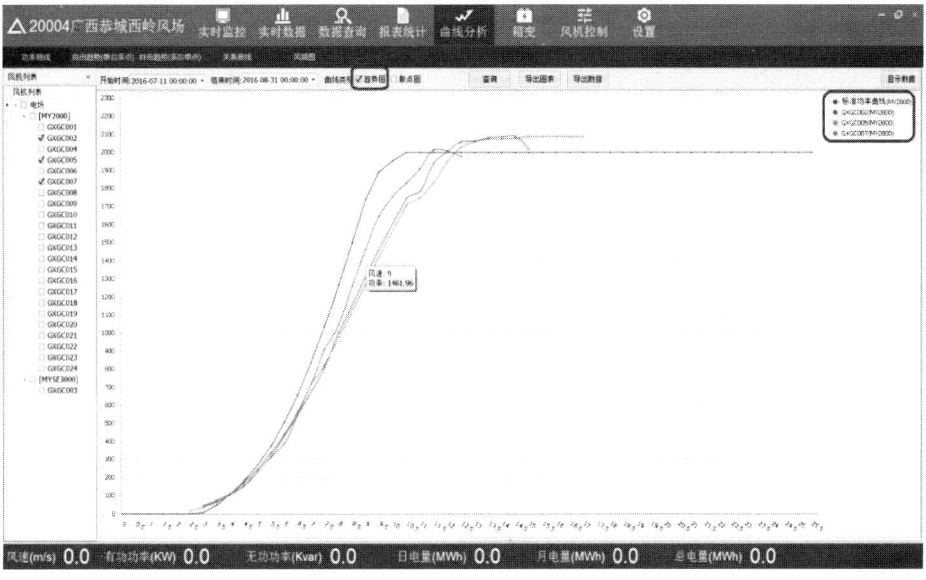

图 6-12　功率曲线趋势图

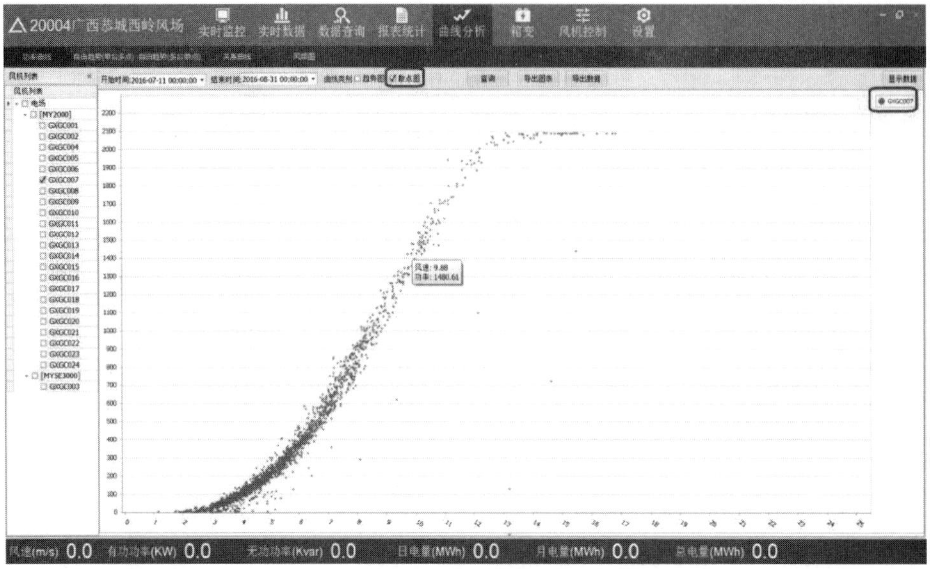

图 6-13　功率曲线散点图

6.1.6　风电机组巡视

风电机组巡视的目的是准确掌握机组的运行状态，及时发现设备存在的隐患或缺陷，防止或减少设备故障的发生。

1. 巡视的分类

（1）定期外观巡视。定期外观巡视是定期对运行中的风电机组进行检查，及时发现设备缺陷和危及机组安全运行的隐患。定期巡视周期由公司电力运行部门安排，一般每个月一次（可根据具体情况做适当调整），巡视范围为风电场内的全部风电机组。

（2）登机巡视。登机巡视是对风电机组设备情况进行登机检查，及时发现设备缺陷和危及机组安全运行的隐患。登机巡视范围为风电场内的全部风电机组，一般每季度一次（可根据具体情况做适当调整），也可与设备维护工作配合完成。

（3）特殊巡视。特殊巡视是在气候剧烈变化、自然灾害、外力影响和其他特殊情况时对运行中的风电机组运行情况进行检查，及时发现设备异常现象和危及机组安全运行的情况。特殊巡视根据需要及时进行。

（4）其他巡视。其他巡视是当机组非正常运行、大修后或新设备投入运行时，需要增加对该部分设备的巡视检查内容及次数。

2. 巡视内容

风电机组巡视部件与内容见表 6-8。

表6-8 风电机组巡视部件与内容

部件	内容
桩基础	桩基础外观无凹坑、裂纹、腐蚀，油漆漆膜无起皮、生锈、剥离等现象
	防腐蚀锌块外观均匀，不低于要求厚度
	爬梯外观无锈蚀，固定端牢固不松脱，防坠钢丝绳无断股、锈蚀现象
	桩基础其他附件完好
塔架	塔架内外壁表面漆膜无起皮、生锈、剥离等现象
	内部照明工作正常，光线充足
	爬梯外观无锈蚀，固定端牢固不松脱，防坠钢丝绳无断股、锈蚀现象
	平台卫生整洁，外观完好，地面标示清晰
	电梯运行无异声，移动顺滑，遥控装置动作正确，安全防护装置能正常动作
	焊缝外观圆润，无裂痕
	底、中、顶法兰及紧固件连接螺栓的防松标记清晰，无明显偏移
	塔架与基础、塔架与机舱、各段塔架间接地装置无锈蚀，牢固不松脱
	塔架无倾斜、局部弯曲现象
	塔架内小吊车启停正常，无异常声响
	电缆桥架、电缆防护套及电缆无磨损、松动
	塔筒摄像头正常，门禁系统正常
电气控制系统	电气控制系统电源正常
	塔架内控制柜信号指示正确，无异声异响，柜内无过热放电烧焦痕迹，柜内照明系统完好
	控制柜电缆连接头无破损、过热、烧焦痕迹
	控制柜通风散热、加热系统正常运行，无积水积灰，密封装置完好，干燥剂未变色，接地装置牢固无松脱
	各传感器显示正常，数值在工作范围内
	电池浮充运行，电压、电量数据正常
	通信系统正常运作
	变频器工作无异声异响，变频水冷柜内冷却液充足，无渗漏现象，通风散热、除湿系统正常运行
偏航系统	偏航系统工作无异常声音
	偏航刹车盘摩擦片厚度不低于指示线
	轴承上密封圈位置应有废油脂溢出，废油脂里面无过多的杂质或金属颗粒
	所有的管路、接头和分配器无漏油，轴承和集中润滑系统连接处无漏油
	偏航集中齿轮油泵脂位不低于最低脂位线
	偏航支座铸件表面无裂纹，防腐层无损坏
	偏航计数装置指示正确
	偏航系统的对风及解缆功能正常
	小齿轮与回转齿圈表面无破损、裂痕
	偏航驱动油齿轮润滑功能正常

续表

部件	内容
叶片与变桨系统	叶片无异常弯曲，表面基本无裂纹、脱胶和坑洞现象，前缘无腐蚀现象
	叶尖防雷接闪器周围无烧黑痕迹
	润滑脂油位指示器不低于指示线
	变桨系统 UPS 工作正常，蓄电池电压、电量显示正常
	变桨控制系统无故障，急停顺桨功能正常
	变桨驱动油齿轮润滑功能正常
轮毂	轮毂表面的防腐涂层无腐蚀、脱落及油污
	轮毂表面基本清洁
	轮毂、导流罩表面无裂纹
齿轮箱	齿轮箱箱体外观表面的防腐涂层无损坏
	紧固件螺栓防松标记清晰，无明显偏移
	齿轮箱无异声异响，无振动过大现象
	各传感器显示正常，数值在工作范围内
	齿轮箱油位正常且无渗漏
	风冷系统正常运作
联轴器	外观无凹坑、裂纹、腐蚀
	紧固件螺栓防松标记清晰，无明显偏移
	刚性联轴器打滑线无相对移动
	弹簧磨片无裂纹
制动器	外观无凹坑、裂纹、腐蚀
	紧固件螺栓防松标记清晰，无明显偏移
	偏航刹车盘摩擦片厚度不低于指示线
	制动盘厚度均匀不低于指示线，无裂纹
	各传感器显示正常，数值在工作范围内
发电机	发电机无异声异响，无振动过大现象
	紧固件螺栓防松标记清晰，无明显偏移
	电缆无磨损、松动，接头处无过热、烧焦痕迹
	碳刷与滑环应紧密接触，碳刷长度不短于指示线
液压系统	液压系统动力、控制电源状态与系统要求一致
	连接软管及液压缸无泄漏，软管无扭曲和损坏
	液压系统油位、油压指示正常，数值在工作范围内，油箱无渗漏
	过滤装置内杂物不应过多
	液压系统储能正常，氮气压力在工作范围内，蓄能器液体端口无渗漏

续表

部件	内容
提升装置	外观无凹坑、裂纹、腐蚀
	吊链充分润滑，无过损、拉伸、形变
	启停正常，无异常声响
	机械自锁功能完好
避雷接地系统	接地防雷线无松动
	防雷碳刷与叶片根部防雷环应紧密接触，碳刷长度不短于指示线，碳刷支架固定应牢固可靠
	防雷端子接触无灼烧痕迹

6.1.7 并网与脱网

风电机组可自动并网和脱网，也可手动完成。

（1）自动并网。风电机组自检无故障信息，处于自动运行状态，当外界环境条件符合机组的运行条件，风速达到切入风速时，按照设定的控制程序机组自动并入电网。

（2）自动脱网。风电机组处于自动运行状态，当外界环境条件超出机组的运行条件，风速达到切出风速或机组自检出现故障信息时，按照设定的控制程序机组自动脱离电网。

（3）手动并网。机组符合投入运行条件，风速在可并网风速范围内，在中控室远方或者机组就地控制器上（包括在机组底部和机舱，以下同）手动操作，使机组按照设定程序并入电网。

（4）手动脱网。因设备检查、维护等需要，在中控室远方或者就地控制界面上手动操作，使机组按照设定程序脱离电网。

6.1.7.1 并网

风电机组按功率调节方式可分定桨距风电机组和变桨距风电机组，一般风速在3～25m/s并网发电，其符合并网的条件如下：

（1）发电机的电压幅值等于电网的电压幅值。

（2）发电机的电压频率等于电网的电压频率。

（3）发电机的电压相位与电网电压相位相同。

（4）发电机的电压相序与电网的电压相序相同。

1. 并网技术

（1）双馈异步风电机组的并网技术。双馈异步风电机组拓扑结构如图6-14所示。

双馈异步风电机组可以实现无冲击并网。首先，机组在自检正常的情况下叶轮处

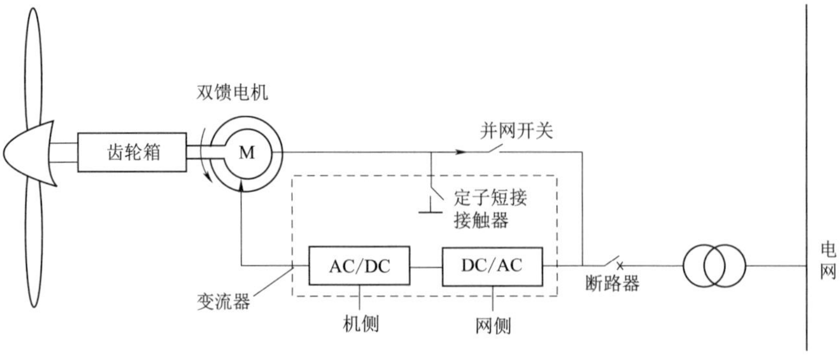

图 6-14 双馈异步风电机组拓扑结构

于自由运动状态，当风速满足启动条件且叶轮正对风向时，变桨执行机构驱动叶片至最佳桨距角。然后，叶轮带动发电机转速至切入转速，变桨机构不断调整桨距角，将发电机空载转速保持在切入转速上。此时，风电机组主控制器若认为一切就绪，则发出命令给双馈变流器，使之执行并网操作。

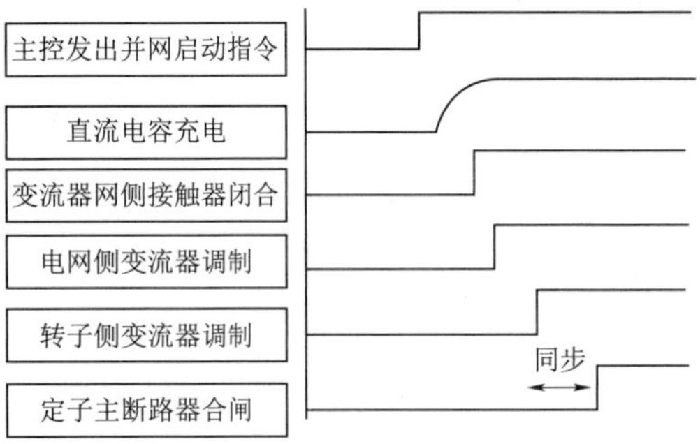

图 6-15 双馈异步风电机组并网启动过程

双馈异步风电机组并网启动过程如图 6-15 所示，变流器在得到并网启动指令后，首先以预充电回路对直流母线进行限流充电，在电容电压提升至一定程度后，电网侧变流器进行调制，建立稳定的直流母线电压，而后机组侧变压器进行调制。在基本稳定的发电机转速下，通过机组侧变流器对励磁电流大小、相位和频率的控制，使发电机定子空载电压的大小、相位和频率与电网电压的大小、相位和频率严格对应，在这样的条件下闭合主断路器，实现准同步并网。

以上所述的是目前大部分双馈异步风电机组的启动方式，但也有少数机组采用了当机组得到启动命令时，在变流器未投入工作的情况下，先闭合发电机定子侧的主断路器的方法。而后变桨系统调节叶轮转速逐步上升，与此同时，变流器根据发电机转速、加速度和机组预设要求逐步加大励磁电流的幅值和调节励磁电流频率，直至达到稳定运行状态。

某些兆瓦级双馈机组的运行特性如图 6-16 所示，在 B 转速并网，并网后，机组运行曲线就为 ADGF，那么在加载的过程中，可能出现发电机转速小幅度下降，即运行在 AD 段。显然，这将减少机组在低风速区域的发电量。同时，由于该运行轨迹在某一转速下只有特定的转矩控制目标，也就降低了对控制系统的要求。

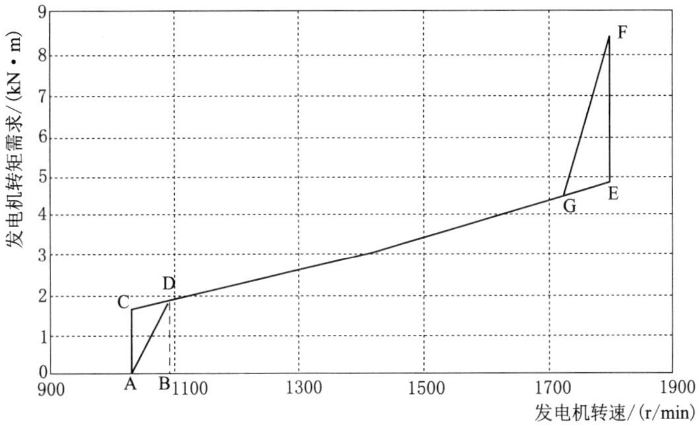

图 6-16 某些兆瓦级双馈机组的运行特性

另一些风电机组采用恒速并网技术，在并网转速直接上升到最优功率曲线，即运行轨迹为 ACEF，这能增加机组的发电量，但要求系统对机组动态性能有更好的控制能力。

(2) 永磁同步风电机组的并网技术。永磁同步直驱式风电机组的拓扑结构如图 6-17和图 6-18 所示。

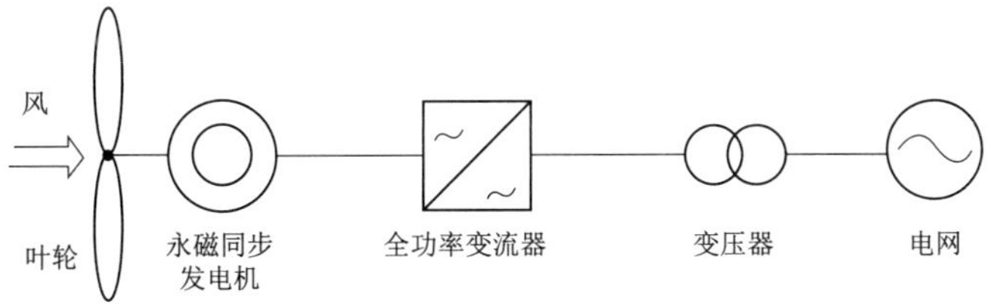

图 6-17 无齿轮箱永磁同步直驱风电机组拓扑结构

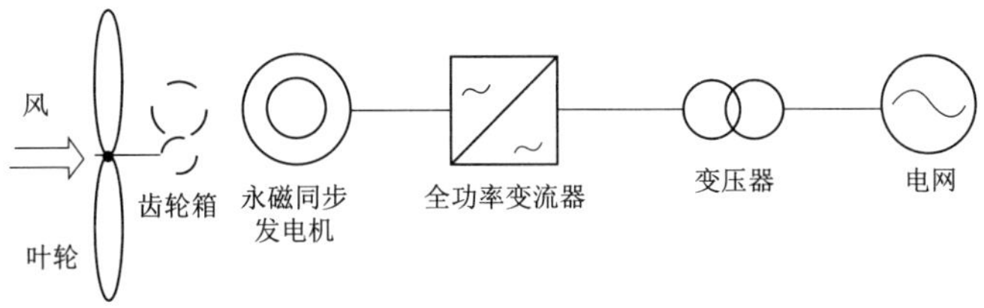

图 6-18 增速齿轮箱永磁同步直驱风电机组拓扑结构

永磁同步风电机组也可以实现无冲击并网。首先，机组在自检正常的情况下，叶轮处于自由运动状态，当风速满足启动条件且叶轮正对风向时，变桨执行机构驱动叶片至最佳桨距角。然后，叶轮带动发电机转速至切入转速，变桨机构不断调整桨距角，将发电机空载转速保持在切入转速上。此时，风电机组主控制器若认为一切就

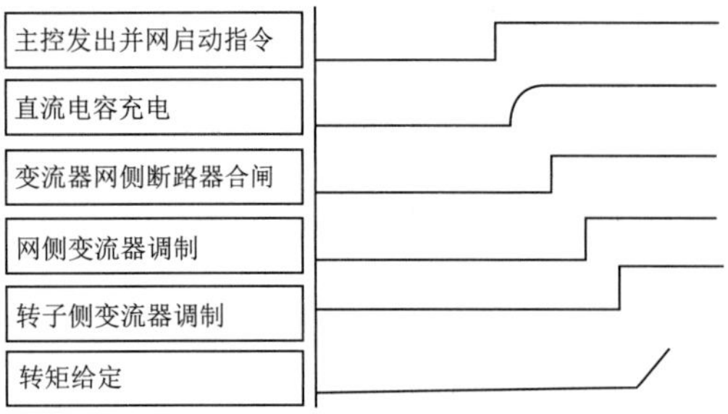

图 6-19 永磁同步直驱风电机组并网启动过程

绪，则发出命令给变流器，使之执行并网操作。

永磁同步直驱风电机组并网启动过程如图 6-19 所示，变流器在得到并网启动指令后，首先以预充电回路对直流母线进行限流充电，在电容电压提升至一定程度后，电网侧主断路器和定子侧接触器闭合，而后电网侧变流器和机组侧变流器开始调制，接着开始对机组进行转矩加载并调整桨距角进入正常发电状态。

通过图 6-18 与图 6-19 的比较，可知永磁同步发电机组在并网过程中不存在"同步"阶段，在发电机连接到电网的整个过程中，通过发电机和变流器的电流均在系统控制之下。

永磁同步机组全功率变换是以发电机侧变流器对发电机三相交流空载电压的追随来实现的，其动态过程中，变流器直流侧电压保持稳定，因电力电子器件的控制速度相对于发电机的机械速度变化而言要快得多，所以要实现是非常容易而迅速的，相当于 PWM 控制将稳定的直流电压逆变为某一特定的三相交流电压，可以直接将测量到的定子三相交流电压转换后作为发电机侧变流器控制的输入给定。

(3) 低电压穿越。低电压穿越（LVRT）能力是指风电机组端电压跌落到一定值的情况下风电机组能够维持并网运行的能力。

电网系统瞬态短路而引起的电压暂降在实际运行中是经常出现的，而其中绝大多数的故障在继电保护装置的控制下在短暂的时间（通常不超过 0.8s）内能恢复，即重合闸。在这短暂的时间内，电网电压大幅度下降，风电机组必须在极短时间内做出无功功率调整来支持电网电压，从而保证风电机组不脱网，避免出现局部电网内风电成分的大量切除而导致的系统供电质量恶化。

近年来随着风电的迅速发展，风电对电力系统安全稳定的影响越来越突出，老版的风电并网国标《风电场接入电力系统技术规定》（GB/T 19963—2005）已不满足时代发展的需要，国家标准化管理委员会于 2009 年下达计划对该标准进行修订，经过两年的修订工作，新版并网国标《风电场接入电力系统技术规定》（GB/T 19963—2011）于 2011 年 12 月 30 日正式颁布，并于次年 6 月 1 日正式实施。

几年来的实践证明新版并网国标对促进我国风电健康有序发展，确保大规模风电并网后电力系统安全稳定运行起到了积极作用。

《风电场接入电力系统技术规定》（GB/T 19963—2011）对风电场低电压穿越的要求如图 6-20 所示，其具体内容如下：

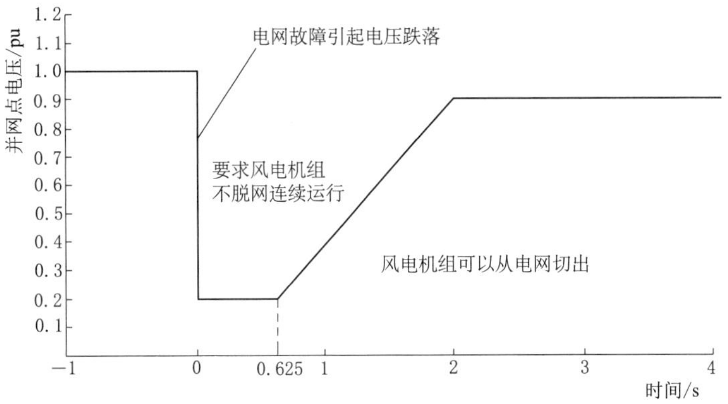

图 6-20　风电场低电压穿越要求（2011 修订版）

1）风电场内的风电机组具有在并网点电压跌至20%额定标称电压时能够保持并网运行625ms的低电压穿越能力。

2）风电场并网点电压在发生跌落后2s内能够恢复到90%额定标称电压时，风电场内的风电机组保持并网运行。

2. 风电场无功功率的控制

风电机组的无功功率调整能力有助于电网电压稳定和风电机组本身的稳定运行，但是对于机组控制性能也提出了更高的要求，除了考虑风电机组本身的特殊设计和容量外也需要考虑变压器和电缆等能量传输设备的容量和风电场的控制能力。

在大量风电并网时，电网电压容易引起波动，而传统的电容器组投切方式因为其无功容量和电压的二次方成比例，所以在很多情况下电容器组的投切不能很好地起到保持电压稳定的作用。因此在风电场中使用基于电力电子技术的静态无功补偿设备作为主要无功调节设备将是未来的趋势。从长远来看，当局部电网接入大量风电时，为维持电网电压的稳定，不仅应有大量的容性无功后备容量，也应配置一定的感性无功后备容量。

虽然风电场配电站一般都具备有载调压、补偿电容器组或静止无功补偿器，但从控制速度和控制效果而言，在风电机组中直接进行无功调整对于电压稳定的影响是最直接的，风电场的调控设备是在总体上保证对电网输出的电能质量的。如果在局部电网中风电的比例较高，那么对于风电场的动态调控和在紧急情况下处理能力的要求将成倍增加。通常认为风电场的穿透功率极限在10%左右，即风电在局部电网容量中超过这一比例时将无法保证电网的稳定，但这也取决于局部电网的特性和控制能力。

3. 风电场有功功率的控制

电力系统中的负荷和发电机组的输出功率随时发生着变化，当发电容量与用电负荷之间出现有功功率不平衡时，系统频率就会产生变动，出现频率偏差，频率偏差的大小及其持续时间取决于负荷特性和发电机组控制系统对负荷变化的相应能力。

变桨系统的风电机组因其可控制叶轮吸收的机械功率，从而有能力控制自身有功功率的输出，但也只能是以损失发电量为代价，根据国际电工标准的要求，变速恒频风电机组应具有20%～100%额定功率范围内有功功率的连续调节能力。

在一次调频时域范围内，分布在大片区域内的风电机组与其风电功率波动的相关性是很小的。对于一次调频来说，相对于常规发电厂跳机的影响，风电功率短时波动完全可以忽略不计。二次调频主要是在大的功率失衡出现后，保证在每个控制区内的功率平衡恢复到所编排的发电计划中的约定值。二次调频是通过每个控制区内的中央自动发电控制（automatic generation control，AGC）来自动控制的，其动作时间从几十秒到15min。三次调频又称15min备用，通常是由控制区内的调度手动调节，用来替代二次调频，这样被占用的二次调频备用容量可重新供应。

当风电机组规模很大时，由于相互抵消作用，短期的风电功率波动（在二次调频时域范围15min内）并不是很大，一般不超过风电装机容量的3%。相对于常规发电厂跳机的影响，风电机组预测误差的短期波动是较小的，故风电机组对二次调频没有更高的要求。

从经济的角度来说，对于持续时间较长的频率偏差，应该用三次调频来补上。在常规电力系统中，频率偏差由发电厂跳机和负荷预测误差造成。随着系统中风电机组的比例增大，由于风电机组预测误差的影响越来越明显，这时不仅需要正功率备用（实际风电功率低于预测值时），而且也需要负功率备用（实际风电功率高于预测值时）。从功率备用可行性来看，抽水蓄能电站或许是最好的选择。

6.1.7.2　脱网

风电机组脱网表现形式有正常脱网和非正常脱网两种。

1. 正常脱网

风电机组运行中出现功率过低或过高、风速超过运行允许极限时，电网侧各项运行状况正常控制系统会发出脱网指令，风电机组将自动退出电网，此时电网侧各项运行状况正常。

（1）功率过低。当环境风速持续10s小于3m/s时，发电机功率跌落，出现逆功率。如果发电机功率持续（一般设置30～60s）出现逆功率，其值小于预置值，风电机组将自动退出电网，处于待机状态。脱网动作过程为：断开发电机接触器，断开旁路接触器，不投入机械制动。重新切入可考虑将切入预置点自动提高0.5%，但转速下降到预置点以下后升起再并网时，预置值自动恢复到初始状态值。

（2）功率过高。一般说来，功率过高现象由以下情况引起：

1）由于电网电压波动引起的过功率而脱网，不属于机组的正常脱网。

2）由于气候变化，风速增大。一般情况下，当环境风速持续10s大于25m/s时，风速继续增大，风电机组功率上升，超过保护设定阈值，控制系统会控制机组进行脱网，安全停机。

2. 非正常脱网

非正常脱网的情况包括故障、电网电压波动引起的机组脱网。采用以下案例进行分析：

案例一：2011年2月24日，某风电场35B开关间隔C相电缆头故障绝缘击穿造成三相短路，导致10座风电场中274台风电机组因不具备低电压穿越能力在系统电压跌落时脱网；大量风电机组脱网后，又因风电场无功补偿装置电容器组不具备自动投切功能，系统无功过剩，电压迅速升高，继续引起6座风电场中300台风电机组因电压保护动作脱网；此外，事故过程中还有24台风电机组因频率越限保护动作脱网。因此，本次事故脱网的风电机组达到598台，造成该地区电网主网频率由事故前的50.034Hz降至最低的49.854Hz。

案例二：2011年4月17日，某风电场35C2－09箱式变压器高压侧电缆头击穿、35D2－10箱式变压器电缆三相连接处击穿，35C2、35D2两条馈线跳闸，切除25台风电机组；随后，35kV配电室35D母线TV柜着火，3502开关跳闸，切除97台风电机组；事故同时造成其他12座风电场中536台风电机组因不具备低电压穿越能力在系统电压跌落时脱网；大量风电机组脱网后，又因部分风电场无功补偿装置电容器组不具备自动投切功能，系统无功过剩，电压迅速升高，继续引起2座风电场中44台风电机组因电压保护动作脱网。因此，本次事故脱网风电机组达到702台，造成该地区电网主网频率由事故前的50.036Hz降至最低的49.815Hz。

分析以上案例，总结如下：

（1）机组缺乏低电压穿越能力。机组缺乏低电压穿越能力是引发机组大规模脱网的主要原因之一。由于机组缺乏低电压穿越能力，在电网出现故障导致系统电压降低至额定电压的70%左右时，极易出现大量风电机组脱网。即使在承诺具备低电压穿越能力的风电场中，由于风电机组低电压穿越能力并未经过调试开放，且缺乏相关部门的检测认证，在故障过程中也出现了大规模脱网的情况。

（2）机组保护与电网适应性不符。一方面，机组涉网保护配置及定值整定不满足正常运行需要，机组、变流器等设备性能参差不齐。风电机组的主控定值和变流器定值等与低电压穿越功能不配合，机组涉网保护与电网保护不协调，在运机组抵御扰动的能力偏低。另一方面，风电场的升压变压器与箱式变压器分接头位置不尽合理，无法相互匹配。当风电场并网点电压在标称电压的±10%范围内时，不能保证各台风电机组的机端电压在额定电压的±10%范围内。

（3）风电场无功管理亟待加强。大部分风电场配置的动态无功补偿装置容量及调节速率不满足电网的运行需要，且无法按要求执行无功控制策略。

6.2 海上升压站运行

海上升压站主要由220kV系统、35kV系统、380V系统相关配套电气设备装置组成。

6.2.1 海上升压站运行方式

1. 正常运行方式

（1）220kV系统侧。220kV分段断路器处于热备用状态，1#主变通过220kV 1#母线与1#回220kV海底电缆连接，2#主变通过220kV 2#母线与2#回海底电缆连接，形成两组独立的线路—变压器组接线方式向外输送电能。

（2）35kV系统侧。35kV 1#母线、2#母线、3#母线、4#母线独立运行，母联断路器分闸。其中1#母线、2#母线连接1#主变低压侧，3#母线，4#母线连接2#主变低压侧。

（3）380V系统侧。380V站用Ⅰ、Ⅱ分别通过2#站用接地变、3#站用接地变供电并独立运行。母联断路器分闸。380V应急段由380V站用Ⅰ段供电，工作开关一、工作开关二合闸，备用开关一合闸，备用开关二分闸。柴油机处于热备用状态，出口开关分闸，进线开关处于热备用状态。

2. 特殊运行方式

（1）当海上风电场所有风电机组停止发电时，由电网通过陆上开关站送出线路向海上风电场倒送电，再通过2回海底电缆送至升压站。此时场内设备的运行方式不需要改变。

（2）在任一回路220kV海底电缆出现故障或停电检修时，退出该海底电缆运行，合闸220kV母线分段断路器，两台主变通过另一条海底电缆继续向外输送电量，此运行方式下需限制全场功率不超过210MW，防止海底电缆载流量超限。

（3）在一台主变故障停运或停电检修时，运行中的海底电缆发生故障，可通过合闸220kV母线分段断路器方式，切至另一条正常海底电缆线路运行，保障海上风电场电力的输送。

（4）单台主变发生故障，可通过合闸35kV母联断路器将四段母线切至正常变压器供电，此运行方式下需限制全场功率不超过180MW，防止主变过载。

（5）35kV 2#、3#站用接地变任一故障或停电检修时，通过合闸母联断路器保证380V站用段的供电。

（6）当380V应急段失电后，启动柴油机对应急段进行供电。

3. 禁止运行方式

(1) 当任一台主变故障或检修退出运行时，应停止对应海底电缆线路运行，禁止单台主变带两条海底电缆运行。

(2) 海上风电场的最小允许开机台数为 3 台，当可运行风电机组数小于 3 台时应停止全场风电机组运行，防止故障过电压超限损坏设备。

(3) 禁止 35kV 母线无接地变运行。任一 35kV 母线上接地变退出运行时，应合上连接该母线的 35kV 母联断路器，保证 35kV 母线及集电线路经中性点接地。否则当风电机组集电线路或母线发生故障后保护无法正常动作。禁止由柴油机通过站用接地变向 35kV 系统倒送电。

6.2.2 海上升压站 220kV GIS 配电装置运行

海上升压站 220kV 配电装置开关设备采用户内 GIS，主要由海底电缆线路断路器间隔、TV 间隔、内桥间隔、主变高压侧隔离开关间隔等组成。

1. 220kV GIS 配电装置正常运行方式

海上升压站 220kV 系统采用内桥接线，正常运行时 220kV 母线分段断路器分闸、1# 回 220kV 海底电缆断路器、2# 回 220kV 海底电缆断路器合闸，形成两组独立的线路—变压器组接线运行方式。当单条海底电缆故障后，可通过合闸母线分段断路器将负荷转移到正常海底电缆线路运行。

2. 220kV GIS 配电装置操作规定

(1) 断路器应在集控室远方操作，当远方操作不了时，应在就地汇控柜电动操作，仍操作不了时，由于控制回路有闭锁，不得擅自使用手动操作，应查明原因，汇报值长，确认操作无误，方可手动操作。

(2) 隔离开关与接地开关应在集控室远方操作，当远方操作不了时，应在就地汇控柜电动操作，仍操作不了时，由于控制回路有闭锁，不得擅自使用手动操作，应查明原因，汇报值长，确认操作无误方可手动操作。在合线路接地开关前，确认已停电后，才能合线路接地开关。

(3) 220kV 断路器严禁就地操作，但当断路器远方操作失灵且在紧急情况下，或在抢救人身安全时，可在就地汇控柜电动分闸，在任何情况下，严禁在开关柜处手动带电分、合断路器。

(4) 检修后的断路器、隔离开关、接地开关，在投入运行前应进行就地、远方电动分合闸试验，确保机构及电动控制回路良好。

(5) GIS 室内断路器、隔离开关远方操作时，操作前应通知所有与操作无关人员退出 GIS 室，如有设备检修应通知检修人员暂停工作，并退出 GIS 室。

6.2.3 海上升压站主变压器运行

1. 主变压器正常运行

(1) 变压器的运行电压一般不应高于该运行分接额定电压的105%，其电压允许值应在该运行分接额定电压的95%～105%范围内。

(2) 变压器顶层油温超过85℃时，将出现NCS油温高报警，若温度仍持续上升超过95℃，应停止变压器运行。

(3) 变压器绕组温度超过113℃时，发出绕组温度高报警信号，若温度仍持续上升超过123℃时，应停止变压器运行。

(4) 变压器三相负载不平衡时，应监视最大一相的电流，其值不得大于额定值。

2. 主变压器异常运行

(1) 变压器在额定使用条件下，全年可按额定电流运行。

(2) 在过负荷运行期间，应增加对变压器负载电流的记录。

(3) 当变压器有较严重的缺陷（如严重漏油、有局部过热现象、油中溶解气体分析结果异常等）或绝缘有弱点时，为保证主要设备的运行寿命不受影响，不宜超额定电流运行。

(4) 有载分接开关的调整。当变电站的母线电压超出允许偏差范围时，首先应调节无功补偿设备的无功功率，若电压质量仍不符合要求时，再调整有载分接开关位置，使电压恢复到正常值。

3. 主变压器中性点接地开关的运行

(1) 在220kV及以上中性点有效接地系统中，投运或停运变压器的操作中性点必须先接地。投入后中性点是否断开需按照中调要求执行。

(2) 当两台以上主变与系统并列运行时，主变中性点接地开关只合其中一个，以保证继电保护动作的可靠性。一般正常线路—变压器组运行方式下，1#主变变高中性点接地开关、2#主变变高中性点接地开关均在合上位置（需按照中调要求执行）。

(3) 进行主变并列、解列、充电操作时，应将该台主变中性点接地开关合上，以防止中性点过电压损坏变压器绕组，操作结束后按中调要求分合。充电操作应从装有保护的高压侧进行。

(4) 主变的中性点接地开关的操作分为就地手动、就地电动及远方电动操作。正常情况下要求使用远方电动操作，远方电动操作不了的情况下方可使用就地电动操作，在操作电源故障的情况下才可以使用就地手动操作。

1) 远方电动操作。检查电动机动力回路和控制回路电源正常，“远方/就地”转换开关切至远方位，通过上位机遥分、遥合。

2）就地电动操作。检查电动机动力回路和控制回路电源正常，“远方/就地”转换开关切至就地位，通过就地控制箱面板上分、合按钮进行分、合操作。

3）就地手动操作。通过手动摇把及机械连动机构进行分、合操作。

6.2.4 海上升压站35kV配电装置运行

1. 35kV配电装置正常运行

海上升压站35kV侧风电机组集电线路共12回进线，35kV配电装置采用单母线分段接线，每段母线分别接1回主变进线、3回风电机组集电线路。35kV配电装置采用户内成套SF_6充气柜。35kV开关柜接收和分配35kV电能和对电路实行控制、保护及检测。开关柜具有防止误操作断路器、防止带负荷推拉可移开部件、防止带电合接地开关、防止接地开关在接地位置送电和防止误入带电间隔（简称“五防”）的功能。

海上升压站35kV/380V站用接地变采用干式三相接地变压器，共2台。35kVⅠ段母线经断路器供1#接地变运行，35kVⅡ段母线经断路器供2#站用接地变运行，35kVⅢ段母线经断路器供3#站用接地变运行，35kV Ⅳ段母线经断路器供4#接地变运行。

2. 35kV配电装置运行注意事项

（1）运行中母线、隔离开关各接头处的最高温度不得超过70℃，发现过热时，应降低该回路负荷，早安排停电处理，重要负荷回路不能减负荷或停电时，应设法局部降温（如用风扇）并加强监视探测。

（2）电缆正常情况下不允许过负荷运行，事故情况下允许短时过负荷运行，但应遵守下列规定：

1）35kV电缆允许过负荷15%连续2h。

2）35kV母线在正常运行方式情况下，电压允许偏差为系统额定电压的−3%～+7%；特殊运行方式时为系统额定电压的±10%。

6.2.5 海上升压站380V配电装置运行

海上升压站站用变将35kV高压变为380V低压为站内消防、通信、照明以及变电站的直流系统和设备提供动力电源。海上升压站站用电电压等级为380/220V，采用单母线分段的接线方式。正常运行方式下2#站用接地变带380V站用Ⅰ段母线运行，3#站用接地变带380V站用Ⅱ段母线运行，母联断路器在分闸位置，不允许合环运行。另设380V应急段，通过断路器分别与380V站用Ⅰ段、Ⅱ段相连接。为保证在全站停电时站内重要负荷不受影响，在海上升压站配置一台容量为500kW柴油发电机做站内备用电源。通过柴油发电机出口断路器和柴油发电机进线断路器接入380V应急段母线。运行值班人员应经常监视仪表的指示，及时掌握变压器运行情况，主要抄表参数有站用接地变低压侧各相电流、电压和变压器温度等。当变压器低压侧超过额定电流、额定电压和报警温度运行时，应进行相应的调整并做好记录。

6.2.6　海上升压站应急柴油发电机运行

海上升压站在380V应急段母线上安装一台柴油发电机，发电机应选择合适的功率，用于当全站停电时供应急负荷运行。

正常运行工况下，应急柴油发电机处于热备用状态。应急380V 5#母线由站用Ⅰ段供电。工作开关一、工作开关二合闸，备用开关一合闸，备用开关二分闸。当备自投检测到应急MCC段母线失压后，由备自投装置实现电源自动切换，即跳工作开关二，合备用开关二。若切换不成功，或切换后母线仍失压，则先由备自投装置跳开工作开关二、备用开关二，合上柴油发电机进线断路器。同时由备自投装置发出启动柴油发电机的命令，待柴油发电机电压稳定后，由柴油发电机控制柜发出合1#柴油发电机出口断路器命令。

6.2.7　海上升压站直流系统运行

海上升压站蓄电池组一般采用2组不同品牌的一定额定容量的阀控式密封铅酸蓄电池，蓄电池组可以以浮充和均衡充电两种方式运行。单体电池的标称电压为2V/个。浮充电流应小于2mA/(A·h)，温度变化所引起的浮充电压变化应低于3mV/±1℃，均衡充电采用先恒流、后恒压方式进行，均衡充电电流控制在0.1～0.125 C10A内。

（1）直流220V系统设有两段母线，三台充电器，每段母线固定连接一组蓄电池组。两台充电器各自带一段直流母线运行，一台作为两段母线的备用充电器，两段母线之间设计有一个母联断路器，当任意一个充电器故障退出时，该段母线可通过母联断路器由另外一段母线供电。

（2）直流220V系统在正常运行时禁止两段母线直接通过母联断路器串联运行，禁止两台充电器长时间并列运行。

（3）直流母线不得脱离蓄电池组运行，禁止充电器直接带直流母线运行。

（4）所有充电器的浮充、均衡充电电压，充电时间及操作模式等，除有正式通知，不得随意更改。

（5）正常运行中，蓄电池组采用浮充电方式，蓄电池与充电器长期并联运行，由蓄电池担负冲击负荷，充电器担负自放电、稳定负荷和冲击负荷后蓄电池的电能补充，蓄电池长期处于充电状态。

（6）双电源供电回路按照负荷分配保证Ⅰ路、Ⅱ路分开配置原则，提高控制电源、保护装置电源供电运行可靠性。电源切换时根据现场图纸进行确认后，如果待合小开关两侧电压差小于5V，允许“先合后断”进行保护、控制总电源切换。

6.2.8 海上升压站UPS系统运行

UPS系统由输入、输出隔离变压器，整流器，逆变器，静态开关，手动维修旁路开关，馈线开关以及本系统所有设备间连接电缆等组成，包括本机液晶监视器、本机诊断系统以及与一体化电源监控系统的通信接口，调试、监视和维修专用通信口等。UPS柜有交、直流输入空气开关，交流回路，直流回路，UPS馈线输出回路均配置空气开关，并配置标识牌。单机采用工频UPS装置，输入及输出均有工频隔离变压器，直流电源采用220V直流系统电源，与直流系统共用蓄电池组；UPS装置所有部件的功率均能满足长期额定输出的要求。

海上升压站UPS系统采用双机带母联断路器配置，UPS电源正常工作时，交流输入开关、直流输入开关、旁路开关和交流输出开关均处于闭合状态，维修旁路开关和母联开关处于断开状态。其中，一台UPS馈线屏供电范围（不同项目供电范围不同）包括计算机操作台、故障录波A屏、海上升压站电度表屏、雾笛系统控制屏、视频监控屏、风电机组监控系统屏、船舶交通管理及海蓝检测系统分屏、公共广播及语言电话屏、火灾报警及消防控制屏、海事通信系统屏等；另一台UPS馈线屏供电范围（不同项目供电范围不同）包括计算机操作台、故障录波B屏、通风空调监控屏、机器人巡检系统屏、微波通信系统屏、程控电话交换机屏、无线电组合台、海上升压站平台顶部的激光雷达、升压站基础监测就地箱、油色谱及SF_6泄漏监视系统屏等。

(1) 当交流输入电源正常时，UPS电源处于交流供电工作模式。

(2) 当交流输入电源故障时，UPS电源自动切换到直流供电工作模式，同时发出交流输入异常告警；当交流输入电源恢复正常后，UPS电源自动切换至交流供电工作模式。

(3) 当出现过载、逆变器故障，交、直流电源输入回路同时失电时，UPS电源会自动切换至交流旁路供电工作模式，同时发出相应的异常告警；故障排除后，UPS电源自动恢复正常。

(4) 当某一台UPS模块故障需退出检修时，操作顺序为：确保两台UPS的交流输入为同一路交流输入电源（同相位）→将两台UPS强制切换至旁路工作模式→断开故障机交流输入开关→断开故障机直流输入开关→合母联断路器→断开故障机旁路输入开关→断开故障机交流输出开关→检查故障机的维修旁路开关并确保处于断开状态→将运行正常的UPS切换到逆变工作模块→退出故障UPS检修。若两台UPS的交流输入不是同一路交流电源（不同相位），不能进行此操作，按单机操作方式操作，但存在负荷短时失电风险，需与现场说明后方可操作。

(5) UPS模块维修好需重新投入工作时，操作顺序为：检查UPS模块输出开关处于断开状态→检查接线正确、紧固→合交流输入开关→合直流输入开关→合交流旁路开关→检查故障机的维修旁路开关并确保处于断开状态→将运行正常的UPS模块切换到旁路工作模式→启动UPS模块并切换至旁路工作模式→检查其工作正常→合UPS模块输出开关→断开母联开关→将两台UPS模块切换到自动工作状态→两台UPS均恢复正常工作（即系统恢复正常工作）。

6.2.9 海上升压站暖通系统运行

暖通系统是保障海上升压站站内设备良好运行、确保站内工作环境适宜的必要条件，常见的暖通系统有空调系统和通风系统等。典型的海上升压站暖通系统配置及运行如下：

（1）主变压器集油罐间、备品备件间、消防水泵房、应急柴油机房、柴油罐间不设置空调；临时休息室设置1台分体单元式空调机；电子设备间设置2台风冷恒温恒湿空调机（1用1备）；35kV配电室、低压配电室、主变室、220kV GIS室、蓄电池（通信）室、应急配电室均设置2台（1用1备）分体单元式空调机。

（2）海上升压站设置1套微正压送风系统，配2台新风除湿机（1用1备）。35kV配电室、低压配电室、220kV GIS室、消防水泵房、暖通机房、二次设备间、应急配电室合用一套系统。室外新风经盐雾过滤后由2台（1用1备）新风除湿机降温除湿，再加热后送至各个房间，送风温度不大于23℃。为防止房间超压，在各房间分别设置余压阀及余压传感器，除湿机配变频风机根据各房间余压进行自动控制调节。

（3）蓄电池室设置2台平时兼氢气事故排风系统风机平时轮换运行（每三天一班次），当其中1台故障时，要求能够自动切换。蓄电池室均设置氢气检测器报警装置，进风口设置初效盐雾过滤器，排风的吸风口设置在房间上部，吸风口上缘距房顶不大于0.1m，当房间空气中的氧气体积浓度达到1%时，氧气检测器报警，联锁开启2台事故排风机运行。

（4）每个220kV GIS室、35kV开关柜室分别设置SF_6事故排风系统，风机平时常闭，排风口分别设于房间上部和下部，下部排风口设于离地0.2m处，事故排风系统受控于房间SF_6报警监控装置。当接到SF_6报警信号时开启事故排风系统进行排风。事故排风机兼作事故后排风，用于排出火灾后产生的余烟及气体灭火系统产生的残留气体。此工况运行人员根据现场情况就地开启排风机，也可远程手动控制开启。

（5）应急柴油机房设置平时高温散热排风、柴油机联锁运行排风、油气超标排风功能。

1）风机平时停运，当房间温度超过40℃时，开启排风机散热。直到温度低于35℃后停止运行。

2）当柴油机开启时联锁开启排风机进行排风，待柴油机停运延时5h后停运排风机。

3）应急柴油机房与柴油罐间设置油气报警装置，当房间检测到油气超过 350mg/m^3 或体积浓度超过 0.2%时开启排风机进行通风换气。

4）排风机与进风口处的电动密闭风阀联锁启停。

（6）主变室设置 1 台应急排风机，排风机组布置于屋顶。当两台空调均故障时，开启应急排风机，并联锁开启进风口处的全自动防火阀进行排风散热。应急排风机可兼作事故后排风，用于排出火灾后产生的余烟及气体灭火系统产生的残留气体，此工况排风运行人员根据现场情况就地开启排风机，也可远程手动控制开启。

（7）低压配电室、应急配电室、二次设备间设置事故后排风机，用于排出火灾后产生的余烟及气体灭火系统产生的残留气体。此工况排风运行人员根据现场情况就地开启排风机，也可远程手动控制开启。

（8）柴油罐间设置 1 台排风机，具备平时高温散热排风功能。柴油罐间设置油气报警装置，当房间检测到油气超过 350mg/m^3 或体积浓度超过 0.2%时，开启排风机进行通风换气，排风机与进风口处的电动密闭风阀联锁启停。

（9）主变压器柴油罐间设置 2 台排风机，具备平时高温散热功能。变压器柴油罐间设置油气报警装置，当房间检测到油气超过 350mg/m^3 或体积浓度超过 0.2%时开启排风机进行通风换气，排风机与进风口处的电动百叶窗联锁启停。

6.2.10 海上升压站消防系统运行

海上升压站建筑物和设备分别设置高压细水雾灭火系统、高压细水雾喷枪箱、火探管式自动探火系统、移动式灭火器等防火、探火、灭火设施；同时配套火灾自动报警、事故应急照明、防火排烟、海上逃救生等系统。主变压器、220kV GIS 室、柴油机房、各类配电室、柴油发电机室、电抗器室、二次设备间、暖通机房、备品备件间、临时休息间、油罐、封闭式走廊等采用高压细水雾灭火系统进行保护，对各类配电室、二次设备间等柜式电气设备采用火探管式自动探火系统进行消防灭火保护。海上升压站各层平台、走道设置高压细水雾消火栓箱及移动式灭火器。

1. 高压细水雾灭火系统运行

（1）高压细水雾灭火系统由高压细水雾泵组、增压泵、细水雾喷头、细水雾喷枪、区域控制阀组、细水雾水箱、不锈钢管道及管件、阀件等组成。高压柱塞泵组和水箱设置在二层甲板的消防泵房内，保护主变压器、柴油发电机等容易引发 B 类火灾的设备。对平台上其他所有封闭房间及走道的初期火灾采用高压细水雾系统及配套喷枪进行抑止保护；对钢结构平台进行冷却，保证主体结构安全。

（2）高压细水雾灭火系统在准工作状态下，从泵组出口至区域控制阀组前的管网内压力维持在 1.0～1.2MPa。当管网压力低于稳压泵的设定启动压力 1.0MPa 时，稳压泵启动，使系统管网维持在稳定压力 1.0～1.2MPa。当发生火灾时，由火灾探测报警系统联动打开区域控制阀组，管网压力下降，当压力低于稳压泵的设定启动压力1.0MPa时稳压泵启动，稳压泵运行时间超过10s后压力仍达不到1.2MPa时，高压主泵启动，同时稳压泵停止运行，高压水流通过细水雾喷头雾化后喷放灭火。

2. 火探管式自动探火灭火装置运行

（1）火探管灭火系统由火探管、储气钢瓶、瓶头阀组、无源报警器及自动释放灭火器的火焰检测管等组成，保护范围涵盖柜式电气设备（开关柜、低压配电柜、二次盘柜等）。火探管安装在电气盘柜旁侧或内侧，结合电气盘柜封层绕行，灭火剂容器、集成容器阀组放置在柜子侧面或者顶部。

（2）火探管式自动探火系统采用局部全淹没灭火方式，将火探管布置在电气盘柜内，并利用火探管对温度的敏感性，在（170±10）℃的温度环境下几秒至十几秒内就会动作，在感应温度最高的位置发生熔化并在管内压力的作用下爆破，自动形成喷射孔洞，启动系统灭火，同时发出警报信号给主控系统。它是一种早期灭火系统，反应快速、准确，灭火剂释放更及时，灭火的针对性更强，可迅速有效地探测及扑灭最初期的火灾。

6.3 海底电缆运行

6.3.1 海底电缆基本介绍

海底电缆是设在海底及河流水下的电缆的总称。海底电缆按作用分为海底通信电缆和海底电力电缆。海底通信电缆主要用于通信业务；海底电力电缆主要用于传输大功率电能。将光纤置入海底电力电缆中又称光电复合海底电缆，这种海底电缆既能传输电能又能起通信作用；还有一种使用在海洋石油行业水下生产系统的海底电缆，将送电电缆、信号光纤、液压或化学药剂管组合在一起，这种海底电缆称为脐带缆。

海底电缆按电流传输方式可分为交流（AC）海底电缆和直流（DC）海底电缆；高压海底电缆按绝缘种类分主要有充油式（OF）海底电缆、浸渍纸包绝缘海底电缆、挤包绝缘海底电缆。海底电缆发展史中，曾经出现过一种浸渍纸绝缘充气海底电缆，由于它缺点明显，未被广泛使用和进一步的发展。

1. 充油式海底电缆

充油式海底电缆使用油浸纸绝缘作为绝缘介质，并在电缆内部设置油道与压力油箱相连保持油压，从而保证绝缘强度。

充油式海底电缆按不同纸绝缘又分为牛皮纸绝缘充油海底电缆和PPLP绝缘充油海底电缆两种类型。

2. 浸渍纸包绝缘海底电缆

浸渍纸包绝缘海底电缆以高黏度矿物油来浸渍纸绝缘，曾称为不滴流海底电缆，以前用在35kV及以下的交流海底电缆中，对其材料和生产工艺做进一步升级后，有一种主要用在直流输电工程的黏性浸渍纸绝缘（mass impregnated，MI）海底电缆。

3. 挤包绝缘海底电缆

挤包绝缘海底电缆按材料分为交联聚乙烯（XLPE）绝缘海底电缆和乙丙橡胶（EPR）绝缘海底电缆，发展过程中也曾出现过聚乙烯绝缘（PE）海底电缆。

海上风电场涉及的海底电缆主要有35kV风电机组集电线路海底电缆以及220kV海上升压站至陆上开关站的主海底电缆。

6.3.2 海底电缆管理原则

（1）海底电缆的运行工作应贯彻安全第一、预防为主、综合治理的方针，严格执行国家和电力行业相关规定。应全面做好海底电缆的巡视、检测、维修和管理工作，积极采用先进技术和科学的管理方法，不断总结经验、积累资料、掌握规律，保证海底电缆的安全运行。

（2）应以科学的态度管理海底电缆线路，允许依据海底电缆运行状态开展维修工作，但不得擅自延长维修周期。

（3）海底电缆运行管理应严格执行《中华人民共和国电力法》《电力设施保护条例》《电力设施保护条例实施细则》《海底电缆管道保护规定》等法律法规，防止外力破坏，做好线路保护及群众护缆等宣传工作。

6.3.3 海底电缆运行监测

海底电缆监测系统作为海底电缆安全可靠经济运行的技术手段，具有良好的经济效益和重要作用。

（1）通过对海底电缆运行参数的实时监测，得知海底电缆运行情况，对了解海底电缆的健康水平、合理提高海底电缆的输送能力有重要作用。

（2）对海底电缆潜在故障和损坏风险及时预判预警，尽早处理和检修，降低重大故障发生概率。

（3）故障发生后，对海底电缆故障和损坏处精确定位，减少故障抢修时间，降低经济损失，减小社会影响。

6.3.4 海底电缆运行参数要求

1. 海底电缆正常运行时的允许温度和载流能力

（1）海底电缆导体的长期允许温度：交联聚乙烯绝缘海底电缆导体为90℃。

（2）海底电缆最大工作电流作用下的导体温度不得超过设计或海底电缆制造厂确定的允许值。

（3）海底电缆正常运行时的长期允许载流量应根据海底电缆导体的允许工作温度、海底电缆各部分的损耗和热阻、海底电缆的敷设方式、环境温度以及散热条件等确定。

（4）在系统事故处理过程中出现海底电缆过载时，应迅速恢复至正常。

2. 海底电缆短路时的允许温度和短路电流

（1）海底电缆短路时，海底电缆导体的最高允许温度不宜超过下列规定：海底电缆线路中无中间接头时，交联聚乙烯绝缘海底电缆导体为250℃；海底电缆线路中有中间接头时，对于采用压接接头的海底电缆导体的最高允许温度不宜超过150℃。

（2）系统短路时，海底电缆的允许短路电流应大于系统设计值的规定。

6.4　陆上开关站运行

陆上开关站主要由220kV系统、35kV系统、380V系统相关配套电气设备装置及相应送出线路组成。

6.4.1　陆上开关站运行方式

1. 正常运行方式

（1）220kV系统。220kV系统由送出线路、海底电缆进线、站内主变压器、母线电压互感器、母联断路器等间隔及设备组成。正常运行方式为220kV母线带海底电缆、主变、送出线路运行；风电机组发出的电能通过海底电缆汇集到220kV母线，通过送出线路送出，通过站内主变压器降压送至35kV 3#母线供无源滤波器、SVG及开关站站用电使用。

（2）35kV系统。35kV系统由1个3#主变低压侧进线间隔、2个SVG出线间隔、1个站用变出线间隔、1个母线电压互感器间隔和1个无源滤波器组成，为单母线接线方式。正常运行方式为35kV 3#母线带5#站用变、无源滤波器、1#SVG、2#SVG运行。

（3）380V系统。380V系统采用单母线分段的接线方式，正常运行工况下，站用Ⅲ段、Ⅳ段母联断路器处于合闸状态，站用Ⅲ段、Ⅳ段母线由陆上集控中心站用变58#B供电。在站用Ⅳ段上接一路10kV市电作为备用电源，68#B备用变进线断路器合闸、备用变高压侧断路器分闸、备用变低压侧断路器在热备用状态。应急段工作电源及备用电源来自380V Ⅲ段及Ⅳ段，接一路柴油机电源作为第一备用电源，柴油发电机出口开关在热备用状态，柴油发电机进线开关在热备用状态，柴油发电机处于热备用状态。

2. 特殊运行方式

(1) 当海上风电场所有风电机组停止发电时，由电网通过陆上开关站送出线路向海上风电场倒送电。此时场内设备的运行方式不需要改变。

(2) 如果开关站采取双母线接线方式，当220kV $1^{\#}$ 或 $2^{\#}$ 母线出现故障时，可以通过倒闸母线的方式将故障母线上的负荷切至正常的母线运行。

(3) 当开关站站用电失电后，380VⅢ段、Ⅳ段失电，此时应急段的工作及备用电源失电，备自投装置发出跳开应急段工作开关二、备用开关二，合闸柴油发电机进线开关、出口开关，保证失电时应急柴油发电机供应急段使用；当站用电短时间无法恢复带电时，则通过手动切换的方式切至10kV市电恢复380V Ⅲ段、Ⅳ段运行，然后恢复应急段正常运行方式。

(4) 采用10kV备用变 $68^{\#}$ B供电时，需断开 $5^{\#}$ 站用变低压侧断路器，合上10kV备用变低压侧断路器，合上母联断路器，由备用变带380V Ⅲ段、Ⅳ段母线上所有负荷运行。

(5) 应急段采用柴油发电机供电时，首先确认已断开应急段工作开关（Ⅲ段供电时）及备用开关（Ⅳ段供电时），然后手动合闸柴油发电机进线开关，启动柴油发电机，柴油机启动正常后自动合闸出口开关，由柴油发电机带应急段母线运行。

3. 禁止运行方式

(1) 应急段的工作电源、备用电源和柴油发电机只能单电源运行，不允许合环运行。

(2) 在站用变 $58^{\#}$ B供Ⅲ段运行，备用变 $68^{\#}$ B供Ⅳ段运行的情况下，不允许合上母联开关合环运行。

6.4.2 陆上开关站220kV GIS配电装置运行

陆上开关站220kV配电装置开关设备采用户内GIS，主要由海底电缆线路断路器间隔、TV间隔、内桥间隔、主变高压侧隔离开关间隔等组成。

1. 220kV GIS配电装置正常运行方式

陆上开关站220kV系统带送出线路、海底电缆进线、站内主变压器、母线电压互感器、母联断路器等间隔及设备运行，相关投入设备开关合闸。

2. 220kV GIS配电装置操作规定

(1) 正常运行时，系统频率应维持50Hz，不应超过49.5～50.5Hz，如超出允许范围，应检查机组出力并汇报值长、调度处理。

(2) 220kV母线在正常运行方式情况下，电压允许偏差为系统额定电压的0～+10%；异常运行方式时为系统额定电压的－5%～+10%，最低运行电压不应降至额定值的90%以下，如超过允许范围，应根据风电场电容器补偿以及有载调压设法调整。

（3）当高压侧母线电压接近或低于正常控制范围下限时，应提高风电机组无功出力，增加SVG负向无功输出值，电压仍偏低时才调整主变分接头，提高电压。当高压侧母线电压接近或高于正常控制范围上限时，应降低风电机组无功出力，增加SVG正向无功输出值；电压仍然偏高时，才调整变压器的分接头开关，降低电压。若仍无法调整，应汇报值长、调度，要求调度进行调压。

（4）断路器、三工位隔离开关、快速接地开关应在集控室远方操作，当远方操作不了时，应在就地汇控柜电动操作，仍操作不了应查明原因，汇报值长，不得擅自使用手动操作。

（5）在合线路接地开关前，应在GIS室外相应的进线套管外验明无电压，同时联系线路对侧确已停电后，才能合线路接地开关。

（6）检修后的断路器、隔离开关、接地开关，在投入运行前应进行就地、远方电动分合闸试验，确保机构及电动控制回路良好。

（7）GIS室内断路器、隔离开关远方操作时，操作前应通知所有与操作无关人员退出GIS室，如有设备检修应通知检修人员暂停工作，并退出GIS室。

（8）GIS装置在运行状态时，隔离开关的机械锁切至“解除”位，接地开关的机械锁在“闭锁”位，且隔离开关、接地开关的控制电源开关断开，信号电源开关合上。

6.4.3 陆上开关站主变压器运行

（1）变压器的运行电压一般不应高于该运行分接额定电压的105%，其电压允许值应在该运行分接额定电压的95%～105%范围内。

（2）变压器顶层油温超过100℃时，NCS系统将会出现信号报警，超过110℃时，应将变压器停止运行；绕组温度超过110℃时，NCS系统将会出现信号报警，超过130℃时，应将变压器停止运行。

（3）变压器三相负载不平衡时，应监视最大一相的电流，其值不得大于额定值。

（4）值班人员应根据表计指示经常监视变压器运行情况，并按规定定时抄录有关表计，如变压器在过负荷情况下运行，更应严格监视变压器负荷及上层油温、绕组温升等数值，并每2h抄录表计一次。

（5）在过负荷运行期间，应增加对变压器负载电流的记录。

（6）当变压器有较严重的缺陷（如冷却系统不正常、严重漏油、有局部过热现象、油中溶解气体分析结果异常等）或绝缘有弱点时，为保证主要设备的运行寿命不受影响，不宜超额定电流运行。

（7）投运或停运变压器的操作，中性点必须先接地。投入后再根据电网需要由中调决定中性点是否断开。

(8) 对变压器的投运或充电操作程序是：先在有保护装置的电源侧用断路器进行合闸操作，再合上负载侧的断路器；停运时应先停负载侧断路器，后停电源侧断路器。

(9) 正常情况下，分接开关一般使用远方电气控制。当检修、调试、远方电气控制回路故障和必要时，可使用就地电气控制或手动操作。

(10) 主变压器的中性点接地开关的操作分为就地手动和就地电动及远方电动操作。正常情况下，要求使用远方电动操作，远方电动操作不了的情况下方可使用就地电动操作，在操作电源故障的情况下才可以使用就地手动操作。

6.4.4 陆上开关站220kV高压电抗器运行

两回220kV海底电缆末端分别安装一定容量的高压并联电抗器一套，作为海底电缆线路容性无功的补偿及全场过电压的限制。高压并联电抗器为三相、油浸式、自冷型。高压并联电抗器高压套管与GIS之间采用钢芯铝绞线连接，并联电抗器尾端套管引出接地。正常运行工况下，风电场通过两回海底电缆送出电能，此时海底电缆电容电流较大，每回海底电缆均投入并联电抗器来补偿海底电缆电容电流，限制由海底电缆的电容效应引起的工频过电压，电抗器须与海底电缆同步投退。

6.4.5 陆上开关站35kV配电装置运行

(1) 运行中母线、隔离开关各接头处的最高温度不得超过70℃，巡视时应使用红外线测温仪进行测温。发现过热时，应降低该回路负荷，尽早安排停电处理。当重要负荷回路不能减负荷或停电时，应设法局部降温（如用风扇）并加强监视探测。

(2) 电缆正常情况下不允许过负荷运行，事故情况下允许短时过负荷运行，但应遵守35kV电缆允许过负荷15%连续2h的规定。

(3) 35kV母线在正常运行方式情况下，电压允许偏差为系统额定电压的－3%～＋7%；特殊运行方式时为系统额定电压的±10%。

6.4.6 陆上开关站动态无功补偿装置（SVG）运行

陆上开关站配置一定额定容量的静止无功发生器（SVG）。SVG动态无功补偿装置由控制部分、功率部分、启动部分、连接电抗器和冷却系统等组成。冷却方式为水冷。无功的平衡的包括220kV送出系统的无功平衡，风电场内的无功平衡。220kV送出系统无功的平衡包括对220kV海底电缆的容性无功补偿和对主变压器感性无功的补偿。风场运行期间，由SVG根据电网PCC点的无功变化进行动态补偿。动态无功补偿装置以220kV出线无功功率及电压作为控制目标，动态跟踪电网电能质量变化，并根据变化情况自动调节无功输出，实现升压变电站在任意出力下的高功率因数运行。35kV 动态无功补偿装置控制柜对风电场综合监控系统开放端口及通信规约，使风电场综合监控系统可对实时信息进行定时采样，并将实时数据和历史数据通过电力调度数据网上传到主站系统，同时从主站接收无功的调节控制指令，转发给控制柜，进行远方调节和控制，其配套水冷系统同步运行。无功补偿装置的功率输出值以中调要求为准。

SVG 动态无功补偿装置有四种运行方式，即系统无功控制方式、恒无功控制方式、电压无功综合控制方式、负荷补偿控制方式。正常运行时，采用系统无功控制方式，控制系统无功在目标或范围内。

（1）系统无功控制方式：该方式用于控制系统侧无功，控制目标为系统侧的无功或功率因数的目标或范围。

（2）恒无功控制方式：该方式用于控制装置输出无功，控制目标为装置输出恒定大小的无功。通过这种方式可以测量装置跟踪无功的准确性和阶跃响应速度。

（3）电压无功综合控制方式：该方式用于控制系统侧或 PCC 侧电压，适用于风电场等需要将考核点电压稳定在一定水平的场合。装置通过调节其无功输出使考核点电压稳定在用户设定电压目标值或设定范围内。当考核点电压低于用户设定的电压参考时，装置输出容性无功以提升考核点电压；当考核点电压高于该值时，装置输出感性无功以降低考核点电压。

（4）负荷补偿控制方式：该方式下，装置通过检测负荷或系统侧电流自动调节装置电流输出，以提高系统或负荷电流的电能质量。有三个配置项可任意选择：补基波无功、补负序和补谐波，补谐波可选择 2～25 次相应谐波次数的补偿功能。

6.4.7 陆上开关站无源滤波器运行

为了满足电网电能质量需要，一些陆上开关站还会配置一套一定额定容量的无源滤波器，由 35kV 3# 母线提供电源。无源滤波器由高压滤波电容器、高压交流隔离开关、放电线圈、避雷器等组成，根据电网需要，进行投入、退出操作。

6.4.8 陆上开关站 380V 站用电系统及站用变、备用变运行

（1）运行值班人员应经常监视和掌握 380V 站用电系统及站用变、备用变运行运行情况，主要参数有：站用变各相温度、备用变各相温度，各段母线各相电流、电压，各低压配电柜内温度、湿度等。

（2）变压器过负荷运行根据环境温度和初始负载状态，允许短时过负荷。值班人员应做好记录，立即到现场检查。当环境温度低于限定值时，变压器的输出功率可略高于额定值。当降低使用容量时，变压器可在较高环境温度下运行。

6.4.9 陆上开关站应急柴油发电机运行

380V应急段母线上安装一台应急柴油发电机，用于当全站停电，供应急负荷运行。应急柴油发电机分常规模式启动和运维模式启动。

（1）常规模式启动：模式选择开关拨到“常规模式”，指示灯长亮，此时柴油发电机处于自动待机状态。启动：411（412）开关失电，备自投装置发出切换到412（411）开关指令，同时发出启动柴油发电机指令；若412（411）开关有电且完成切换，柴油发电机保持待机模式；若没电，切换失败，则K3开关合闸。柴油发电机自行启动，待柴油发电机运行稳定后，自动合闸K2开关，并入应急段母线。

（2）运维模式启动：模式选择开关拨到“运维模式”，选择手动状态，指示灯长亮，此时柴油发电机处于手动状态。此时应急母线应带电，如要试机，则直接手动启动柴油发电机空载运行。

风电场开关站柴油发电机系统典型接线如图6－21所示。

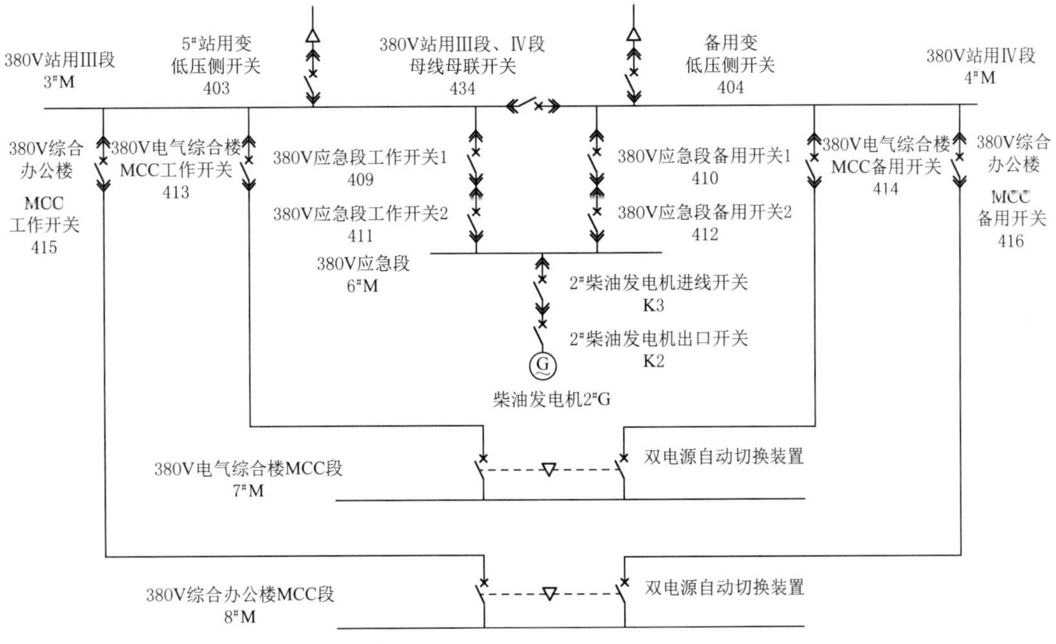

图6－21 风电场开关站柴油发电机系统典型接线图

6.4.10 陆上开关站直流系统运行

陆上开关站直流220V系统一般设有二段母线，三台充电器，每段母线固定配置一组蓄电池组。1#、2#充电器各自带一段直流母线运行，3#充电器作为备用，可带1#或2#段直流母线运行，两段直流母线之间设计有两个母联开关，当1#、2#段直流母线任意一个充电器故障退出时，该段直流母线可通过 3# 充电器供电，或通过母联开关由另外一段母线串联供电。

（1）直流 220V 系统在正常运行时禁止两段母线直接通过母联开关串联运行，禁止两台充电器长时间并列运行。

（2）直流母线不得脱离蓄电池组运行，禁止充电器直接带直流母线运行。

（3）所有充电器的浮充，均衡充电电压，充电时间及操作模式等，除有正式通知，不得随意更改。

（4）正常运行中，蓄电池组采用浮充电方式，蓄电池与充电器长期并联运行，由蓄电池担负冲击负荷，充电器担负自放电、稳定负荷和冲击负荷后蓄电池的电能补充，蓄电池长期处于充电状态。

（5）双电源供电回路按照负荷分配保证Ⅰ路、Ⅱ路分开配置原则，提高控制电源、保护装置电源供电运行可靠性。电源切换时根据现场图纸进行确认后，如果待合小开关两侧电压差小于 5V，允许“先合后断”进行保护、控制总电源切换。

（6）合母联开关的条件：两段母线压差不超过 2%额定电压、两段母线均不存在接地情况。

6.4.11 陆上开关站 UPS 系统运行

UPS 系统整流器将 380V 交流电源转换为 220V 直流电源输出至逆变器，再由逆变器转换为 220V 交流电输出供负载使用。在将交流电转换为直流电时，UPS 输入隔离变压器、整流滤波装置及各种保护装置将消除交流电中异常突波、杂讯干扰和由于频率不稳或电压波动等各种因素造成的影响，从而确保逆变器能够提供稳定电源输出给负载。UPS 系统常见运行方式如下：

（1）电池逆变运行方式：当正常 380V 交流输入电源因异常或整流器发生故障停止运行时，220V 直流系统将输出直流电源至逆变器以替代中断的整流器输出电源，在转换的过程中，不会中断 UPS 系统输出。UPS 系统处于后备模式，由 220V 直流系统输出直流电源至逆变器。

（2）旁路备用电源运行方式：当 UPS 电源柜逆变器处于不正常状况，例如逆变器过热、短路、输出电压异常或者负载超出逆变器承受范围等，逆变器将自动停止运行，若此时 380V 交流旁路备用电源正常，输出静态开关将切换至 380V 交流旁路备用电源输出给负载使用。

（3）维修旁路运行方式：当 UPS 需要进行维护或维修时，或输出静态开关故障，可将 UPS 装置运行模式转换至维修旁路模式，在转换过程中，输出不会中断。

（4）母线联络开关运行方式：当一台 UPS 装置的 380V 交流、220V 直流输入电源、380V 交流旁路电源出现故障无法供电，或输出静态开关及维修 380V 交流旁路开关都故障无法正常使用，但负载母线无故障，则可通过母线联络开关，用另一台 UPS 装置的负载母线串带运行。

6.4.12 陆上开关站消防系统运行

陆上开关站一般采用火灾报警控制器及消防联动控制器。消防系统通过数据总线树形相连，通过智能网络控制器实现自动报警和联动功能，对于重要设备可在联动柜上进行手动控制。陆上开关站火灾报警及消防控制屏可通过多线方式控制电动消防泵、事故排烟风机等，以总线方式控制海上升压站的高压细水雾泵组、风机控制箱等；陆上火灾自动报警系统设置火灾报警及消防控制屏 1 台（含总线联动盘及多线联动盘），防火门监控及公共广播屏 1 台，火灾报警 NCS 图文系统屏 1 台，设备安装集控室；陆上建筑物需要保护的部位设置各种探测器、模块、手动报警按钮、电话分机、音响广播等实现各种功能。数据总线相连，通过智能网络控制器实现自动报警和联动功能，对于重要设备可在联动柜上进行手动控制。

（1）火灾自动报警系统：将现场的智能感烟探测器，智能感温探测器，智能红外光束反射式感烟探测器，手动报警按钮等设备的信号采集后通过传输总线送至火灾报警主机，达到触发条件运行。

（2）联动系统：通风排烟系统等的总线控制，在系统探测到火灾后，联动有关的设备。

（3）消防电话系统：在气体消防设备间，消防水泵等重要设备房间位置设有电话分机，各建筑物手动报警按钮带有电话插孔，将手提电话听筒插入后，即可与消防控制中心通话。消防控制中心可通过消防电话对现场进行指挥。

（4）消防应急广播系统：陆上集控室设置消防广播主机，且与海上的 IP 网络解码终端通过光纤联网，火灾发生时接收到火警信号后启动强切到事故广播状态，陆上集控中心配电楼设置有广播喇叭。

（5）防火门监控系统：陆上集控中心配电楼与办公宿舍楼的疏散通道上的防火门设置有防火门监控系统，受监视防火门均为常闭防火门。

（6）气体灭火系统：防护区设置有智能感烟和智能感温探测器，两者信号组合可联动启动气体灭火系统，或者按下门口的紧急启/停按钮直接启动或者停止气体灭火系统。气体灭火控制盘的火警、故障、气体灭火系统启动信号接入火灾报警主机。

（7）消防水系统：由消防水池、消防稳压装置、消防水泵、消防给水管网、高位消防水箱组成，主要供站区室外消火栓、建筑物室内消火栓的消防设施用水。在陆上开关站置 1 座消防水水池，供站区建筑物室内外消防用水。当消防水长期不用时应进行换水，换水时启动消防主泵，打开一个室外消火栓并接一根消防水带，将水排至就近的雨水沟，放空后及时补水，火灾初期 10min 的消防水量由设在屋顶的消防水箱供水。

(8) 消防控制室（即集控室）控制设备预留接口，具有向城市消防远程监控中心传输信息的功能。消防控制室（即集控室）设置可直接报警的外线电话。消防设备应急电源输出功率应大于火灾自动报警及联动控制系统全负荷功率的120%，蓄电池组的容量应保证火灾自动报警及联动控制系统在火灾状态同时工作负荷条件下连续工作3h。

第7章 海上风电场维护

海上风电场的运维费用大致为陆上风电场费用的2倍，该费用指标用占每度电成本的百分比来表示，大量资料分析表明运行和维护费用约占25%。高昂的运维费用与海上风带的可进入性差以及进入成本高有着直接的关系。这就要求海上风电生产经营企业必须不断优化运维策略，减少进入风电场现场的频率和人员，不断提升风电机组的可利用率和发电效率。

海上风电场特有的天气以及水文条件（由于盐雾腐蚀、海浪及潮流等因素的存在）使得海上风电机组故障率较高、可进入性差以及进入成本高，因此以降低总成本为目标对海上风电场运维策略进行研究十分重要。

对海上风电场运维策略进行研究，涉及数学规划、电气、水文与航运等多学科。国外海上风电场建设与运行起步稍早，但其运维技术的实用内容尚未公开发表，国内也较少有相关研究成果公布。

海上的环境要比陆上的复杂，海上风电场面临着台风、气流、闪电、漩涡、潮汐等各环境的影响，而环境条件的变化直接影响着海上风电场是否可进入、进入时间的选择、船只的选择以及海上运输时间等。

项目描述是影响海上风电场运维策略及成本的另一个重要因素，即海上风电场项目描述，包括风电场风电机组的数量及位置，港口或码头的数目及位置，零配件存储和服务地点等。

运维资源包括人员及分组方式、轮班系统、船只数目及能力、备件库存或供货期等。在人员安排上，这种大规模的海上作业适合分组工作。工作组的通力合作才能使得如此大的工程顺利有效地完成，所以安排合理的人数和合理的工作制度是提高工作组工作效率的有效途径。

目前海上风电场均采用远程检测技术对风电场的现场情况进行监测，当进行定期维护、预防或故障维护时，管理方应根据实际情况实施运维方案，派遣人员去现场解决。因此，合理的维护人员数量、能适应不同要求的各类船只、所能携带的备件，还有对实时情况下的可进入方式的选择，这些都是运行维护的策略和资源，运用得好不仅可以事半功倍而且可以带来更大的效益。

海上风电场维护主要涉及海上风电机组维护、海上升压站维护、海底电缆维护、陆上控制中心设备维护以及配套运维船和直升机维护等。

7.1　维护基本条件

1. 人员的基本条件

(1) 海上从业人员应具备基本的身体条件及心理素质。

(2) 经过海上风电工程安全培训并获得证书，熟练掌握风电设备安全操作和紧急处置、逃生技能；熟练掌握海上求生、海上救援、船舶救生、海上平台消防、海上急救、救生艇筏操纵、触电现场急救及直升机救援方法等方面的相关技能。

(3) 上岗员工应经过岗前培训，考核合格，并取得相应的资质证书（包括电工证、高处作业证、四小证等）。

(4) 掌握风电场数据采集与监控、海洋水文信息、气象预报、通信等系统的使用方法。

(5) 掌握生产设备的工作原理、基本结构和运行处理方法。

(6) 熟练掌握生产设备及海上应急设施的各种状态信息、故障信号和故障类型，掌握判断一般故障的原因和处理的方法。

(7) 熟悉运行维护各项规章制度，了解有关标准、规程。

(8) 熟悉了解电网、海事及海洋部门的相关规定。

2. 天气基本条件

(1) 潮位、波浪不影响航行。

(2) 没有大雾、雷雨、风暴潮等不良天气影响维护船舶的航行。

(3) 风电场海域海事信息、航行警告、航行通告的发布不影响船舶出航。

3. 船舶的基本条件

(1) 维护船舶应经过船检，各项性能完好，证照齐全，船舶适航。

(2) 维护船舶应配足救生器材及应急灯，配备航海图及潮汐资料、导航设施，油料充足，配备食物、淡水及药品等必备的海上生存物资。

(3) 维护船舶上总人数不应超过经核定的定员标准，船舶载重应不高于船舶核定数量。

(4) 航道的最小水深，宽度和弯曲半径满足维护船舶的要求，助航标志或导航设施正常。

(5) 维护船舶应配有专业的通信设施，且测试正常；该设施应运行稳定、便于维护、适应海上环境要求，并具有可靠的遇险报警能力。

(6) 根据有关规定制定适合风电场情况的维护船舶操作手册，且可使用。

4. 直升机的基本条件

(1) 直升机各项设备、仪表均正常可用，具备可飞条件。

(2) 直升机甲板设施年度检验、特别定期检查及临时检验合格。

(3) 有规定的路线让乘客上下直升机。

(4) 对于直升机在海上平台起飞、降落的风速限制，执行直升机飞行手册的要求。

(5) 直升机海上平台运行手册应符合风电场情况以及《民用直升机海上平台运行规定》(CCAR-94FS-Ⅲ) 的有关规定。

7.2 海上风电机组维护

7.2.1 风电机组常见维护项目

风电机组的正常运行离不开维护，风电机组常见的维护项目有21个。

1. 叶片日常的维护

(1) 检查叶片整体结构是否存在损伤，如干裂、断裂等。

(2) 检查玻璃钢是否分层、鼓包、有裂纹。

(3) 检查所有黏结处是否存在开裂、断裂等。

(4) 检查叶片表面涂层（尤其是前缘）是否出现涂层损坏现象。

(5) 检查叶片连接螺栓是否断裂、锈蚀。

(6) 检查叶片是否产生雷击损坏。

(7) 检查叶片胶漆是否脱落。

(8) 检查叶片表面是否污染、冰冻。

2. 叶片锁定装置的维护

(1) 检查锁定销是否有裂纹，检查固定螺栓是否松动并紧固螺栓。

(2) 更换齿形带、变桨电动机、变桨减速器时需要使用变桨锁定装置，该装置一般在风速不超过8m/s（10min平均风速）的情况下使用，如果超过此风速则会对风电机组产生破坏性影响。

3. 轮毂的维护

(1) 检查轮毂的防腐层有无脱落、起泡现象。

(2) 检查轮毂表面是否清洁，清理灰尘、油污等，如果轮毂表面有污物，可由检查人员用纤维抹布和清洁剂清理。

(3) 检查轮毂铸体是否有裂纹，如果轮毂有裂纹，应做好标记和记录，同时需立即停机并联系厂家。

4. 发电机的维护

(1) 检查发电机轴承表面有无漆面破损、锈蚀现象。

(2) 检查轴承密封圈密封是否良好，有无破损、脱落现象，检查密封圈紧固件连接是否良好。

（3）检查发电机各部件连接螺栓有无松动、断裂现象。

（4）定期对轴承加脂（发电机轴承是由自润滑系统自动加脂的，需检查自润滑系统油脂是否充足、自润滑系统功能是否正常）。

（5）检查发电机定子、转子、转动轴系的外观，查看有无裂纹、损伤、防腐层脱落现象，如有裂纹、损伤等破损情况应及时停机，如有防腐层损伤应进行修补。

（6）检查发电机盖板与滤盒连接是否牢固、运行时有无振动。

（7）检查过滤棉有无污损或破损，并及时清理更换。

（8）检查发电机是否绝缘。

5. 转子制动器的维护

（1）检查摩擦片有无沟槽、裂纹，摩擦片厚度应大于2mm，如小于2mm则进行更换。

（2）检查紧固制动器与刹车支座连接螺栓。

（3）检查液压油管有无破损，检查接头的密封性，观察是否有泄漏的液压油，并清理干净。

6. 螺栓力矩的维护

（1）检查转动轴与发电机转子支架的连接螺栓。

（2）检查定轴与发电机定子支架的连接螺栓。

（3）检查定轴与发电机主轴承外圈的连接螺栓。

（4）检查转轴与轴承端盖的连接螺栓。

（5）检查锁定装置与定子主轴连接螺栓。

7. 转子锁定装置的维护

（1）检查叶轮锁定传感器是否牢固、可靠，功能是否正常。

（2）检查发电机转子锁定装置的功能是否正常。

（3）检查液压接头是否牢固，有无泄漏、渗油现象。

8. 发电机散热系统的维护

（1）检查内外循环散热电机有无振动现象，并紧固电机固定螺栓。

（2）检查散热管道有无裂纹、破损，连接件有无松动现象，并紧固螺栓。检查散热管道与散热器接口卡箍有无松动现象，紧固卡箍。

（3）检查内外循环通风道有无裂纹、破损并检查其密封性能，检查风道固定是否牢固。

（4）检查进出风口的温度传感器固定是否牢固。

9. 变流系统的维护

（1）检查柜体散热风扇工作是否工作正常，并清理风扇叶片上的积尘及杂物。

(2) 检查避雷器及电缆连接是否牢固，避雷器有无烧灼、电缆有无破损等现象，如有及时更换。

(3) 检查所有元器件的整定值是否正确。

(4) 检查柜内及柜体接地系统连接是否牢固可靠。

(5) 检查柜内元器件及端子排接线是否牢固，有无烧灼及破损等现象，如有应及时更换。

(6) 检查柜内加热系统是否正常，并清理柜内杂物及灰尘。

(7) 检查电容连接是否牢固，确保不存在松动可晃动现象。

(8) 检查电容有无表面烧灼痕迹，确保无变形、鼓包等现象，如有应及时更换。

(9) 检查水冷管连接是否牢固，确保接头无松动、渗水等现象，如有需要立即处理。

(10) 检查水冷管及接口有无变形及破裂现象，如有需要立即更换。

(11) 检查柜门是否变形、密封胶条是否完好、柜体连接螺栓是否松动。

注意：对变流器维护时，应在变流器断电5min后打开柜门，确保母线电容、网侧滤波电容充分放电完成。在维护过程中，在碰触交流铜排、直流铜排及各带电器件前，需要用万用表交流档位确认其交流相与相、相与地之间均无电压，用直流1000V挡位确认母线直流电压放电完毕。需要防止任何液体、部件、工具等掉入变流器内而导致变流器内部短路或损伤。维护结束后，需对柜体内部及周围进行仔细查看，同时需对所带工具进行清点，防止将工具落下。

10. 偏航系统的维护

(1) 检查偏航刹车液压油管接头是否漏油，如有则进行处理并清洁；同时要清理干净刹车盘，并更换摩擦片。

(2) 检查偏航制动器与底座的连接螺栓是否松动，检查偏航制动器挡块上的连接螺栓是否松动。

(3) 检查偏航制动器闸间隙，建压前闸间隙应在2～3mm，否则现场加垫片调整，机组运行之后，需要定期检查偏航制动器摩擦片厚度，当厚度小于2mm时应立即更换。

(4) 检查偏航刹车盘盘面是否有划痕、磨损及腐蚀现象，运行时有无异常噪声，当发生噪声时现场需购置相应的工具和工装，将摩擦片全部拆除，用千叶片打磨表面0.5mm，清理干净后再次安装使用，同时用清洁剂清洗刹车盘。

(5) 检查偏航轴承的密封性，擦去泄漏的油脂，密封带和密封系统应至少每年检查一次，保持密封袋中无灰尘，清洁时避免清洁剂接触密封圈带或进入轨道。

(6) 初次运行对偏航轴承外齿圈进行360°加润滑脂。

(7) 检查偏航齿轮磨损是否均衡，必要时进行清洁。

(8) 检查偏航小齿轮与偏航轴承齿侧间隙，同时测量距轴承上端面和下端面1/3

处两个位置，齿顶上3个绿色标记齿的齿侧间隙允许值为0.5～0.9mm，检查小齿轮有无裂纹、损伤情况。

(9) 检查偏航减速器油位，位于油窗1/2～3/4位置，运行前期进行一次采样化验，之后每年采样一次，如不合格应更换油品。

(10) 在运行过程中，注意检查减速器运行是否平稳且无异常噪声，检查是否有漏油现象，如有漏油现象及时与制造/供应商联系。

(11) 检查偏航电机接地装置是否连好，接线盒内连接端子有无松动现象并紧固，注意运行过程和停止时有无异常噪声。

(12) 偏航电机电磁刹车间隙调整至0.5～1mm，当摩擦片单边磨损2.5mm以上时，应更换摩擦片。

(13) 检查减速器与底座的连接螺栓、减速器与偏航电机的连接螺栓。

(14) 定期给减速器输出轴轴承加注润滑脂。

11. 液压系统的维护

(1) 通过油窗检查油位，观察中间的油窗，油位应在中间油窗高度的1/2～2/3。

(2) 过滤器一年更换一次，检查时指示灯若显示红色，应立即更换过滤器，同时应更换液压油。

(3) 定期检测油品，以确保在用油符合使用要求。

(4) 检查所有油管和接头是否渗漏，如有渗漏应排除并清理渗漏的油脂。

(5) 检查液压胶管，如有脆化和破损现象的应更换油管。

(6) 检查压力，手动偏航观察压力表系统压力是否正常、偏航余压是否正常。

(7) 检查电磁阀电源插头有无松动现象，并重新紧固。

(8) 清理液压站表面及接油盒内的灰尘及油脂。

(9) 检查液压元件备件和密封易耗件的更换是否符合操作程序和力矩要求。

(10) 定期检测蓄能器一次充气压力，或液压泵工作异常时检查充气压力，当充气压力不足时进行补气或更换。

(11) 测试液压刹车抱闸反馈功能，即通过操作液压站转子制动器电磁阀锁定叶轮，主控系统由维护状态切换到正常状态，主控面板应显示“液压刹车抱闸反馈故障”。

12. 润滑系统的维护

(1) 检查偏航润滑油箱中的油脂量，油脂不足应及时添加。

(2) 紧固所有的接头，检查所有的油管和接头是否有渗漏现象，如果有渗漏，应找到原因并排除，清除泄漏出的油脂。

(3) 检查润滑系统中使用的胶管、树脂管是否有脆化和破裂现象，如果发现有脆化和破裂现象，则应更换有问题的油管。

(4) 检查在润滑单元工作是否正常，偏航轴承、润滑小齿轮各润滑点是否出油脂。开启润滑泵，并打开几个润滑点检测是否有油脂打出，如有则系统正常。

（5）检查润滑小齿轮和大齿轮，如果齿面没有达到要求油脂量，则反复启动齿轮工作，使配合齿面充分润滑。

（6）检查电缆的连接和固定。

（7）检查润滑脂是否清洁，是否有杂质或杂物，在系统需要清洁时，需采用汽油或轻质溶剂汽油作为清洁剂，不得采用全氯乙醚、三氨乙醚或类似溶剂作为清洁剂，也不得采用极性有机溶剂作为清洁剂，如酒精、甲醇、丙酮和类似溶剂。

13. 机舱控制和测量系统的维护

（1）检查柜内元器件及电缆有无打火烧黑、老化变质等现象，如有需进行更换。

（2）检查柜内接线及端子排有无松动虚接现象，并紧固接线端子。

（3）检查柜体接地线与机舱接地极连接是否牢固，并紧固连接螺栓。

（4）检查柜体连接插头插接是否牢固。

（5）检查操作机舱手柄，查看元器件动作是否正常，如不正常找出原因并处理。

（6）检查柜体与机舱平台的连接螺栓是否牢固，如松动则紧固连接螺栓。

（7）检查柜体散热系统及加热系统是否正常，并清洁通风滤网。

（8）检查就地面板显示是否正常，查看数据有无异常。

（9）检查控制柜门的密封性及有无变形现象，紧固柜体连接螺栓。

14. 测风系统的维护

（1）检查风速仪、风向标信号电缆绝缘和接地电缆绝缘层有无破损腐蚀现象，如有应及时更换。

（2）检查风速仪、风向标与测风支架的连接是否牢固，摆动风速仪和风向标查看信号传输是否准确。

（3）检查测风支架与机舱壳体的连接是否牢固，并紧固连接螺栓。

（4）检查测风支架接地电缆的固定螺栓有无松动现象并紧固。

15. 航空灯维护

（1）检查航空灯固定是否牢固，并紧固连接螺栓。

（2）检查航空灯连接电缆固定是否牢固，绝缘层有无破损腐蚀现象，如有应及时更换。

（3）检查航空灯信号工作是否正常。

16. 水冷系统的维护

（1）检查电缆是否有老化现象。

（2）检查水冷管路是否存在渗水、漏水现象。

（3）检查水冷系统参数是否正常，如压力、温度、流量等。

（4）检查水冷器件（如排气风扇、电加热器、水冷泵等）工作是否止常。

（5）检查水冷接地系统是否正常。

（6）检查冷却液，禁止随意倾倒。

（7）检查柜内主要零部件接地及柜体接地与接地极连接是否牢固可靠。

（8）定期清洗水冷系统管路内部滤网及外置散热片。

（9）检查柜体固定是否牢固，并紧固螺栓。

（10）检查散热器电机防腐层是否有破损，有此情况应及时修补。

（11）检查 UPS 不间断电源是否正常。

17. 变桨控制系统的维护

（1）检查变桨控制柜支架连接螺栓、限位开关、接近开关及所有附件连接螺栓是否松动。

（2）检查变桨柜外观，表面有无裂纹、防腐层有无破损现象，如有应立即修复。

（3）检查柜门锁是否完好，检查柜门密封性。

（4）检查与变桨柜相连接的电缆是否固定牢固，绝缘层是否有磨损、开裂现象，插头应固定牢固无松动现象，如有应立即处理或更换。

（5）检查变桨柜弹性支撑有无裂纹及磨损严重现象，如有应立即更换弹性支撑。

（6）测试变桨功能，测试手动变桨与自动变桨功能是否正常，检查旋转编码器、温度传感器等信号是否正常。

（7）检查变桨控制柜体接地电缆与接地极的连接是否牢固，并紧固连接螺栓。

（8）检查限位开关、位置传感器等信号是否正常，如不正常重新调整。

（9）检查超级电容的顺桨能力。

18. 变桨电机的维护

（1）检查变桨电机表面是否有污物，并及时清洁。

（2）检查变桨电机防腐层有无破损、脱落情况，如有则进行修补。

（3）检查变桨电机散热风扇及电缆的固定是否牢固，扇叶有无变形现象，并清理灰尘。

（4）检查变桨电机运行过程中是否有振动及噪声，如有立即进行检查，找出原因并处理。

（5）检查电机电缆接线及插头是否牢固，打开电机接线盒查看接线柱有无松动现象，如有则重新紧固。

（6）检查旋转编码器与变桨电机连接是否牢固，如果松动则重新紧固。

19. 变桨减速器的维护

（1）检查变桨减速器表面防护层有无破损、脱落现象，如有则进行修补。

（2）检查变桨减速器表面有无污物，有则清理干净。

（3）检查变桨减速器油位，是否在油窗高度 1/2～2/3 处，如不够添加润滑油条件，需要添加润滑油的变桨减速器的叶片应垂直切下。油位检查应在油温低于40℃的条件下进行。

（4）检查变桨减速器是否漏油，如有则进行修复，加油及修复工作完成后要清理干净现场。

（5）检查减速器是否有异常声音，如有找出故障原因并处理。

（6）定期检测变桨减速器齿轮，如不合格则应更换油品。

（7）检查变桨减速器与变桨电机、减速器与带轮支撑的连接固定螺栓，检查工作参照维护检查清单进行。

（8）减速器输出轴轴承应定期加注润滑脂。

20. 集电环的维护

集电环是将系统中的动力电流和电信号从静止端（定子）传输到旋转端（转子）的部件，主要由定子、转子和轴承组成。集电环本身不能实现某种机械功能，其主要功能是实现电信号、电流等介质及光信号的传输。

集电环的工作部件分为两个主要部分，即定子环道和转子电刷刷体。集电环的定子环道是沿着圆柱的轴心排列的，就像螺栓上的螺纹一样；转子电刷刷体借助弹性压力与环道滑动接触来传递信号及电流。

集电环拆卸、安装和检查工作之前，要切断外部所有电源连接（机舱到变桨系统的400V交流电源，变桨系统电源主开关），集电环到机舱柜及变桨柜的所有哈丁插头，保证整个集电环系统处于断电状态。一般维护项目如下：

（1）检查集电环及集电环摇臂的安装螺栓是否牢固。

（2）检查集电环连接电缆及插头固定有无松动、磨损现象。

（3）每运行半年，进行集电环的检查和维护工作。

（4）在集电环安装或维修后，要固定好集电环及其外围所有组件，如集电环锁定销、锁定销固定板、集电环电缆固定、集电环电缆哈丁插头等。

（5）安装维护过程中，集电环要轻拿轻放，在安装过程中不小心摔落就可能损坏集电环。

注意：集电环外壳某些边缘较锋利，安装和检查过程中要佩戴防护手套，避免伤手。

21. 除湿机的维护

（1）清扫过滤器箱，如果过滤器比较脏，则更换过滤器。

（2）清除在机壳体表面的冷却沟槽中的灰尘和杂物，检查电机的接线端子，确保接线不松动。

（3）检查电机的接线端子是否松动和电机有无损伤和过热现象。

（4）检查转轮和转轮密封有无过热和堵塞的现象。

(5) 检查密封件是否损伤或磨损。

(6) 检查有无空气的泄漏、与设备的连接是否正常。

(7) 检查传感器的功能，有必要的话校准或者更换。

7.2.2 风电机组发电量提升

风能是一种无污染、可再生的清洁能源，风力发电作为电力能源的一部分，已经历了30余年的发展。并网运行的风力发电技术兴起于20世纪80年代，并迅速实现了商品化、产业化，作为一项新的能源技术开始受到更多国家的重视。在近10年内，我国的风电技术也在不断成熟和完善，已成为第三大主力电源，对优化能源结构、促进节能减排的作用日益凸显。

风电的经济效益与机组发电量是直接相关的，影响发电量的因素也是多方面的。风电机组在正常运行状态由于受到天气和人为因素的影响，实际发电量与理论值相比存在差别，为使风电场投运后能达到最好的经济效益，就要具体分析影响风电机组发电量的主要因素。

近年来，风电机组发电量提升的技术问题一直是各公司重点专研的方面，提出的技术方案主要分为换长叶片、叶尖延长、软件提升、分机移位4个部分。

(1) 换长叶片和叶尖延长都是通过改变风电机组结构的方式来改变风电机组获取风能的方式，从而达到增加风能利用率、增加发电量的目的。实验数据表明，在保证安全荷载的前提下，用换长叶片和叶尖延长的方式均能提高风电机组的使用效率和发电量。

(2) 软件提升，顾名思义就是通过软件的优化提升，使得风电机组在最大化经济效益的运行状态下运行。通过调整变桨角度、机组吸收风能构造参数、设备运行方式等，让风电机组按照最大功率曲线运行，保证风电机组的发电量，提高经济效益。

(3) 分机移位，在保证风电机组的构造和软件部分都为最优化时，发现发电效益还是不如预期的效果，就要考虑选址的问题了。通过科学地计算场址和风况，把机组位置移到最合适的位置，提高风能利用系数，让风电机组发挥出其最大的发电效率。

7.3 海上升压站、陆上开关站常见电气设备维护

作为海上风电场的“心脏”，海上升压站和陆上开关站的组成一般包括主变压器、气体绝缘金属封闭开关设备（GIS）、35kV配电装置、站用电系统、直流系统、柴油发电机、消防系统、二次设备间等。为了保证整个风电场的正常运行，需要对各个部分进行维护。

7.3.1　变压器

1. 变压器简介

变压器是利用电磁感应现象实现一个电压等级的交流电能到另一个电压等级交流电能的变换，达到改变交流电压目的的设备。变压器的核心构件是铁芯和绕组，其中铁芯用于提供磁路，缠绕于铁芯上的绕组构成电路。此外还有调压装置即分接开关、油箱及冷却装置、保护装置，包括储油柜、安全气道、吸湿器、气体继电器、净油器和测温装置及绝缘套管等。

变压器可分为油浸式变压器和干式变压器两大类，变压器通常起到升降电压、匹配阻抗、安全隔离等作用，如图 7－1 所示。

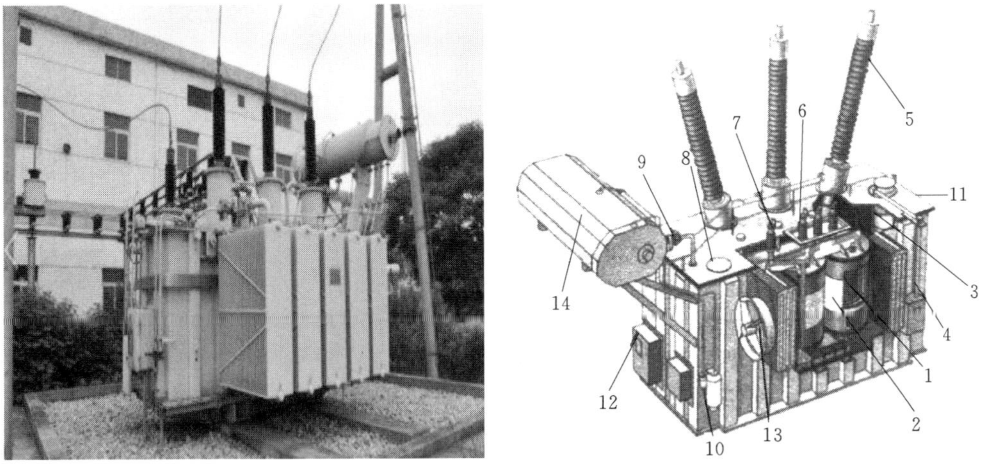

(a) 实物图　　(b) 示意图

图 7－1　油浸式变压器

1—铁芯；2—绕组；3—调压分接头；4—调压箱；5—高压侧套管；6—低压侧套管；7—高压侧中性点；8—压力释放阀门；9—气体继电器；10—吸湿器；11—油箱；12—端子箱；13—散热风扇；14—储油柜

油浸式变压器依靠变压器油作为冷却介质，有油浸自冷、油浸风冷、油浸水冷、强迫油循环等。其中油浸风冷式变压器较为常用。干式变压器依靠空气对流进行冷却，一般用于局部照明、电子线路等小容量电路。风电场变电系统大多使用油浸式变压器作为主变压器。

2. 变压器的检查维护

变压器的检查维护是通过对变压器的运行声音、温度、气味、振动及外部状态等现象的变化，来判断有无异常情况。一般进行如下检查：

（1）检查变压器运行声音是否正常，应该为均匀的“嗡嗡”声。

（2）检查变压器油质是否是正常的透明、微黄颜色。

（3）检查变压器运行时的油温、油位是否正常，是否有渗漏现象。

（4）检查变压器运行时电压、电流是否正常。

（5）检查变压其引线接头，电缆、母线有无发热现象。

（6）检查变压器套管是否清洁，有无裂纹以及放电痕迹，冷却装置是否正常。

（7）变压器运行的第一个月，每周取油样进行耐压击穿试验，若油的耐压值比出厂试验值下降15%～20%，应对油进行过滤。在滤油过程中，若滤纸表面滞留有黑色的碳化物，应进行器身检查，检查的要求与程序和验收器身检查一样。若油的耐压值低于35kV/2.2mm，变压器须立即停止运行，并找出故障点及时排除。

（8）对运行中的变压器，取油样进行色谱分析。分析油中气体的成分及含量，由此来判断变压器有无故障及故障性质。

3. 变压器检修

（1）器身检修。器身检修主要是对吊钟罩、绕组、铁芯、引线、油箱的检修。

1）吊钟罩（或吊器身）检修。将箱壳中油抽净，拆卸外壳螺栓，吊出钟罩（或拆下大盖）后吊出器身，将油箱底部残油放净，清扫箱底残油。当器身温度低于环境温度时，宜将变压器加热，一般较环境温度高10℃左右。器身检查前，应清洁场地，并应有防尘措施。

2）绕组检修。检查相间隔板和围屏（至少检查一相），检查有无破损、变色、变形、放电痕迹。如发现异常，应打开其他两相进行检查；检查绕组表面是否清洁，匝绝缘有无破损；检查绕组各部垫块有无位移和松动情况；检查绕组油道有无被油垢或其他物质（如硅胶）堵塞情况，必要时可用软毛刷（或用白布或泡沫塑料）轻轻擦拭；用手指按压绕组表面，检查其绝缘状态。

3）铁芯检修。检查铁芯外表是否平整，有无片间短路或变色、放电烧伤痕迹，绝缘漆膜有无脱落；上铁轭的顶部和下铁轭的底部是否有积聚的油垢杂物，可用白布或洁净的泡沫塑料进行清扫擦拭；若叠片有翘起或不规整之处，可用木槌或铜锤敲打平整；检查铁芯、上下夹件、绕组压板（包括压铁）的紧固度和绝缘情况。为便于监测运行中铁芯的绝缘情况，可在大修时在变压器箱盖上加装一个小套管，将铁芯接地线经小套管引外接地，检查穿心螺栓的紧固度和绝缘情况；检查铁芯和夹件的油道；检查铁芯接地片的接触及绝缘状况；检查铁芯与定位钉之间的距离。

4）引线检修。检查引线及引线锥的绝缘扎包情况，有无变形、变脆、裂开、破损，引线有无断股，引线及引线接头处焊接情况是否良好，有无过热现象；检查绕组至分接开关的引线的长度、绝缘包扎的厚度、引线接头的焊接、引线对各部位的绝缘距离及引线的固定情况等；检查套管将军帽密封是否良好，套管与引线的连接是否牢固；检查木支架有无松动和裂纹、位移等情况，检查引线在木支架内的固定情况。

5）变压器油箱检修。检查变压器油箱内部清洁度；检查油箱及大盖等外部，特别是焊缝处是否有锈蚀、渗漏现象，如有应进行除锈喷漆、补焊；检查套管的升高座，一般升高座的上部应设有放气塞。对于大电流套管，为防止产生电流发热，三相之间应采用隔磁措施；检查油箱大盖的箱沿是否保持平整，接头焊缝须采用砂轮打平。箱沿内侧应加焊防止胶垫位移的圆钢或方铁；检查铁芯定位螺栓，检查隔磁及屏蔽装置；检查油箱的强度和密封性。

（2）冷却装置检修。冷却装置检修前应拆除冷却器。关闭上、下两端蝶阀，打开底部的排油塞，逐步打开上部排气塞，以控制排油速度，排油完毕，松开管接头螺钉并吊下冷却器。清扫冷却器表面，油垢严重时可用金属去污剂清洗，然后用清水冲洗干净并晾干；用盖板将接头法兰密封，加压进行试漏。

陆上控制中心承担把发电侧的电能并送到电网的任务，一般由降压变压器、GIS、35kV配电装置、高压断路器、隔离开关、电抗器、电容器、互感器、直流系统、应急柴油发电机、消防系统等组成。和海上升压站重复的部分在这里不再重复讲解，相关内容如下。

7.3.2 高压断路器

1. 高压断路器简介

高压断路器是一种高压电器，其功能是在电力系统故障或正常运行情况下，切、合各种电流。高压断路器是风电场主要的电力控制设备，具有灭弧特性。当系统正常运行时，它能切断和接通线路以及各种电气设备的空载和负荷电流；当系统发生故障时，它和继电保护装置配合，能迅速切断故障电流，以防止扩大事故范围。因此，高压断路器工作的好坏直接影响到电力系统的安全运行。风电场高压断路器如图7-2所示。

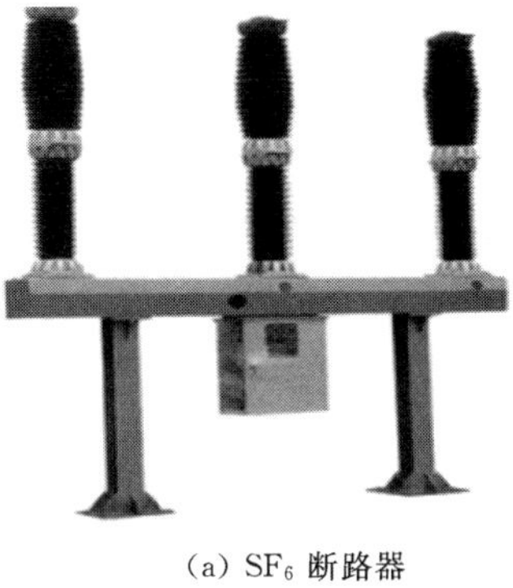

(a) SF_6 断路器

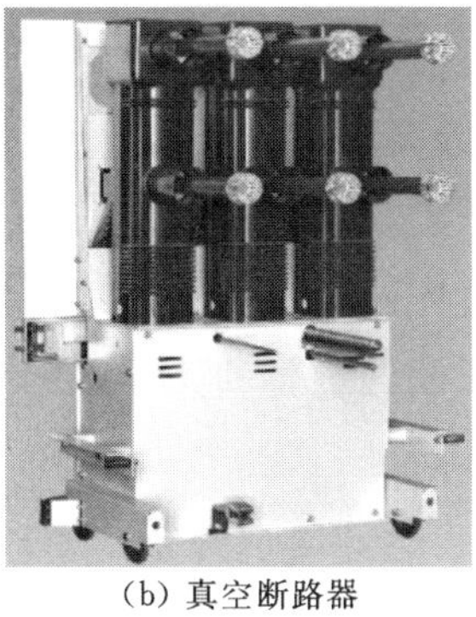

(b) 真空断路器

图7-2 风电场高压断路器

断路器种类很多，其适用条件和场所、灭弧原理各不相同，结构上也有较大差异。断路器按适用场合分为交流断路器和直流断路器；按适用电压分为低压断路器和高压断路器，其中，低压断路器的交流额定电压不大于1.2kV或直流额定电压不大于1.5kV，高压断路器的额定电压在3kV及以上；断路器按灭弧介质分为油断路器、压缩空气断路器、SF_6断路器、真空断路器等。

2. 高压断路器的结构

断路器由导电回路、可分触头、灭弧装置、绝缘部件、底座、传动机构、操动机构等组成。导电回路用来承载电流；可分触头是使电路接通或分断的执行元件；灭弧装置则用来迅速、可靠地熄灭电弧，使电路最终断开。与其他开关相比，断路器灭弧装置的灭弧能力最强，结构也比较复杂。触头的分合运动是靠操动机构做功并经传动机构传递力来带动的。断路器的操作方式可分为手动、电动、气动和液压等。有些断路器（如油断路器、SF_6断路器等）的操动机构并不包括在断路器的本体内，而是作为一种独立的产品提供断路器选配使用。

3. 高压断路器的检查维护

（1）断路器正常巡视检查。

1）检查断路器各部分应无松动、损坏，断路器各部件与管道连接处应无漏气和异味。

2）检查弹簧储能电动机储能正常，行程开关触头应无卡住和变形。

3）套管引线、接头无发热变色现象；套管、瓷绝缘子等清洁完整，无裂纹破损和不正常的放电现象。

4）检查机械闭锁应与开关的位置相符合。

5）检查断路器的分合闸机械指示、电气指示与断路器实际位置相符合。

6）液压机构工作压力正常，各部位无渗漏油现象，压力偏低时应检查是否漏气。

7）检查SF_6断路器中SF_6气体压力是否正常。

8）检查分、合闸线圈，接触器、电动机应无焦臭味，如闻到异味，则应进行全面详细检查，消除隐患。

9）检查油泵是否正常。

10）电磁操动机构的巡视检查项目包括：机构箱门平整，开启灵活、关闭紧密；检查分、合闸线圈及合闸接触器线圈完好无异常；直流电源回路接线端子无松脱、无铜锈或腐蚀；机构箱内整洁无异味。

（2）断路器特殊巡视。

1）新设备投运的巡视检查，巡视周期为2h一次，投运72h以后转为正常巡视。

2）若气温突变，增加巡视。

3）雷雨季节、雷击后应进行检查，检查套管有无闪络、放电痕迹。

4）高温季节、高峰负荷期间，应加强巡视。

5）短路故障后，检查设备接头有无发热，引下线有无断股、松股，开关有无喷油、冒烟、瓷绝缘子有无损坏等现象。

6）大风时检查引线接头有无松动，开关、引线上有无搭挂杂物；雨雾天气检查有无不正常的放电、发红、接头发热等现象；下雪天气检查接头处有无融雪情况。

（3）高压断路器维护。

1）检查液压机构模块对接处有无渗漏油，元器件有无损坏，根据不同情况分别进行擦拭、拧紧，更换密封圈或修理。

2）检查并紧固压力表及各密封部位。

3）检查操动机构，在传动及摩擦部位加润滑油，紧固螺栓。

4）检查油箱油位应符合规定，若油量低于运行时的最低油位，应补充液压油。

5）检查储压器预压力。

6）检查清理辅助开关触点。

7）检查紧固电气控制电路的端子。

8）检查油泵启动、停止、分、合闸闭锁油压值，安全阀开启、关闭油压值。

7.3.3 隔离开关

1. 隔离开关简介

隔离开关是户外三相交流50Hz高压输变电设备，主要用来将高压配电装置中需要停电的部分与带电部分安全、可靠地隔离，如对被检修的高压母线、断路器等电气设备与带电高压线路进行电气隔离，以保证检修工作的安全。隔离开关还可以用来进行某些电路的切换操作，以改变系统的运行方式。如风电场输电线路在无载流情况下进行切换；在双母线电路中，可以用隔离开关将运行中的电路从一条母线切换到另一条母线上；当电气设备需要检修时，由断路器断开电路，再拉开安装在断路器和电气设备之间的隔离开关，在电气设备和断路器之间形成明显的断开点，从而保证检修的安全。此外，隔离开关常用来进行电力系统运行方式改变时的倒闸操作。

根据安装地点，隔离开关可分为室内式和室外式；根据其绝缘支柱的数目可分为单柱式、双柱式、三柱式及V形隔离开关。风电场高压户外隔离开关如图7-3所示。

隔离开关的触头全部敞露在空气中，具有明显的断开点，隔离开关没有灭弧装置，因此不能用来切断负荷电流或短路电流，否则在高压作用下，断点将产生强烈的电弧，很难自行熄灭，甚至可能造成飞弧（相对地或相间短路），烧损设备和危及人身安全。

(a) 双柱式隔离开关　(b) 三柱式隔离开关　(c) V 形隔离开关

图 7-3　风电场高压户外隔离开关

2. 隔离开关的检查维护

(1) 隔离开关的巡视。

1) 检查瓷绝缘子是否清洁，有无裂纹和破损。

2) 检查隔离开关接触良好，动触头和静触头接触紧密，触头无发热现象。

3) 检查引线无松动或摆动，无断股和烧股现象。

4) 检查辅助触点接触良好，连接机构完好，外罩密封性好。

5) 检查操动机构连杆及其他机构各部分无变形、卡涩、锈蚀。

6) 检查处于断开位置的隔离开关，触头分开角度应符合规定，防误闭锁机构良好。

(2) 隔离开关的维护。

1) 瓷绝缘子检查、清扫。

2) 检查引线、导电板、软联机等固定螺钉，以及各部件连接螺栓、底脚螺栓、接地螺栓。

3) 检查传动装置中的各轴销，并涂低温润滑油。

4) 检查辅助开关及微动开关。

5) 进行分、合闸操作试验，高压绝缘试验。

3. 隔离开关的异常及故障处理

(1) 隔离开关的异常处理。

1) 正常情况下隔离开关及引线接头温度不得超过 70℃，接头发热后，应采取转移或减少负荷等措施。

2) 隔离开关绝缘子有不严重的放电痕迹，可暂不停电。若损坏严重，应立即停电处理。

3) 隔离开关绝缘子因过热、放电、爆炸或触头发热熔焊时，应立即停电处理。

（2）隔离开关拒动处理。

1）当手动操作的隔离开关拒绝分、合闸时，应用均衡力轻轻摇动，逐步找出故障原因和处理办法。未查明原因不得强行操作，以免损坏隔离开关机构。

2）当隔离开关操作时严重不同期或接触不良时，应拉开重新操作，在必要时可用绝缘棒进行调整，但应注意相间距离。

3）电动操作的隔离开关，若电动控制电源消失时，应查明原因在进行操作，操作时禁止按接触器。

7.3.4 电抗器和电容器

1. 电抗器

把导线绕成螺线管形式，形成一个空心线圈，当通电时就会在其所占据的一定空间范围产生磁场，能在电路中起到阻抗的作用，这便是最简单的电抗器，也称为空心电抗器，如图7-4所示。为了让螺线管具有更大的电感，在螺线管中插入铁芯，称为铁芯电抗器。电抗器就是依靠线圈的感抗阻碍电流变化的电器，因此也称为电感器。

(a) 空心电抗器　(b) 串联电抗器　(c) 并联电抗器

图7-4　电抗器

电抗器在电路中具有限流、稳流、无功补偿及移相等功能。电网中所采用的电抗器实质上是一个无导磁材料的空心线圈。它可以根据需要布置为垂直、水平和品字形三种装配型式。在电力系统发生短路时，会产生数值很大的短路电流。如果不加以限制，要保持电气设备的动态稳定和热稳定是非常困难的。因此，串联电抗器通常安装在出线端或母线前，用于限制系统的短路电流，使得电路出现短路故障时电流不致过大，并维持母线电压在一定水平。在330kV以上的超高压输电系统中应用并联电抗器，用于补偿输电线路的电容电流，防止线路端电压的升高，以提高线路的传输能力和输电效率，并使系统的内部过电压有所降低。此外，在并联电容器的回路通常串联电抗器，以降低电容器投切过程中的涌流倍数和抑制电容器支路的谐波，还可以降低操作过电压。

（1）电抗器的检查维护。

1）检查电抗器接头良好，无松动、发热现象。

2）检查绝缘子清洗、完整，无裂纹及放电现象。

3）检查线圈绝缘无损坏、流胶。

4）检查接地良好，无松动。

5）对于故障电抗器，在切除故障后，应检查电抗器接头有无发热及损坏，外壳有无变形及其他情况。

（2）预防电抗器事故措施。

1）为防止电抗器油老化，定期加抗氧化剂。

2）对过热现象较为明显的电抗器应加装冷却风扇。

3）加强运行巡视和试验跟踪，重视油色谱数据分析，必要时缩短油分析间隔。

4）定期进行电抗器油脱气及油过滤处理。

2. 电容器

电容器是储存电能的装置，是电子电力领域中不可缺少的电力元件，主要用于电源滤波、信号滤波、信号耦合、谐振、隔直流等电路中。电容器具有充电快、容量大等优点。并联电容器是一种无功补偿设备，也称为移相电容器。变电站通常采取高压集中的方式，将补偿电容器接在变电站的低压母线上，补偿变电站低压母线电源侧所有线路及变电站变压器上的无功功率，使用中往往与有载调压变压器配合，以提高电力系统的电能质量。电容器类型很多，如图7-5所示。

(a) 并联电容器

(b) 超级电容器

图7-5　电容器

（1）电容器的检查维护。

1）检查电容器有无鼓包、喷油、渗漏现象。

2）检查电容器是否有过热、渗漏油现象。

3）检查各相电流是否正常，有无微增现象。

4）检查套管的瓷质部分有无松动、发热破损及闪络现象。

5）检查有无异常声音和火花。

6）检查电容器的保护网门是否完整。

7）检查外观：电容器套管表面、外壳、铁架子保持清洁、无杂物，如发现箱壳膨胀应停止使用，以免发生故障。

8）检查负荷：用无功电能表检查电容器组每年的负荷。

9）检查电气连接：检查接有电容器组的电气线路上所有接触处的接触可靠性；检查连接螺母的紧固度。

10）检查电容和熔断器：对电容器电容和熔断器的检查，每个月一次，在一年内要测电容器的损耗角正切值三次，目的是检查电容器的可靠性情况，这些测量都在额定值下或近似额定值的条件下进行。

11）耐压试验。电容器在运行一段时间后，需要进行耐压试验。

（2）电容器组事故处理。

1）处理事故需靠近电容器时，首先要对全组电容器进行充分的接地短路放电。工作中需要接触电容器时，还应对电容器进行逐个放电才能进行。

2）并联电容器喷油或冒烟、起火时，应立即用断路器将故障电容器切除；然后用隔离开关隔离故障点。将电容器放电完全接地后，用干式灭火器灭火。

3）由于继电器动作使电容器组的断路器跳开，此时在未找出跳开的原因之前，不得重新合上断路器。

7.3.5 高压互感器

互感器是按一定比例变换电压或电流的设备，其作用是将交流电压和大电流按比例降到可以用仪表直接测量的数值，便于仪表直接测量，同时为继电保护和自动装置提供电源。电力系统用互感器是将电网高电压、大电流的信息传递到低电压、小电流二次侧的计量、测量仪表及继电保护、自动装置的一种特殊变压器，是一次系统和二次系统的联络元件，其一次绕组接入电网，二次绕组分别与测量仪表、保护装置等连接。互感器与测量仪表和计量装置配合，可以测量一次系统的电压、电流和电能；与继电保护和自动装置配合，可以构成对电网各种故障的电气保护和自动控制。互感器性能的好坏，直接影响到电力系统测量、计量的准确性和继电器保护装置动作的可靠性。

互感器可分为电压互感器（TV）和电流互感器（TA）两大类，其主要作用是将一次系统的电压、电流信息准确地传达到二次侧相关设备，将一次系统高电压、大电流变换为二次侧的低电压（标准值）、小电流（标准值），使测量、计量仪表和继电器等装置标准化、小型化。此外，互感器还能将二次侧设备以及二次系统与一次系统高压设备在电气方面很好地隔离开来，对二次设备和人身安全起到保护作用。互感器如图 7-6 所示。

电流互感器是利用电磁感应原理，对一次设备和二次设备进行隔离，为测量装置和继电保护的线圈提供电流；电压互感器是利用电磁感应原理改变交流电压值的器件，是将交流高电压转化成可供仪表、继电器测量的低电压，在正常使用条件下，其二次输出的电压与一次电压成一定比例。

(a) 电流互感器　　(b) 电压互感器

图 7-6　互感器

7.3.5.1　互感器的运行维护

(1) 运行中的电压互感器二次侧不得短路，电流互感器二次侧不得开路。

(2) 电压互感器允许高于额定电压的10%范围内连续运行，电流互感器允许高于额定电流的10%范围内连续运行。

(3) 油浸式电压互感器套管绝缘子整洁无破裂，无放电痕迹。

(4) 油位计的油位在标志线内，油色透明，无渗油、漏油现象。

(5) 一次接线完整，外壳接地良好，无异常响声，引线接头紧固，无过热现象。

(6) 一次、二次熔断器（快速开关）完好，击穿熔断器无损坏。

(7) 检查接地端子、螺圈型电流互感器（TA）的末屏接地及电压互感器（TV）的N端接地系统（包括铁芯外引接地）。

(8) 按规定要求进行测量和试验，包括电气试验（含局部测试）和绝缘油简化试验、谱分析、微水试验等。

7.3.5.2　互感器故障处理

1. 电压互感器故障

(1) 电压互感器故障时，有以下现象：

1) 电压表，有功、无功负荷表指针异常。

2) “电压回路断线”“低电压动作”光字牌亮，对接有开口三角形连接的电压互感器有“××母线接地”信号发出。

3) 故障相电压被拉低或至零，正常相电压指示正常。

(2) 针对电压互感器故障，有以下处理办法：

1）首先判断故障的电压互感器，并依靠电流表监视设备运行。

2）对带有电压元器件（如距离保护、失磁保护、低电压保护、强行励磁）的电压互感器，应立即切除保护出口压板或退出有关装置；对厂用6kV、400V母线电压互感器故障，应立即切除相应母线的备用电源自投开关和厂用电动机的低电压保护直流熔断器。

3）若为二次熔断器熔断，应重新更换；若为二次断路器跳闸，应重新送上；若重新投入后又熔断或断开，应查明原因，必要时应调整有关设备的运行方式。

4）若是电压互感器高压熔断器熔断，应停电测量其绝缘电阻；测量检查无问题后，方可将电压互感器重新投入运行。

5）若测量检查是电压互感器内部故障，应将该电压互感器停电检修。

2. 电流互感器故障

（1）电流互感器故障时，有以下现象：

1）电流表指示减小到零，有功表、无功表指示异常。

2）若是励磁装置所用电流互感器开路，励磁装置输出电流表指示减小。

3）若是差动保护所用电流互感器开路，会引起差动保护误动作跳闸。

4）严重时，开路点有火花、放电声和焦臭味。

（2）针对电流互感器故障，有以下处理办法：

1）停用故障电流互感器所带保护装置。

2）设法降低电流，将故障电流互感器二次侧进行短接，但应注意安全。

3）当短接后仍有嗡嗡声，则说明电流互感器内部开路，应停电处理。

3. 电压互感器、电流互感器着火

若电压互感器或电流互感器出现着火现象，则应立即切断其电源，用四氯化碳或二氧化碳灭火器进行灭火，不得用泡沫灭火器灭火。

7.3.6 GIS组合电器

1. GIS简介

GIS（gas insulated switchgear）是气体绝缘全封闭组合电器的英文简称。GIS由断路器、隔离开关、接地开关、互感器（电压互感器和电流互感器）、避雷器、母线、连接件和出线终端等组成，这些设备或部件全部封闭在金属接地的外壳中，在其内部充有一定压力的SF_6绝缘气体，故也称SF_6全封闭组合电器。常见电压等级有110kV、220kV、500kV，现阶段国内海上升压站一般采用220kV，实物如图7-7所示。220kV GIS组合电器具有结构紧凑、占地面积小、运行可靠性高、配置灵活、安装方便、安全性强、环境适应能力强，维护工作量很小，其主要部件维修间隔不小于20年等优点。但由于SF_6气体的泄漏、外部水分的渗入、导电杂质的存在、绝缘子老

图 7-7 GIS组合电器

化等因素影响，都可能导致GIS内部发生闪络故障。GIS的全密封结构使故障的定位及检修比较困难，检修工作繁杂，事故后平均停电检修时间比常规设备长，其停电范围大，常涉及非故障元件多。

2. 220kV GIS的检查维护

对气动机构，应按规定排水，一般安排每周排放1次，并检查空气压缩机润滑油油位，当油位低于标线下限时应及时补充润滑油。

对液压机构，每周应打开操动机构箱门检查液压回路有无漏油。密封件因质量不过关而易发生泄漏的，应特别加强定期检查工作。做好油泵累计启动时间记录，平时注意油泵启动次数或打压时间，若出现频繁启动或打压时间超长，则需及时处理。

定期检查合闸熔断器的熔丝是否正常，核对其容量是否相符。

定期对断路器操作机构箱、端子箱进行清洁，根据环境温度或湿度投退操作箱、端子箱中的加热器或烘潮装置。加强对GIS设备各气室 SF_6 气体压力的监测。

维护完毕后，应记录 SF_6 气体压力、机构压力、避雷器动作次数等。

7.3.7 35kV 配电装置

1. 35kV 开关柜简介

35kV开关柜进行开合、控制和保护用电设备。开关柜内的部件主要由断路器、隔离开关、负荷开关、操作机构、互感器以及各种保护装置等组成。开关柜的分类方法很多，如通过断路器安装方式可以分为移开式开关柜和固定式开关柜；或按照柜体结构的不同，可分为敞开式开关柜、金属封闭开关柜和金属封闭铠装式开关柜，如图7-8所示。

2. 开关柜的检查维护

开关柜的维护检查内容包括日常维护、一年一次计划性维护、必要时的故障维护。

（1）日常维护内容包括以下方面：

1）检查开关柜门已关好，开关的位置指示与开关状态一致。

2）设备无过热、无变色，无放电声音，室内无焦臭味。

3）检查盘面表计及信号灯正常。

图 7-8 高压开关柜

4）检查电缆、封母孔洞堵塞无漏洞。

5）检查35kV开关柜的电加热装置应全天候投入。

6）检查35kV开关柜上的保护装置运行正常，保护压板投入正确。

7）检查SF_6泄漏在线检测装置监测正常无泄漏报警。

（2）一年一次计划性维护内容包括以下方面：

1）清扫、排除日常巡视中发现的各种缺陷，如外壳防护油漆锈蚀脱落，进行补漆。

2）电缆室保养。紧固电缆插头、螺钉、接地线；电缆口用防火泥密封完好，室内干燥；用酒精、白棉布擦拭绝缘子，进行表面清洁。

3）断路器室部件检查、保养。检查一次回路隔离触指及其连接铜排是否有烧痕、放电的痕迹，视情况看是否需要使用砂纸打磨，用酒精棉布擦拭；按力矩要求紧固一次回路上的各螺栓，紧固螺栓后检查弹簧垫片应平整，完成紧固操作后，给一次回路上各螺栓划上防松线；用酒精、白棉布擦拭断路器室内各部件，确保无积尘、无污渍；将主断路器用小车推入断路器室舱内并摇至测试位，手动操作合分闸一个循环，断路器动作正常，无卡滞，机械位置指示、断路器分合位置指示、弹簧储能与未储能指示均正常。

4）二次回路检查、保养。检查二次接线，应接线紧固，线号清晰；检查柜内清洁，应无积尘、无异物；必要时，清扫除尘并紧固二次接线。

（3）必要时的故障维护。断路器检修和更换应按照生产厂家的具体参数要求进行更换。

7.3.8 站用电系统

1. 站用电系统简介

站用电系统主要是为低压用户配送电能，主要设有中压进线、配电电压器和低压装置等，低压开关如图7-9所示。

2. 站用电系统的检查维护

（1）按提示操作显示器，检查三相电压及电流是否平衡，各回路电流指示与负荷是否相适应及各相关信息是否正确。

（2）站用母线及各引线、接头无过热发红现象。

（3）各负荷熔断器无发红、熔断现象。

（4）各方式选择开关、控制开关、按钮、位置正常，各电源正常。

图7-9 站用电系统低压开关

（5）各负荷空气开关位置正确，无过流脱扣现象，指示灯指示正常。

（6）各电缆无破损裂纹，连接处无过热现象。

（7）盘下防火、防鼠封板完好。

7.3.9　应急柴油发电机

1. 应急柴油发电机简介

海上升压站都会配备应急柴油发电机作为备用电源，用于当全站停电时，供应急负荷运行，不会使重要负荷停运影响整站的安全，如图7-10所示。

图7-10　应急柴油发电机

2. 应急柴油发电机的检查维护

（1）启动发电机组前，检查发电机组燃油、机油量、冷却用水量，保持所存柴油够运行24h；机油位应接近油尺，不够时应加补；水箱水位接近水盖下，不够时应加满。

（2）启动蓄电池：每工作50h检查蓄电池一次，蓄电池电压保持在规定范围内。

（3）机油滤清器：在发电机组工作250h后，机油滤清器就必须更换，保证其性能处于良好状态，具体更换时间参照发电机组运行记录。

（4）燃油滤清器：在发电机组工作250h后，更换燃油滤清器。

（5）水箱：在发电机组工作250h后，要清洗水箱一次。

（6）空气滤清器：在发电机组工作250h后，拆下吹除灰尘、清洗，烘干后再装上；工作500h后，更换空气滤清器。

（7）机油：在发电机工作250h后，必须更换机油。

（8）冷却水：在发电机组工作250h后更换，换水时必须加防锈液。

（9）三角皮带：每400h检查三角皮带，如三角皮带已磨损需更换，若是两根中有一根损坏，则需两根一起换新。

（10）气门间隙：每运行250h，检查及调整气门间隙。

（11）涡轮增压器：每运转250h，需清洗涡轮增压器壳体。

（12）中修：每运转3000h，进行中修。具体检查内容有：①吊缸头，对缸头清洁；②进行气阀清洁研磨；③喷油器换新；④供油定时检查调整；⑤油轴拐档差测量；⑥缸套磨损测定。

（13）大修：每运转6000h，进行大修。具体检修内容有：①取出活塞、连杆，清洁活塞，测量活塞环槽，更换活塞环；②曲轴磨损量测量、曲轴轴承检查；③断路器、电缆连接检查维护，拆开发电机侧板，紧固断路器各固定螺丝，紧固电源输出与电缆线线耳锁合螺丝，一年一次。

7.3.10 直流系统

1. 直流系统简介

直流系统是给信号及远动设备、保护及自动装置、事故照明、断路器分合闸操作提供直流电源的电源设备。直流系统是一个独立的电源，在外部交流电中断的情况下，由蓄电池组继续提供直流电源，保障系统设备正常运行。它的用电负荷极为重要，对供电的可靠性要求很高，直流系统的可靠性是保障变电站安全运行的决定性条件之一。在系统发生故障，站用电中断的情况下，如果直流电源系统不能可靠地为工作设备提供直流工作电源，将会产生不可估计的损失。

直流系统由交流输入、充电装置、蓄电池组、监控装置、放电装置、馈线屏等单元组成。

2. 直流系统的检查维护

直流系统维护一般一年一次，或者根据设备的运行情况调整、确定维护级别或时间。维护内容如下：

（1）对蓄电池组的浮充电压，应严格按制造厂家规定的浮充电压执行。如果制造厂家无相关规定，对一般阀控密封铅酸蓄电池，可控制单体蓄电池的浮充电压在2.23～2.25V范围内运行。

（2）每月至少一次对蓄电池组所有的单体浮充端电压进行测量记录。

（3）定期对充电装置输出电压和电流精度、整定参数、指示仪表进行校对。

（4）定期进行稳压、稳流、波纹系数和高频开关电源型充电装置的均流不平衡度等参数进行测试。

7.3.11 消防系统

1. 消防系统简介

升压站各个设备间都采用消防系统进行灭火保护，一般设置高压细水雾灭火系统、高压细水雾消火栓、用火探管式自动探火系统及移动式灭火器等防火、探火、灭火设施，同时配套火灾自动报警、防火排烟等系统。

2. 消防系统的检查维护

（1）维护应按一定的频次进行，以确保系统的可操作性和功能性。水箱一般每季度进行放水清理；过滤器或滤网一般每季度进行清洗。

（2）进行预防性维护时至少应包括以下内容：对控制阀门手柄进行润滑，清理过滤器或滤网。

(3) 进行更换性维护至少应包括以下内容：更换受损、腐蚀或被喷涂的喷头，更换受损、失效的支吊架，更换阀门密封件。

(4) 进行紧急维护至少应包括以下内容：由于管道受冻或受损造成的损害修理，更换受损的电气线路。

(5) 一般每年对所有探测器进行一次外观检查，严重污染和机械损坏的探测器必须更换。

(6) 建议无论在何种环境下，使用7～10年的探测器需要予以更换。

(7) 长期备用的探测器应封装保存。

(8) 平时定期进行点烟试验，一般每季度一次。

7.4　海底电缆维护

1. 海底电缆终端设备的维护

(1) 终端房内各电气设备、绝缘件、充油海底电缆油路及油压仪器仪表应进行定期维修保养，周期一般为一年一次。

(2) 海底电缆中间接头和终端接头应有可靠的防水密封，以防水分浸入。

(3) 海底电缆终端设备上应有明显的相色标识，且应与系统的相位一致。

(4) 根据污秽情况、等值盐密测量结果、运行经验调整绝缘子清扫周期。

(5) 根据巡视结果对终端房构件进行防腐处理。

2. 海底电缆警示标识的维护

(1) 警示标识的基础、支架构件及警示油漆应定期进行保养、维护和防腐处理，周期不低于两年一次。

(2) 根据运行情况和巡视结果及时对海底电缆警示标识的本体、支架、电源部分、发光体、同步闪烁装置等进行维护和检修，确保海底电缆警示标识始终处于正常运行状态。

3. 海底电缆的监控、监测设备维护

(1) 海底电缆监控、监测设备的维修，应由经过专业培训并取得有关主管部门认可的专业维修人员进行。

(2) 监控设备进行维修时，应由临时具有同级功能的相应设备代替工作。

4. 海底电缆陆上段的防火、防洪

(1) 海底电缆陆上段穿过竖井、墙壁、楼板或进入电气盘、柜的孔洞处时，应用防火堵料密实封堵。

(2) 对重要回路的海底电缆陆上段，可单独敷设于专门的沟道中或耐火封闭槽盒内，或对其施加防火涂料、防火包带等阻燃措施。

（3）陆上段海底电缆应有可靠的防洪措施。

5. 定期巡视维护计划管理

（1）风电场按照海底电缆及附属设施定期巡视维护工作计划，组织开展海底电缆设施维护工作，并用海底电缆及附属设施定期维护记录表记录维护情况。

（2）海底电缆及附属设施定期维护工作过程中，风电场应严格按照技术标准和规程的要求，在规定的周期内，用规定的方法完成海底电缆及附属设施维护的项目、内容，不允许随意漏项或降低维护标准，并按区域海底电缆及附属设施、专业要求，确定设备责任到人。

（3）风电场在海底电缆及附属设施定期维护中发现危及人身和设备安全的异常情况时，应分析判断，采取相应的措施，防止故障扩大，将情况向安监技术部汇报，并填写好相应的海底电缆及附属设施定期维护记录表。

（4）由于某些原因不能执行（或未执行）海底电缆及附属设施定期维护工作时，风电场应记录具体原因，在条件具备时完成此项工作。

（5）除规定的定期维护外，风电场可根据实际生产情况增加维护工作。

7.5 运维船维护

海上风电运维船担任着海上交通工具的任务，造价昂贵，加之海上环境的腐蚀性强，需要对船舶进行定期保养维护，延迟使用寿命。

7.5.1 海上风电运维船设备设施维护保养计划

为了使船舶和设备设施随时处于适航状态，使船员掌握船体及设备的技术状况，防止机械设备损坏，延长使用寿命，降低燃料和配件的消耗，根据船舶和设备维护保养制度特制定本计划。

1. 维护保养对象

（1）船舶设施设备（所有船舶）。

（2）电器线路。

（3）消防设施（灭火器、消防水桶、消防泵、消防沙）。

2. 定期保养

（1）船舶设施设备实行一年两次保养。

（2）电器线路实行一年两次保养。

（3）消防设施实行一年四次保养。

3. 不定期保养

（1）根据各种设备的使用情况，按照相关时限要求及时进行保养。

(2) 对于已经发现异常的设备，及时进行保养和维护，保证各种设施设备处于适航状态。

(3) 根据灭火器等消防设备的情况，每月进行状况检查，并填写检查记录，发现充装压力异常的，及时上报部门负责人安排更换。

7.5.2 海上风电运维船年度检查和特殊检查项目

1. 年度检查项目

(1) 主发电机、主配电板及重要辅机电动机的检查。

(2) 应急发电机、应急配电板及蓄电池组和应急充放电板的效用试验。

(3) 舵机、锚机、消防泵、应急消防泵、舱底泵等电动机及其控制装置的检查。

(4) 各种报警系统的效用试验。

(5) 蓄电池组供电系统检查及效用试验。

(6) 主要电缆外观检查。

(7) 航行灯、信号灯及其控制设备的检查和效用试验。

(8) 天线、主应急发电信机、自动拍发器、自动报警器检查及效用试验。

(9) 无线电测向仪自差曲线校正。

(10) 救生艇无线电设备的检查及效用试验。

2. 特殊检查项目

(1) 主发电机组、应急发电机组负荷试验。

(2) 主发电机组并联运行试验和负荷转移试验。

(3) 各保护装置整定值检验（自动卸载、过电流、欠电压、逆功率等）。

(4) 配电系统联锁装置效用试验。

(5) 电缆网络检查及测量热态绝缘电阻。

(6) 锚机、舵机的电动机及控制系统的运转试验。

(7) 备件和备品的检查。

7.6 海上运维直升机维护

7.6.1 海上运维直升机的主要用途及特点

正常情况下，运维所使用的交通工具为船舶，在运维环境不允许或迫切的情况下可考虑使用直升机替代船舶作为交通工具。直升机主要运用于应急物资供应、人员救助或转移。同时，使用直升机实施海上救助，具有行动迅捷、机动性强、受天气海况影响小、视野开阔时搜寻范围大、救助成功率高等特点，是海上救助最高效的手段之一。

对于应急救援来说，显然速度越快越好。速度越快意味着被救助对象的生存概率越高。因此，应急救援的科技含量高，现代救援直升机一般配备较为先进的通信、光电吊舱等救援设备，可迅速地对预定区域进行搜索，确定目标，从而有效地提高搜索和救援效率，降低搜索成本，缩短救援时间，同一时间内能救助更多的人员。直升机常用的救助设备主要有救助吊带、救助吊篮、救助吊笼、救助吊座和专用担架等。

未来海上风电场大规模投入运维以后，直升机势必会进入海上风电场。参考欧洲的海上风电场运维策略，应配备一定数量的直升机配合海上风电场运维船进行海上风电运维工作。

7.6.2 海上运维直升机救援注意事项

直升机在救生艇筏上空旋停时，由于受到直升机向下气流的冲击，救生艇筏可能会倾覆。因此，艇筏上人员应聚集在艇筏中央，直至全部被吊升为止。在救援过程中，除因穿着救生衣将导致伤员病情恶化的情况外，所有被吊升的人员均应穿好救生衣。

被吊升人员在吊升时不要穿着宽松的衣物，戴帽子、头巾或者遮盖未经捆扎牢固的毛毯等物。艇筏上的待救人员为了避免吊升设备的金属部分带有静电，与人体产生放电现象（静电作用），对人身造成伤害，应先让其接触海水后才能抓紧吊升设备。为便于给直升机驾驶员指示救助现场的风向，艇筏上人员应设法举旗或挂起衣服，并使其随风飘扬。

待救人员在接受救援时要绝对服从指挥，严格遵守秩序，严禁争先恐后，以免造成不必要的伤害或者不应有的损失。最后一名待救人员在吊升离开艇筏前应将艇筏上的示位灯或示位标关闭，以免给过往船只和飞机造成错觉。

直升机一般采用悬停的方式输送运维人员，为了保证安全，直升机在机舱顶部所停的位置有严格的限制，如图 7-11 所示。

图 7-11 运维直升机平台

7.6.3 海上运维直升机运维现状

（1）直升机资源。目前国内海上风电集中开发区域基本没有合适的直升机资源。

（2）直升机方便性。现阶段运维直升机都是租赁，需要风电场附近有专门的直升机起降机场，而直升机起降需要中国民用航空局的航线批准（单次起降还是固定航线），手续烦琐。

（3）直升机运维时效性。鉴于风电场区域直升机资源短缺以及没有合适的直升机起降场地，不能充分发挥直升机高效快捷的优点。

（4）费用较高。若采用直升机日常运维，其成本远高于运维船舶运维。

7.6.4 海上运维直升机运维方式建议

（1）随着深远海风电场的开发，风电场离岸距离的增加，海上升压站平台设置直升机平台需要进行充分的论证和经济性评估。

（2）结构设计优化上，直升机平台目前采用传统的海洋石油钢结构直升机平台设计方案。该方案可采用双层铝合金结构，质量轻、外观美。

（3）目前阶段，直升机运维费用较高，便利性差，还需要多方联合组建区域性专业公司，降低运维成本。

（4）直升机平台运维具有其特殊性，需要提前进行人才培养及储备。

7.7 海上风电场运行和维护实例分析

海上风电场风电机组与陆地风电机组的运行过程基本相似，但是由于海上风电场风电机组始终处于恶劣环境中，长期受到海浪和海风的侵蚀，所以海上风电场建设费用约是陆地的两倍。为高效利用风能，海上风电机组发电功率都较大，这对海上风电的稳定和安全运行提出了更高的要求。大多数海上风电场中心距离海岸线约 20km，受恶劣气候条件的影响，检修工作人员可能长时间不能进入风电场对机组进行检修。检修人员必须乘坐运维船或者直升机到达风电场，重型设备和配件需要船只来运输，而对主要部件进行替换还需采用额外的装载机。此外，风电场距离海岸线较远，这一切因素都导致海上风电场维护费用很高，也需要更长的时间。

7.7.1 背景

广东某海上风电场所用的风电机组为明阳 5.5MW 海上抗台风型机组，广东沿海夏季为台风频发区域，为保证台风期间叶片可靠锁定于顺桨位置，不被台风吹开，需增加叶片的机械锁定装置，与变桨驱动的电磁抱闸联合形成双重保护，同时带有远程控制功能，使机组在台风期间更加安全。

7.7.2　叶片机械锁定装置的安装

叶片锁定装置示意图如图 7－12 所示。锁定挡块安装于变桨轴承内圈轮毂侧端面，利用叶根螺栓固定；叶片锁定装置由锁定销支座支撑，安装于轮毂上变桨驱动备用安装孔位置；叶片锁定销由电动推杆驱动伸出和缩回，卡入锁定挡块上的槽口进行锁定；螺纹推杆可实现安装调整和手动锁定。

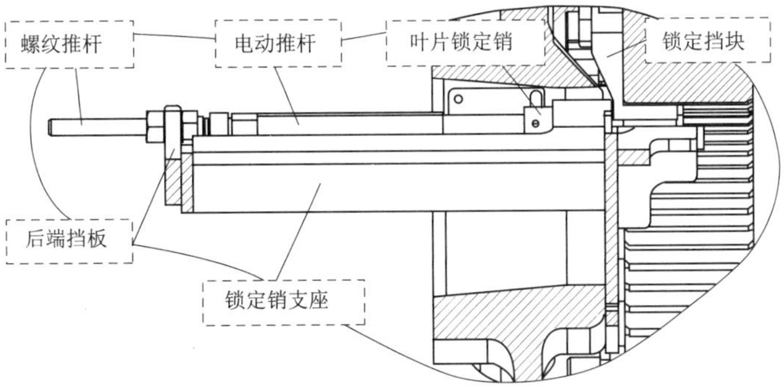

图 7－12　叶片锁定装置示意图

(1) 将朝向下方的叶片标记为 1# 叶片，由于机组停机时叶片处于顺桨状态（撞块刚好接触限位开关，桨距角为 89°～91°），此时安装人员进入叶片侧站在叶片腹板上，找到叶片锁支架开口处对应最近的一个变桨轴承的内齿槽并标记。安装人员进入轮毂进行手动变桨，将安装位置转到底部容易安装的地方。

(2) 手动操作变桨系统使叶片向 0°方向转动约 10°，使被标记的两个叶根螺栓转离备用变桨驱动安装凸台，位于两个腹板工艺孔中间的位置，如图 7－13 所示。

(3) 找到安装板（锁定挡块底板），槽沉孔朝向轮毂侧，安装到被标记的两个叶根螺栓上，取 1 个衬套（锁定挡块）和 1 个薄螺母固定安装板（锁定挡块底板），用开口扳手安装。

(4) 取 1 个锁定块（齿块）和 3 个内六角螺钉，将齿块卡入安装板一侧上方变桨轴承内齿齿槽，尝试将齿块与安装板上的安装长槽孔通过安装板与叶片螺栓的长孔左右调整；一侧对正后再将另一侧对正，两侧的安装块间隔一个齿槽位置，如

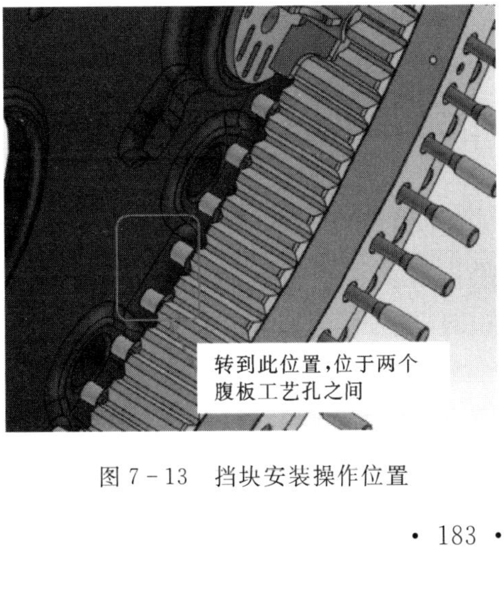

图 7－13　挡块安装操作位置

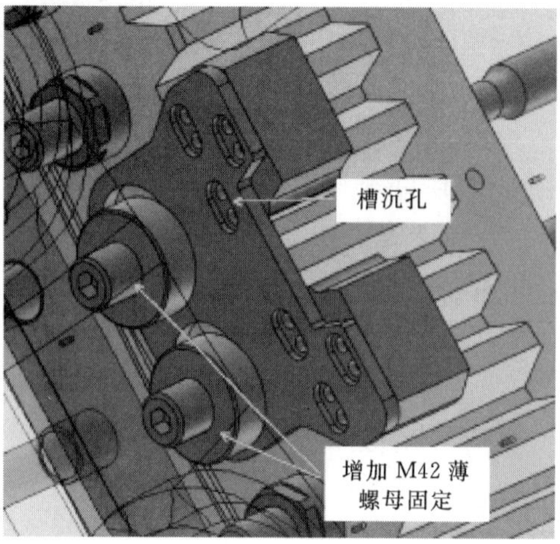

图 7-14　锁定块安装

图 7-14 所示；若调整一直无法达到要求，换到最近的一个叶根螺栓再次尝试直到调整好为止。

（5）齿块与安装板孔位对正后，用螺钉涂抹螺纹锁固胶后将两个齿块与安装板连接，压紧两个齿块使之与变桨轴承内齿完全贴合，依次拧紧螺钉和薄螺母，再将螺钉和螺母按规定力矩值拧紧。

（6）手动操作变桨系统将 1# 叶片转回顺桨位置。

（7）将叶片锁定支架 1 和叶片锁定支架 2 使用六角头螺栓、六角法兰面螺母组装，螺栓头涂抹二硫化钼，螺栓拧紧至安装面贴合紧密，不发生滑动，两个支架安装面圆心同轴对正。

（8）将手拉葫芦悬挂在变桨备用驱动孔上方变桨电控柜安装支脚处，将 2 个叶片锁定支架吊起安装到变桨驱动备用孔上。

（9）完成电动推杆及叶片锁定销组件的安装。

（10）清理干净轮毂内工具物料，解除风轮锁定，使 2# 叶片朝下后重新锁定风轮。

（11）重复上述步骤完成剩余 2 个叶片锁定装置的安装。

7.7.3　安装调整紧固

（1）停机锁定风轮，完成电气设备整改安装及电缆接线、软件更新修改，完成静态调试。

（2）操作变桨系统顺桨，精确调整到自动叶片锁目标锁定角度，保持叶轮处于锁定状态。

（3）将叶片锁定支架 1 和叶片锁定支架 2 之间的连接螺栓调整到贴紧状态，使之敲击时可以滑动，自由状态下不可滑动；铜棒敲击调整位置，使得叶片锁支架 1 与锁定挡块间距 6～8mm，锁定销位于锁定挡块上锁定槽口的正中，两侧间距相等，如图 7-15 所示。

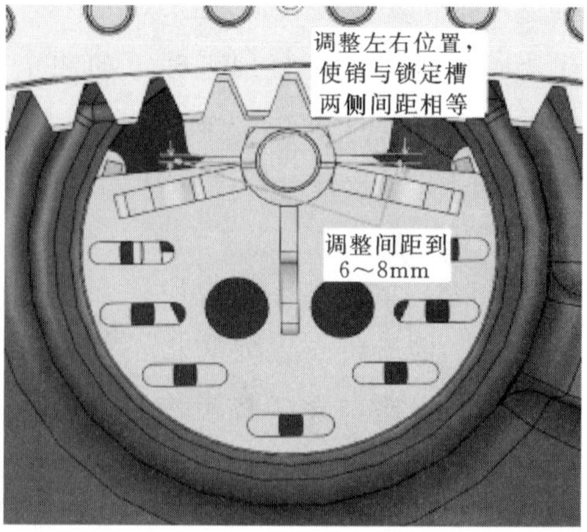

图 7-15　叶片锁定位置调整

（4）启动电动推杆使锁定销伸出，查看锁定销有无卡滞，锁定销与挡块是否干涉，锁定销端面是否已超出锁定挡块上端面，到位信号是否正常。锁定销动作 2～3 次，依次检查确认 3 个叶片的锁定装置状态。

（5）退回 3 个锁定销，解除所有叶片的锁定，手动操作叶片开桨到一定角度，使锁定挡块转离叶片锁定安装位置一段距离即可，重新顺桨到锁定位置，启动叶片锁定装置，检查 3 个叶片的锁定装置是否能够正常锁定。

（6）完成叶片锁定装置动作测试后，用力矩扳手紧固 3 个叶片面叶片锁定支架 1 的螺栓，紧固至规定力矩。

7.7.4　功能调试

（1）进入轮毂后，在顺桨状态下向塔基内控制人员询问桨叶角度，记录角度值。

（2）查看顺桨状态下锁定块开口与支架开口是否对中，若偏差超过 1.5 个齿的角度，如图 7-16 所示，需要更换安装板；偏差在 1 个齿左右，视为正常，继续调试。

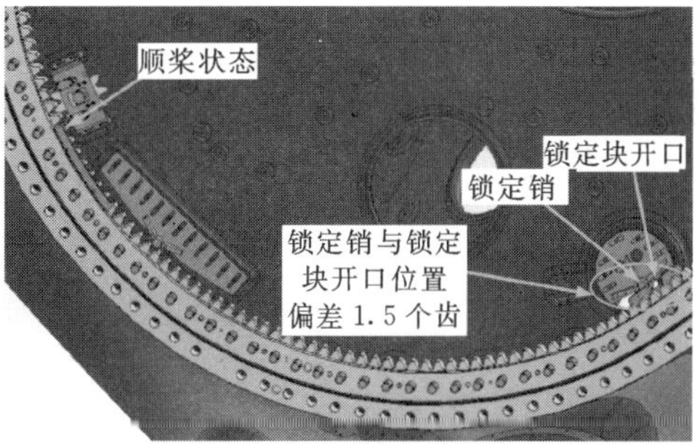

图 7-16　锁定块偏差示意图

（3）提前告知塔基人员要在轮毂内进行手动变桨（防止同时操作发生意外），将手动变桨手操盒接入控制柜，手动将锁定块开口位置转到与支架开口对中，如图 7-17 所示，然后询问塔基控制调试人员叶片角度，并做好记录。

（4）进入叶片腹板查看限位开关撞块位置，使用内六角扳手将撞块固定内六角螺钉松开，重新调整撞块至刚触发状态［手动慢慢将限位开关掰到触发状态会听到咔嗒声即为到位，然后再多掰过一小段距离 1mm 左右）］，如图 7-18 所示。

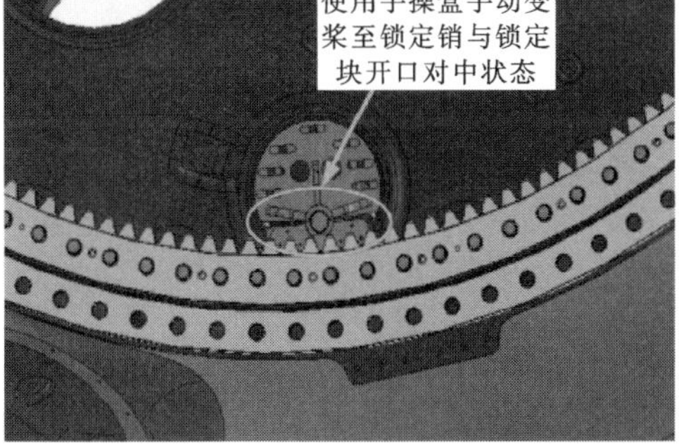

图 7-17　手动变桨至对中位置

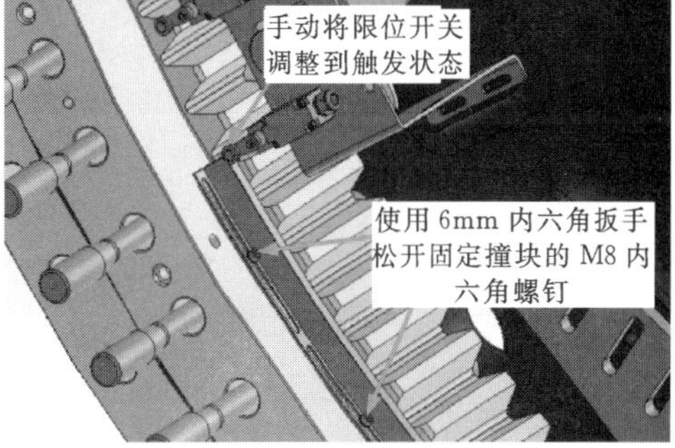

图 7-18　调整撞块

（5）回到轮毂，告知塔基控制人员旁通叶片后拍下急停使叶片顺桨，查看锁定块位置与角度是否在对中角度值±0.5°范围内。若不在此范围内，则撞块调试有问题，需重新调整撞块；若在则调试成功。

（6）3个叶片依次按照上述步骤调试完毕后，通知塔基控制人员将调整好的角度值写入程序，并测试电动推杆的伸出与退回状况。

第 8 章　海上风电场日常管理

海上风电场日常管理工作的主要任务是提高设备可利用率和供电可靠性，保证风电场经济运行和工作人员的人身安全，保证输出电能符合电网质量标准，降低各种损耗。工作中应以安全生产为基础，科技进步为先导，整治设备为重点，提高员工素质为保证，经济效益为中心，全面扎实地做好各项工作。海上风电场的日常管理工作主要有人员管理、设备管理、质量管理、安全管理、环境管理和职业健康管理等，是实现风电场生产稳定、安全，提高设备可利用率的前提条件和重要手段，也是严格贯彻落实各项规章制度的有力保证。

8.1　人　员　管　理

随着风力发电产业的不断发展，新技术、新设备、新材料、新工艺的广泛使用，海上风电场员工综合素质的培训显得日益重要，海上风电场的行业特点也决定了员工培训工作应当贯穿生产管理的全过程。

海上风电场工作人员较多，主要为风电场本场职工和外包项目工作人员。在海上风电场工作的人员，均应经医生检查鉴定身体健康，无传染病等影响工作的病症。厨房后勤工作人员应持健康证上岗，运维人员和外包项目工作人员应持相关证件上岗，如高空作业证、高压电工作业证和低压电工作业证，拒绝无证上岗或持假证上岗。

海上风电场作为重要的电力生产场所，员工在上岗前应该接受相应的知识技能培训，并通过考核方能上岗。风电场员工培训包括新员工进场培训、岗前实习培训和员工岗位培训 3 种形式。

8.1.1　新员工进场培训

新员工到风电场报到后，应经过一个月的理论知识和基础操作培训；培训期间由运维部派专人讲解指导，根据生产实际适当地进行一些基本工作技能的培训；并对各个职能部门的基本工作内容进行初步了解。培训结束后进行笔试和实际操作考试，员工考试合格后方可进入下一步培训。

新员工进场培训的主要内容包括：

（1）政治思想、职业道德、遵纪守法、文明礼貌、安全知识及规章制度教育。

（2）风电场现场设备的构造、性能、系统及其运行方式和维护技术。

（3）风电场运行及检修规程。

（4）风电场的组织制度及生产过程管理。

8.1.2　岗前实习培训

岗前实习培训的目的是使新员工在对风电场的整个生产概况进行初步了解的基础上，针对生产实际的需要全面系统地掌握风能利用知识、风电机组结构原理、风电机组和输变电运行维护基本技能以及风电场各项安全管理制度。在此基础上，根据生产需要安排实习员工逐步参与实际工作，进一步培养其独立处理问题的能力。新员工经过5个月岗前实习后，公司对其进行考评，考评内容包括理论知识及管理规程笔试，实际操作技能考评和部门考评。考评合格者，取得运行上岗证后，方可正式上岗。

岗前实习培训的主要内容包括：

（1）风能资源及其利用的基本常识。

（2）风电机组的结构原理及总装配原理、风电机组的出厂试验。

（3）风电机组的安装程序、调试及试运行。

（4）风电机组的运行维护基本技能，风电机组的常见故障处理技能。

（5）风电场升压站运行维护基本技能。

（6）风电场运行相关规程及风电场各项管理制度。

8.1.3　员工岗位培训

在职员工应有计划地进行岗位培训，全面提高员工素质。员工岗位培训本着为生产服务的目的，采用多种可行的培训方式，培训内容应与生产实际紧密结合，做到学以致用。

1. 安全培训

（1）学习电力生产的各种规程、制度，定期组织风电场安全生产规程考试。

（2）组织对“两票三制”制度的学习，按时完成对“三种人”（工作票签发人、工作负责人、工作许可人）的培训并进行年度例行考试。

（3）组织对巡视高压设备人员的培训及考试。

（4）普及常用安全知识，如现场急救方法及消防器材的使用方法等。

2. 专业培训

（1）组织运行人员进行海上风电场运行、检修规程的学习，并进行年度例行考试。

(2) 组织技术比拼活动。

(3) 定期组织运维人员参加同类型机组仿真培训，以提高运行维护人员在事故情况下的应变能力和实际操作水平。

(4) 根据设备变化和技术改造情况组织技术讲座。

3. 现场培训

(1) 根据现场设备实际情况，组织“技术问答”活动。

(2) 定期组织班组进行“现场拷问”工作。

(3) 搞好反事故演习，提高运维人员的事故判断及处理能力。

(4) 根据季节特点、设备实际情况、异常运行方式等，做好事故预想。

(5) 默写操作票是正确进行倒闸操作的基础，必须要求运维人员定期默写操作票。

(6) 默画系统图等。

在海上风电场内工作的人员，应该具备良好的团队合作意识，工作前制定好相关方案，确保工作顺利开展，采取相应的安全措施以保证人身安全。同时，应具备一定的急救知识，熟知机组维护中可能遇到的医学救护知识（如心肺复苏急救法），急救安全知识的培训每两年重复一次。还应遵守劳动纪律、服从管理、听从指挥，拒绝违章作业，违章指挥。

海上风电具有风能资源丰富、对环境的负面影响小、易于规模化开发等优点，同时，由于风电机组长期运行在恶劣的天气条件和复杂的地理环境中，海上风电机组可靠性低、维护成本高，因此必须加强对海上风电场工作人员的管理，加强作业人员准入资质的管理。应定期开展常规体检，禁止有心脏病、高血压、癫痫、恐高、晕船等病症的人员进入海上现场作业。对身体条件符合、技术技能过关的作业人员，必须开展海上安全专项培训，并取得相应的培训合格证明，方可准予下海作业。在日常安全培训中，应突出海上风险规避、海上应急自救的内容，确保人人应知应会。

8.2 设 备 管 理

海上风电场设备众多，规范的设备管理制度是保障生产有序进行的必要条件。

8.2.1 设备管理制度

1. 设备管理的基本制度

(1) 海上风电场要落实重大反事故措施的有关要求，落实上级公司下达的各项反措要求，无重大事故隐患和重大缺陷。

（2）海上风电场内设备完好率达到100%，其中一级设备应达到90%以上；危急、严重缺陷年设备缺陷消除率为100%，一般缺陷年设备缺陷消除率为80%以上。

（3）海上风电场应有两个独立的使用电源（包括一主一备或两组互备方式），场内直流电源可靠，电压和容量符合直流运行规程的规定。二次设备的防寒和降温装置应保证正常可靠运行。

（4）充油充气设备及液压、气动机构渗漏率应不超过1%。

（5）海上风电场内所有一次设备均应建立设备台账，一次设备及保护、控制等二次设备的出厂说明书、交接及正常试验数据，图纸齐全、有效，并与现场实物相符。

（6）防误闭锁装置应齐全有效，并处于良好状态，安装率、投运率和完好率应为100%。解锁钥匙应按规定进行封存，并按有关上级公司防止电气误操作装置管理规定的要求做好日常运行和维护工作。

2. 设备检修、试验周期的管理制度

（1）风电场设备检修、试验周期应按有关检修、试验的规程和规定执行。

（2）检修、试验周期若不能按有关规定执行的，必须制定由主管生产领导批准的管理办法，并报主管部门备案。

3. 设备缺陷管理制度

（1）在额定条件下运行或备用的设备上发生了影响安全运行的异常现象，或存在达不到一级设备条件的缺陷，称为设备缺陷。设备缺陷可分为3大类，具体如下：

1）危急缺陷：设备或建筑物发生了直接威胁安全运行并需立即处理的缺陷，否则随时可能造成设备损坏、人身伤亡、大面积停电和火灾等事故。

2）严重缺陷：对人身或设备有严重威胁，暂时尚能坚持运行但需尽快处理的缺陷。

3）一般缺陷：上述危急、严重缺陷以外的设备缺陷，指性质一般，情况较轻，对安全运行影响不大的缺陷。

（2）有关人员发现设备缺陷后，无论消除与否均应由值班人员做好记录。发现危急、严重缺陷应立即上报。危急缺陷要立即进行处理，严重缺陷应视具体情况尽快处理或采取其他措施防止造成事故，对一般缺陷可列入计划进行处理。

（3）集控中心主任应每周检查一次所辖风电场设备缺陷及消除情况，对本所设备运行情况、设备缺陷做到心中有数，对未消除的缺陷要加强监盘，并督促风电场检修人员尽快处理。

（4）加强缺陷管理，规范缺陷记录簿的填写，严格执行缺陷单和传递制度，缺陷单由运行单位—生产管理部门—检修单位—运行单位，实行缺陷的闭环管理，危急缺陷立即处理，不需后补缺陷单。

4. 设备标志的管理制度

(1) 运行设备必须具有标志牌。

(2) 运行中的所有一次、二次设备本身，分线箱，操作开关，仪表，按钮，指示灯，熔断器，断路器，隔离开关，端子排，电缆（包括电缆重要的转角处）等均应有清楚、合格的标志牌。

(3) 各间隔的进出线处、母线门型构架安装相位牌，变压器套管应有相位标志，主变压器风冷、铁芯及夹件接地刀闸等附属设施应有标志。

(4) 一次运行设备标志应齐全、正确、清晰、规范，应使用双重名称。继电保护、自动装置控制屏（柜）前后屏楣均应标明屏的名称。屏面和屏内设备、控制开关和保护压板等采用统一的专用或打印的标签（大小规格化、布设位置统一化）。

(5) 同一风电场电缆牌、端子的样式、距地（底）面高度标准统一，端子护套、端子排一般应为打印标志并统一，电缆穿过墙、楼板前后应有标志牌。

(6) 保护屏、远动屏、交直流屏、电度表屏等屏面上重要的操作把手、按钮、压板标志使用专用标志（不允许手写），其标注情况与压板图对应，不使用的压板由维护单位拆除保存。

(7) 停运的继电保护及自动装置屏（柜）在前后屏楣贴上“已停运”标志，未投入运行的屏悬挂“未投运”标牌，风电场闲置的设备应将运行标志拆除。模拟图板上的主接线图要与实际相符，模拟图板上闲置间隔、设备应有明显标志。

8.2.2 辅助设备管理原则

1. 总则

(1) 海上风电场内辅助设备管理是一项专业技术性较强的工作，应设立专职、兼职人员加强管理。

(2) 海上风电场内辅助设备管理主要包括设备分类、计划编制、规范、购置订货、存储保管、领用、补充、资金管理等。

(3) 海上风电场内辅助设备实行现场储备、管理，由企业归口管理部门统一核定该类设备的品质及数量，并视使用情况，对其进行调配。

(4) 为保证安全生产，海上风电场内辅助设备必须根据生产实际、资金情况核定计划和储备，应保证随时可以使用。

2. 备品备件储备管理原则

(1) 备品备件的存储应根据批准的备品备件计划安排，对尚未储备和储备不齐的备品备件，要根据供应和资金的可能，分清轻重缓急，有计划地储备。

(2) 备品备件完成购置后，由上一级主管单位组织验收工作和进行必要的试验或检查工作，参加验收人员还应有技术人员，验收合格后填写验收单，有关人员签字后妥善保管。验收单及有关说明及时报运维部汇总备查，验收不合格的备品备件不能入库。

（3）备品备件图纸和制造厂家的检验合格证书等有关文件，设专档妥善保存。

（4）新机组随机带来的专用工具和备品备件，由生产部门会同基建部门和供货方共同清点登记，专职保管。

（5）应定期对备品备件数量、质量、使用情况和储备情况进行检查，每半年做出备品备件使用、储备报告，汇总于安监技术部，以便全面掌握了解备品备件情况，及时修正补充备品备件计划。

8.2.3　改进设备管理方法

1. 建立设备综合管理计算机信息系统

随着电力生产过程自动化、一体化水平的不断提高，设备综合管理的重要性与日俱增，设备综合管理的职能包括设备故障预防、设备维护保养、设备生产及检修质量保证、设备诊断与故障排除等内容。设备信息管理系统一般由设备自动诊断系统、定期诊断或点检信息管理系统和设备维修管理系统等 3 部分组成。

（1）设备自动诊断系统的功能是对生产质量和运行有重大影响的设备进行在线监测，遇到设备异常时，根据设备和质量的因果关系矩阵图及故障自身和因果关系机制自动查明原因，指导操作人员进行处理。对中长期设备管理和质量数据则经过管理网络传送给上级部门。

（2）设备点检信息管理系统主要是采集点检计划诊断所需信息，把诊断结果用简单的按键操作记录下来，再传给相关部门，这个系统的主要目的是提高工人诊断设备劣化征兆的效率。

（3）设备维修管理系统则是在诊断系统的基础上，进一步扩充设备标准系统、维修计划系统、工程管理系统、备品备件管理系统、预算管理系统及分析评价系统。

当然，计算机能够反映人的管理思想和方法，提高人的工作效率，但不能超越人。因此，在引进计算机管理系统时，首先要引进较先进的管理思想和方法，配合先进的管理手段，才能充分发挥计算机管理的优势。例如，采用现代决策理论指导设备前期管理，应用运筹学和系统工程理论指导编制维修计划，利用库存理论指导备件管理等,这样的计算机管理系统是动态的，而不仅仅是一个单纯的数据库。

2. 加强设备管理和运行维护力量

保持人员、设备的相对稳定，运维部负责建立设备技术档案；同时，运维部根据设备状况制定机组大修计划，并办理设备委托检修、监理和验收，督促检查设备的使用和维修情况等，对机组大修、重措与技改等实施工种总承包。同时，在经济上、管理上具有较大的自由度，与传统的设备管理体制相比，减少了管理层次，有利于设备的综合管理；保持队伍的稳定，便于实行“三定”（定人、定机、定岗位责任），同时，专业人员比例大，运维人员参与管理意识强，有利于专业管理和基础管理相结合；便于推行责任承包，奖优罚劣，有利于技术管理和经济管理相结合，由于在设备管理上的相对集中，有利于打破条块分割，形成专业化检修作业，提高企业综合检修能力。

8.3 质 量 管 理

质量与安全是有密切关系的。在不安全的条件下，操作者心情紧张，心理压力加重，必然影响其操作的规范性，也就必然危及产品质量。正因如此，ISO 9000 标准才将基础设施和工作环境作为重要的质量管理体系要素。其目的是管理规范化、程序化、制度化，为保证质量、安全提供人性化的工作环境。加强风电设备的质量管理，建立健全海上风电场设备运行寿命周期质量管理策略，包括开展全寿命周期管理绩效评估、健全风电设备管理制度等，以提高风电场设备全寿命质量管理水平，提高风力发电企业经济效益，有助于风力发电企业竞争力和创新能力的提升。

1. 海上风电场设备质量管理存在的问题

（1）安全性不高，故障处理滞后，检修策略单一。目前我国海上风电场设备大都安装在浅水区，受潮汐影响，故障发生概率较高。传统的故障处理较为被动，故障发生后工作人员才去修理。此外，海上风电场设备的检修方式单一，通常采用定期巡视、定期检修和事后检修 3 种方式，这些方式容易造成人力、物力的浪费。

（2）可靠性不高，设备质量存在隐患。与西方发达国家先进的风力发电技术相比，我国的海上风力发电技术相对落后，部分关键技术和关键设备仍然掌握在西方发达国家的手中。此外，我国部分风电设备制造企业急功近利，将未经充分论证和实验的设备投入市场，为故障的发生埋下隐患。

（3）经济性不高，设备全寿命周期成本难以优化。部分海上风电企业未充分认识和重视全寿命周期管理，进而未认识到全寿命周期成本最优化的终极目标，导致管理成本高，经济效益低。此外，有的海上风电企业管理手段单一，管理方式落后，更不用谈全寿命周期成本的最优化目标。

（4）信息支持手段不够，信息积累严重不足。信息技术飞速发展，但我国风电企业海上风电场设备信息化管理手段落后，未能将全寿命周期内设备的各种信息进行有效整合，未能发挥信息技术的优势。部分风电企业仅仅依靠人工和电子记录的方式，未进行信息系统的综合应用和分析。

2. 海上风电场设备全寿命周期质量管理策略

（1）开展全寿命周期管理绩效评估。加强风电设备管理工作成效和工作质量信息数据的收集，借助科学的分析手段和评估方法，开展全寿命周期管理绩效评估。将所得到的绩效评估结果反馈至管理层，有助于管理层做出合适的战略抉择。

（2）健全风电设备全面管理制度。健全海上风电设备的全面管理制度至关重要，可分为纵向和横向两个角度。加强海上风电设备使用单位的有效管理，明确权责，健全管理制度，进而提升风电设备的经济效益。

（3）强化风电设备状态检修管理。强化风电设备状态检修管理，主要包括加强运行监测、完善状态评估、进行故障诊断、优化检修策略4个方面。风电设备的运行检测是设备运行和维护的前提，借助风电设备的运行检测，准确收集检测信息，进而为风电设备的管理提供数据基础和技术支持。借助检测信息，从而对风电设备做出完善的状态评估，进而做出正确的故障判断并进行设备维修。

（4）提高风电设备并网能力。受诸多因素限制，目前风电设备的转换效率不高。优化风电设备的控制策略是：减少风电机组的输出功率波动和电压波动，增强机组的抗阵风能力；借助电力电子控制技术，实现并入电网的电压波形平滑，进而提高风电设备并网能力。

（5）加强风电设备信息化管理。将全寿命周期内设备的各种信息进行有效整合，发挥信息技术的优势，有助于风电设备的维护、运行和状态检修。利用信息化技术手段，建立风电设备的信息化管理平台，将风电设备前期立项、采购、安装、维修、运行等各种信息数据进行综合管理，实现风电设备的信息化管理。

加强风电设备质量的管理，有助于海上风电企业竞争力和创新能力的提升。加强对海上风电场设备全寿命设备质量管理，一方面有助于风电企业经济效益的提高，另一方面有助于风电企业产业链协作能力和可持续发展能力的提升。只有将质量管理当成一种专业，作为企业文化的一部分高度重视，才能实现质量管理可持续发展，才能为海上风电企业发展奠定坚实的质量管理基础。

8.4　安全管理

电力生产必须坚持“安全第一、预防为主、综合治理”的方针。安全生产是企业的生命线，是构建风电企业良性发展的现实需要，是企业不断创新发展的前提和基础。

近年来，国内外专家、学者就如何搞好安全生产工作在不断地探索研究，安全理念、安全理论在不断地提升，好的安全管理方式、方法也在不断地涌现。我国安全生产法提出：“管行业必须管安全，管业务必须管安全，管生产经营必须管安全。”安全生产是指在生产经营活动中，为了避免造成人员伤害和财产损失的事故而采取相应的事故预防和控制措施，把危险控制在普遍可以接受的状态，以保证从业人员的人身安全、生产系统的设备安全，保证生产经营活动得以顺利进行的相关活动。风电企业安全生产管理的基本目标是减少和控制危害，减少和控制事故，尽量避免生产过程中由于事故所造成的人身伤害、财产损失、环境污染以及其他损失。

目前，海上风电存在盐雾腐蚀、海浪荷载、海冰冲撞、台风破坏等因素，在恶劣的海洋环境影响下，会导致风电机组螺栓、基础、海底电缆等性能下降加快，机械和电气系统故障率大幅上升，检修维护的频次较高，运维作业危险程度增加。同时，运维船舶出海作业，海上环境复杂，在船舶性能不够完善的情况下易发生油料泄漏等，污染海洋环境。因此，确保海上风电行业安全、健康、绿色发展，保障海上风电从业人员人身安全和海上风电设备安全是海上风电运维安全管理的重中之重。

8.4.1 海上风电场不安全因素

1. 海上环境复杂多变且灾害性强

我国海上风电场大多处于温带到热带季风气候之间，气象灾害较多，影响范围较广，暴雨、强对流、雷电、大雾等恶劣天气频发，这些恶劣天气还存在着一定的突发性，给海上风电运维带来了极大的不确定性。同时，台风为我国东南沿海及南海所特有的风险因子，虽然目前尚未有海上风电场受到台风正面袭击而受损的案例，但近年来，台风造成沿海陆上风电场安全事故的案例并不少见，给所有海上风电场敲响了警钟。此外还有风浪的影响，船只出航、登靠风电机组等都对风速、浪高以及可视条件等有严格要求，增加了海上风电运维的难度。

2. 运维人员落水和登靠受伤风险高

人员落水和挤压风险主要存在于船舶海上航行和靠离风电机组基础两个重要环节。目前，一般采用顶靠方式供维护人员登离风电机组基础，即船首端顶靠船柱。期间，受风、浪、水流等因素影响，存在耐波性差、靠泊能力差等缺点，运维船的顶靠和人员的登乘安全难以得到充分的保障，存在人员挤压、落水风险。

3. 海上应急救援能力弱且发展慢

海上风电场多数为无人操作和值守，离岸距离远，发生突发意外情况时，救援人员很难及时赶到现场，多数运维船舶船速仅有 12kn 左右，极大地影响了救援的黄金时间。海上突发火灾也由于风电机组的安装高度及其构造特性，缺乏有效的灭火措施，常备的船舶消防设施，射程根本达不到风电机组的高度。风电机组火灾主要立足于自救，但效果十分有限。

4. 运维人员专业化技能水平及安全意识不足

海上风电涉及海洋工程、船舶、电力等多个行业，专业水平要求高，员工必须有较高的专业知识和技术业务水平。目前，海上风电正处于高速发展阶段，还未形成一套行之有效的与其自身风险特征相适应的安全管理模式。此外，运维人员大多来自陆上风电从业人员或者风电设备整机制造厂家，缺乏海上作业经验，行业也缺少相应的准入要求，工作多以外委形式安排。外委单位的管控是每个企业安全管理的重中之重，外委人员复杂，个体素质、文化水平以及安全意识等良莠不齐，“三违”现象时有发生；安全监督不到位，监护人形同虚设；个人安保用品配置不齐以及使用过期或不合格的设备；停电作业无视带电间隔，临时用电乱搭乱扯；高空作业未配备安全带，未挂地线开工等。这些现象时有发生，是安全管理中的一大隐患。

8.4.2　海上风电场安全管理措施

1. 建立健全安全生产管理制度并强化安全生产主体责任的落实

建立健全安全生产管理制度是做好安全生产管理工作的基础，海上风电场的安全生产管理制度的建立要立足于现场和海上风电场生产的特点，要明确场、站主要负责人，现场工作人员的安全管理职责。要结合现场工作人员的编制、工作经验等特点，将安全管理责任按照岗位等原则制定，要根据制定的安全职责，将安全管理责任一一划分到人，明确每一个人应承担的安全管理责任，以制度的形式固化下来，层层签订安全生产责任保证书。开展安全责任清单上墙公示制度，通过公示促进所有人员自觉做好安全生产工作。在制定安全生产责任制、“两票三制”规定、防止电气误操作制度、巡回检查制度、消防安全管理办法等常规的安全管理制度基础上，对下海交通工具的使用、海上救生用具的配置、下海工作时机的选择、下海通信工具配置及联络方式、下海人员合理安排等方面进行规范。

2. 开展安全隐患排查工作

安全隐患排查工作是保证安全生产工作正常的基础工作，做好隐患排查工作的关键是要找出隐患，逐步进行排查、消除，将事故遏制在初期发展过程，对排查出来的重大安全隐患要制定闭环整改过程，对不能立刻解决的隐患要制定相应的应急预案。

3. 加强信息化集中管控和风电机组安全防护装置配置

利用信息化科技手段，通过信息系统的实时监测和监控，取得运维海域的实时水文、测风塔、载人运维船、运维人员等实时数据信息。通过大数据信息中心的精准计算和分析，将现场海洋环境和风电机组各项运行参数进行集中监控，重点是将风电机组运行过程中出现的不正常状态参数和恶劣环境预报进行告警，以便于运行人员和运维船舶及时发现并进行处理，同时在机舱内加装视频监控，通过监控定期对机舱内的设备运行情况进行巡查，及时发现设备运行的不安全状态并进行处理。

4. 开展应急救援演练工作

应急救援工作的开展和演练是降低和减少事故损失的有效手段，海上风电场远离陆地，发生事故后外部救援时间较长，难以及时进行救援。因此，海上风电场要结合现场的生产实际情况，制定相应的应急救援预案并进行演练，重点要做好对火灾、全场停电、台风灾害等事故应急预案的编写和演练，同时要开展触电急救和心肺复苏技能的学习和培训。现场生产人员要熟练掌握触电急救和心肺复苏的要点，当发生紧急情况时能够及时地对伤员进行救援。此外，还要与省级海上搜救中心、周边各地市海上搜救中心等形成海上搜救合力，全力为海上风电项目安全健康发展保驾护航。

5. 强化作业人员安全意识及技能，丰富职工业余生活

由于海上风电的快速发展，从业人员的安全技术素质不能够完全满足相应的工作需要，这样给生产安全工作埋下了隐患，因此要强化人员的安全技术工作培训，这项工作的开展要以“传帮带”的方式进行，要以老师傅带领新员工的这种传统学习方式开展。另外，由于海上风电场作业环境的特殊性，对下海作业人员进行资格认定，提高行业准入门槛，除具备电力行业安全常规知识及技能外，还必须参加急救、海上救生、海上消防、高空作业、高空救援等专项培训，并考核合格。制定海上遇险应急处置预案，并定期安排演练，增强每一位员工的海上安全意识，提高员工海上救护和逃生技能。此外，还要给职工创造丰富的业余生活，提高工作积极性。

8.4.3 不安全事例

1. 事例一

2020 年 7 月 17 日，河北某风电场 11 号风电机组发生一起倒塔事故，经初步分析本次事故的直接原因是 11 号风电机组第一节与第二节塔筒连接螺栓断裂。当日 15 时 41 分 35 秒，主控室值班人员发现 11 号风电机组通信丢失，通信丢失前发电机转速为 21.21r/min，振动值 X 方向加速度 $0.09g$、Y 方向加速度 $-0.01g$，转速、振动值均处于合格范围。15 时 42 分，10 号风电机组塔下检修作业的随车司机听到倒塔声响，发现 11 号风电机组倒塔。经现场勘查，结合当时运行数据，未发现有转速异常情况，与主机厂家初步分析认为，本次事故是由第一节与第二节塔筒连接螺栓断裂引发，具体螺栓断裂原因待进一步设计核算和金属检测确定。

2. 事例二

2020 年 4 月 6 日，青海某 5 万 kW 风电项目发生人身伤亡事故，2 人死亡。该风电项目建设中，分包单位在拆除某风电机组基础附近测风塔时，擅自变更施工方案，2 名塔上作业人员拆除测风塔第 5 节顶部的缆风绳，导致剩余的 5 节突然倾倒，塔上 2 名作业人员随测风塔倒塌死亡。

3. 事例三

2019 年 4 月 12 日，某风电场 84 号 2MW 机组在进行定检工作时发生风电机组飞

车致机组倒塌，造成 4 人死亡、1 人重伤、1 人轻伤的恶性事故。目前还未看到详细的事故机组运行记录和完整的事故调查报告，仅从公开信息了解到事故发生的大概过程：4 月 12 日，84 号风电机组进行定检时未进行收桨操作，三支叶片均停在 0°左右的开桨位置，当时风速约 6m/s。定检人员出现操作错误，松开了机组刹车，致使风电机组启动，进而失去控制发生飞车。风电机组在桨叶全开状态下持续空转，迅速加速进入超速状态，其中一支叶片无法承受过大的离心力而开裂折断，另外两支叶片则继续高速转动，机组失去了动平衡，在两支叶片高速旋转产生的巨大离心力作用下机组剧烈振动和晃动，最终导致风电机组倒塌。

8.5 环 境 管 理

随着我国近些年来经济的高速发展，能源消耗日益升高，在当下的经济发展及用电需求下，新能源风电场占比越来越高，风能作为可再生能源是清洁能源，对当下环保大环境下的作用是显而易见的，相比起传统的火力发电减少了有害物质及碳的排放。

8.5.1 提高环境保护意识

海上风电场的场址所在区域大多数为海洋，因此对于海洋的环境保护尤为重要。保护海洋环境是人类实现可持续发展的基础要求，保护海洋环境有利于促进我国经济的增长，虽然海洋产业的发展极大地推动了我国经济的进步，但是海洋环境问题也变得更加突出。因此，如果不能处理好海洋环境保护的问题，海洋产业的发展就会受到直接影响，再间接影响到海洋经济和国家经济的总体发展，也就是说海洋环境保护对于我国的经济发展是至关重要的。

保护海洋环境有利于保证人的生存和发展，为人类提供宜居的环境。海洋对气候具有强大的调节作用，沿海地区是地球上最适合人类居住的区域，自古以来，人类都会有意识地选择靠近海洋的地区定居，如今沿海地区的人口数量更是爆炸式增长。海上风电场所产生的强大的噪声污染和施工期间的地质、水质污染必然会造成附近居民的生活质量下降。

海洋环境为国家的发展提供了无尽的矿产资源和生物资源，为人民生产生活提供了必需的材料和空间。我国海洋生物种类、海洋可再生能源蕴藏含量、海洋石油资源量均处于世界领先水平，但是随着城市化的快速发展和人口数量的增长，海洋污染会日益严重。海上风电场的建设和运营阶段，均会产生大量的生产废料、废水以及其他化学物质，对海洋会造成一定程度的污染，日积月累，必然会引发附近的鱼类种群锐减、自然灾害频发等问题。

8.5.2 环境保护问题及其防治措施

1. 噪声污染及防治

风电场建设期以及运营期都会产生噪声。建设期间主要是一些工程机械和海上现场施工的噪声，比如吊机、施工船以及各类工程机械所发出的噪声。这些噪声是建设工程期间避免不了的，也是暂时性的，等建设期结束就会终结，但是需要注意满足环保的要求，符合建设工程噪声防治要求，晚上若离居民区较近时应该停止施工。

风电场运营期间的噪声来源主要是风电机组叶片转动所发出的噪声，按照国家相关标准，距离居民区较近时，白天噪声不能超过 55dB，夜晚噪声不能超过 45dB，一般风电机组正常运行时距离 400m 以外的噪声是 43dB。由于海上风电场风电机组是建设在距离海岸线较远的地方，风电机组产生的噪声对居民区的影响不大，但是还是需要考虑对来往船只的噪声污染。

2. 海上风电场内航线问题及防治

海上风电场的场内航路是风电场运输的重要组成部分，海洋领域用途多种多样，除了要考虑航行速度之外，还要重点考虑各领域用途、海洋生物群居地点以及海洋资源的分布等。海洋领域用途大致包括捕鱼区域、石油开采区域、其他风电场区域以及重要航海路线等。在场内航线设计时要科学地避开其他用途的海洋领域，还要保护好海洋生物和海洋重要资源。

3. 鸟类安全影响及防治

风电场运营期间对鸟类的影响主要集中在叶片对鸟类的危害，包括两方面的鸟类会受此影响，其中：本地鸟类的影响，本地鸟类在觅食或者飞行途中不小心被叶片打到，此类概率较小，因为现如今的风电机组塔筒高度都比较高，一般本地鸟类主要集中在低空飞行；候鸟及需要迁徙的鸟类（比如大雁）的影响，这个需要在微观选址时多加注意，可以尽可能地避开此类候鸟的迁徙路线，而且现在风电机组的叶片尾部可加装红色警示线，对鸟类起到警示作用，以此降低影响程度。

4. 电磁辐射的影响及防治

风电场电磁辐射主要来自带主变压器的升压站、集电线路以及风电机组。电磁辐射有热效应及非热效应两种，对人的身体有一定程度的伤害累加性。工频段下的国家标准为：电磁强度为 4000V/m，磁感应强度为 0.1mT。而且地球本身也是一个大磁场，在强度没有超过国家标准的限制条件下都是安全的，根据离居民区 400m 的风电机组电磁辐射值的测试，其值已经远低于国家标准，根据测试结果来看是安全的，不会对人体造成影响。

5. 风电机组油污染及防治

在风电机组运行期间，可能造成一些机组设备如齿轮箱、液压系统中的油液渗漏，如果渗漏严重污染海洋，对海洋水质的影响将非常严重，且恢复周期长，渗漏的油液也有可能进一步对海洋生物和海洋资源进行污染，造成无法逆转的影响。因此，在风电机组运行过程中，需要做好对设备的维护及检查，如若遇到相关问题应及早防范。

8.5.3　加强各阶段环境保护认识

风电机组微观选址过程中，在研究风电机组的布置及发电效率的同时，机位的选择要有利于风电场维护及风电场集电线路的布置，以达到占地面积少、航线路程及集电线路长度短的目的。业主应派专人到微观选址现场进行实地测量并给出设计方案，设计院提出修改意见，使得风电场占海面积、集电线路长度和航线路程都得到不同程度的减少，这样不仅可减少投资，而且还可降低对环境的影响。

风电场机组台数、设备相对较多，放置较分散，设备包装物易对环境造成污染。风电场在设计招标阶段，要求设备生产厂家对所有设备的包装采取可回收或可降解的材料，杜绝了白色垃圾材料对环境的污染。

施工阶段是工程设计转化为工程产品的过程，其管理不仅关系到工程质量、进度、投资及安全等方面，也是做好环境保护的重要环节。由于海上风电场范围内风力大、持续时间长，若生产、生活垃圾处理不当，将形成大量的白色垃圾，治理困难，对环境影响大。某风电场在施工开始前即对业主单位、施工单位的施工和生活区进行了科学划分，并由业主单位建立了垃圾回收站，要求监理单位加强对施工单位环境保护的监督管理。在施工单位拆除设备包装物时，要求其将包装物及时收集到专业容器中进行集中处理，避免了包装物对环境造成的污染。

如今的风电场越来越重视环境管理，建设过程中在设计、施工及生产管理方面采取了各种行之有效的措施，取得了良好的效果，使得当地居民对风电场建设有了新的认识，得到了人们的大力支持，使得工程建设能如期竣工并投产发电。同时，风电场的建设改善了当地海洋的生态环境，受到了当地政府和居民的欢迎，实现了人与自然的和谐相处，为国家的风电事业发展奠定了良好的基础。

8.6　职业健康管理

风电企业职业健康管理工作必须贯彻执行“预防为主，防治结合，分类管理，综合治理”的方针，预防、控制和消除职业病危害，保障企业职工在生产劳动过程中不受职业病因素的影响。因此要求风电企业务必做好公司员工职业健康管理工作，通过多方面、多层次地宣传职业病防治知识，达到预防职业病和促进健康的目的，消除或减轻影响健康的职业病危害因素。

8.6.1 职业健康预防

风电场新建、改建、扩建工程项目的职业健康应遵守“三同时”（同时设计、同时施工、同时投入生产和使用）监督管理工作，必须建立建设项目职业健康“三同时”管理审批程序，职业健康管理部门应参加建设项目的设计审查。同时，按照国家有关法规的要求，风电项目在可行性论证阶段，应开展职业病危害预评价的有关工作，并按有关规定报批。

风电项目在设计阶段，设计单位应充分考虑和落实职业病危害预评价报告中提出的有关建议和措施，同时建立相应的职业病危害评价等档案。风电项目在竣工验收前，应进行职业病危害控制效果评价工作，并按国家有关规定办理职业健康验收手续，对不符合职业安全卫生标准和职业病防护要求的职业健康防护设施，必须整改至达标，否则不得转生产。

海上风电场生产阶段，应建立健全公司职业病危害事故应急救援预案，并且每年至少进行一次应急救援模拟演练，同时进行演练效果评估并持续改进。公司应建立职业病危害事故报告制度，发生严重职业病危害情况或者中毒事故时，应及时按规定报告上级单位和地方主管部门，准确提供有关情况并配合做好救援救护及调查工作。同时应做好现场防尘、防毒、防噪声、防煤气中毒、防窒息等防护设施的管理、使用、维护和检查工作，确保其处于完好状态。未经允许不得擅自拆除或停止使用，应根据作业人员接触职业病危害因素的具体情况，为职工提供有效的个体职业健康防护用品，并定期更换。对可能造成职业病或职业中毒的作业环境、导致职业病危害事故发生或扩大的职业健康隐患，应纳入安全隐患治理计划，并限期整改或制定防范措施。

海上风电场还应针对作业人员的身体状况和健康预防，制定一系列相互关联的健康安全组织体系，体系包括了职业健康体检、职业健康培训、职业危害因素监测、承包商职业健康管理等多个部分。

1. 职业健康体检

因海洋工程项目周期较长，针对项目实施过程中长期接触有毒有害工种的员工组织岗前、岗中、离岗、应急及职业健康体检。

（1）岗前体检。及时发现受检者的职业禁忌症，以判断其是否适合从事该项作业，还可获得其就业前健康状况的基础资料，建立或更新个人健康档案，明确法律责任。

（2）岗中体检。按照接触职业危害因素的性质、程度，定期对接触有毒有害工种的员工开展职业健康检查，能够及时发现职业病危害因素对机体健康的影响，检查出易感人群。

（3）离岗体检。对接触职业病危害因素的员工进行离岗前的职业健康体检，及时评估离岗时的身体健康状况，初步判断工作期间职业危害因素对其健康有无损害。

（4）应急检查。对遭受或者可能遭受急性职业病危害的员工，及时组织进行健康检查和医学观察。其目的在于早期发现职业损伤、早期治疗，防治损伤进一步发展。

（5）职业健康档案。项目组应为接触职业病危害因素的员工建立职业健康档案，以确保随时能对员工的职业健康信息进行跟踪。

2. 职业健康培训

项目组要开展针对项目经理、安全管理人员、班组长、作业人员及新上岗人员等的职业健康培训，培训内容包括职业病管理相关法律、法规及标准，项目职业危害因素及其预防措施，职业病典型事故案例等内容。

3. 职业危害因素监测

项目组应建立职业危害因素监测点，并建立台账，制定年度监测计划，对监测结果进行分析，并将结果进行书面告知。对存在职业危害因素超标部分要及时采取整改措施，确保接触人员的职业健康。职业危害因素监测点应覆盖涉及的职业危害因素的场所。

4. 承包商职业健康管理

承包商职业健康管理是海洋工程项目职业健康管理的重要环节。参与项目建造的承包商人员多、地域不同、职业健康意识不足、人员流动性大，这也加大了对承包商职业健康管理的难度，可采取以下措施进行管控：

（1）做好入场审核关。检查承包商职业健康管理相关制度及劳动防护用品的配备，检查接触职业危害因素的人员是否进行了职业病体检，避免用常规体检代替职业病体检，对于没有进行职业健康检查的承包商人员不予使用。

（2）加强作业过程的监管。加强对施工现场承包商人员职业健康监护工作的监督检查，并将此作为对承包商的考核内容，督促做好现场职业危害因素识别与风险提示。对特种作业人员的职业健康体检加强监督检查，如高处作业、起重机械作业、电工、压力容器作业，对有禁忌的员工，要求承包商单位及时调整其原岗位。

（3）绩效考核。将承包商的职业健康状况纳入安全绩效评价，通过对承包商进行安全绩效监测与评价，可不断规范承包商的安全作业，提高其职业健康管理水平。

8.6.2 劳动用工及职业健康检查

海上风电企业在与员工签订劳动合同时，应将工作过程中或工作内容变更时可能产生的职业病危害、后果以及职业健康防护条件等内容如实告知职工，并在劳动合同中写明，不应隐瞒。同时，所有员工都有保护本单位职业健康防护设施和个人职业健康防护用品的责任和义务，发现职业病危害事故隐患及可疑情况，应及时报告。对违反职业健康和职业病防治法律法规以及危害身体健康的行为应及时提出，并有权提出整改意见和建议。

企业应对从事接触职业病危害因素的作业人员进行上岗前、在岗期间、离岗时的职业健康检查，不得安排未进行健康检查的人员从事接触职业病危害作业，不得安排有职业禁忌症者从事禁忌的工作，企业应根据新招聘及调换工种人员的职业健康检查结果，安排其适合的相应工作。对职业健康检查中查出的职业病禁忌症以及疑似职业病者，在上岗前应予以拒收；在岗期间的患者安排其调离原有害作业岗位，安排进一步诊断、治疗。应按规定建立健全职工职业健康监护档案，并按照国家规定的保存期限妥善保存，档案内容应包括员工的职业史、既往史、职业病危害接触史、职业健康检查结果和职业病诊疗等个人健康资料以及相应的作业场所职业病危害因素检测结果等。

对在生产作业过程中遭受或者可能遭受急性职业病危害的职工应及时组织救治或医学观察，并记入个人健康监护档案。体检中若发现群体反应，并与接触有毒或有害因素有关时，应及时组织对生产作业场所进行劳动职业健康调查，并提出相应的防治措施。所有职业健康检查结果及处理意见，均需如实记入职工健康监护档案并通知体检者本人。

8.6.3 海上风电场作业场所职业健康管理

海上风电企业建立生产作业场所职业病危害因素监测与评价考核制度，定期对生产作业重点场所职业病危害因素进行检测与评价，检测评价结果存入单位职业健康档案并向员工公布。加强对风电机组和电气设备的管理，对易产生泄漏的设备、管线、阀门等应定期进行检修和维护，杜绝或减少跑、冒、滴、漏的现象。企业在生产活动中，不得使用国家明令禁止或可能产生严重职业病危害的设备和材料。对不符合国家职业健康标准和卫生要求的作业场所应立即采取措施，加强现场作业防护，积极进行治理。

海上风电场要在可能产生严重职业病危害作业岗位的醒目位置，设置警示标识和说明，警示说明应当阐明产生职业病危害的种类、后果、预防及应急救治措施。对可能发生急性职业危害的有毒有害作业场所（如GIS室）按规定设置警示标识、报警设施、处理设施、防护救急器具专柜，设置应急撤离通道，同时做好定期检查和记录。职工从事有毒有害作业时，必须按规定正确使用防护用品，严禁使用不明性能的物料、试剂和仪器设备，严禁使用有毒有害溶剂洗手和冲洗作业场所。对存在严重职业危害的装置，在制定检修方案时，应有职业健康防治人员参与，提出对尘、毒、噪声、射线等的防护措施，确定检修、维修现场的职业健康监护范围和要点，对存在严重职业危害的装置检修现场应严格设置防护标志，有关人员应做好现场的职业健康监护工作。加强检修作业人员的职业健康防护用品的配备和现场设施完好情况的检查，检修后开工前的职业健康防护设施防护效果鉴定工作，重点对检修后的防尘、防毒、防噪声卫生设施的整改等情况进行系统检查确认，减少运行时的意外职业伤害，加强对风电场员工劳动防护用品使用情况的检查监督，凡不按规定使用劳动防护用品者不得上岗作业。

8.6.4 风电企业员工职业病诊断与管理

员工职业病的诊断与鉴定工作应由公司统一管理，职业病诊断和鉴定由公司和当事人如实提供有关职业健康情况，按法定程序取得职业病诊断、鉴定的有关资料。同时应加强对职业病病人的管理，实行职业病病人登记报告管理制度，发现职业病病人时，要按有关规定向地方政府劳动及职业健康管理行政部门和上级单位报告。定期安排职业病患者进行医疗和疗养，被确认为不宜继续在原岗位作业或工作的，公司必须做出调整岗位的意见。职业病患者的诊疗、康复和复查等费用以及伤残后有关待遇和社会保障，应依照国家有关规定执行，同时对疑似职业病的职工应及时进行诊断。

目前，国内风电企业职业健康管理工作还处于初步阶段，大部分企业对公司职业健康管理还未形成一套成熟的机制。对此企业内部应建立合理的职业健康管理网络保证体系，负责全部职业健康的监督和管理工作，同时应建立职业健康工作例会制度，制定计划、研究工作和布置任务，及时做好企业有害作业场所监测防护、职业健康宣传教育及劳动防护检查考核、职业健康隐患检查及治理等情况，另外还需做好职业健康和职业病防治工作所需经费管理，费用应列入企业年度资金计划，做好风电企业职业健康管理工作。

第9章 海上风电场常见故障分析及处理

伴随着海上风电行业的高速、粗放发展，许多设计、制造、安装、生产等环节的问题也逐渐显露，近年来风电事故呈快速上升趋势，且倒塔、火灾、人身伤亡等恶性事故时有发生，给人们生产生活造成了巨大损失。

9.1 海上风电机组常见故障分析及处理

随着风电机组运行时间的加长，目前这些机组陆续出现了故障（包括叶轮叶片、变流器、齿轮箱、变桨轴承、发电机以及偏航系统等），导致机组停止运行。当机组发生故障时，不仅会造成停电，而且会产生严重的安全事故。风电机组的部分部件一旦损坏，在风电场无法修复，必须运回专业厂家进行修理，故维修费用高、周期长、难度大，势必给风电场造成巨大的经济损失，严重影响了风电场的经济效益。

风电机组的输出功率是波动的，可能影响电网的电能质量，如电压的偏差、波动、闪变、谐波以及周期电压脉动等。当风电机组发生故障时，输往电网的有功、无功功率发生波动，且造成电网的谐波污染和电压波动，伴随的危害有照明灯光的闪烁、电视机画面质量下降、电动机转速不均，以及对电子仪器、计算机、自动控制设备的正常工作状况产生影响等。风电机组的故障也会导致风力发电机从额定出力状态自动退出并网状态，风电机组的脱网会导致电网电压的突降，而机端较多的电容补偿高于脱网前风电场的运行电压时会引起电网电压的急剧下降，从而影响接在同一个电网上的其他电气设备的正常运行，甚至会影响到整个电网的稳定与安全。

9.1.1 叶片故障分析及处理

风电机组通过叶片将空气的动能转化为机械能，再由发电机将机械能转化为电能，叶轮及叶片在能量转化过程中担任着重要角色。叶片从叶尖到叶根，厚度和弦长都逐渐增加，这是由于叶片尖部的旋转速度高、扫掠面积大，其气动性能对风电机组性能具有决定性影响，因此使用空气动力特性较好的薄翼型。而叶片根部的载荷较大，因此使用结构性能较好的厚翼型，叶根则呈圆柱形状，方便叶根与轮毂的连接。

在结构上，叶片由3个部分组成：①大梁——承载结构；②蒙皮——气动结构；③叶根——连接结构。大梁由梁帽和剪切腹板组成，梁帽由拉压强度很高的单向纤维复合材料制造，剪切腹板是由多向纤维复合材料和泡沫制成的夹层结构，大梁承受了叶片的绝大部分载荷；蒙皮与剪切腹板结构相同，用于构成叶片的气动外形；叶根由多向纤维复合材料制造，将大梁上的载荷均匀分散传递给叶根连接螺栓。风电机组在工作过程中，叶片的转速随风速的变化而变化。当阵风袭来，叶片受到短暂而频繁的冲击载荷，而这个冲击载荷也会传递到传动链上的各个部件，使得各个部件也受到复杂交变的冲击，对其工作寿命造成极大的影响，使风电机组在运行过程中出现各种故障。尤其是叶轮以及与其刚性连接的主轴、齿轮箱、发电机等在交变载荷的作用下很容易出现故障，造成风电机组停机。

叶片常见的故障模式有叶片断裂、偏移、弯曲和疲劳失效等。叶片是风电机组中受力最复杂的部件，它在不停地旋转，各种激振力几乎都是通过叶片传递出去的。无论是地球附面层形成的风的不均匀流，还是重力和阵风等影响因素，都作用在叶片上。

现实中，风电机组所处环境比较恶劣，叶片不能精确地对准风向而存在偏斜，风速在叶轮扫掠面上的不均匀、风速的瞬时变化，造成风电机组叶片的振动、偏移、弯曲等不正常运行的状态。当风速增大、风速减小、风速不均时都会造成叶片的振动。由于叶片较长，刚性较差，旋转过程中自身不规则的振动或强风冲击可能引起叶片断裂。大型的风电机组都在露天工作，长期旋转后，叶片表面因积灰、粘有昆虫尸体或结冰而引起叶片受力不均，导致叶片整体重心偏移，同时叶片长时间受到交变载荷作用，导致工作条件恶化，引起疲劳失效。

1. 叶片损伤

叶片损伤主要因材料老化、风沙磨损、飞鸟撞击、雷击等引起。应及时对损伤部位进行处理，防止缺陷扩大。在机组定期维护时，应对受过雷击伤害的机组导雷回路重点检查。

2. 叶片覆冰

叶片覆冰后影响叶片的气动性能，可能会导致风电机组停机，降低机组发电能力。叶片覆冰是由天气原因造成的，通常叶片除冰可以通过机械方式、加热方式开展，也可以等待覆冰自然融化。在容易发生覆冰现象的地区，应适当加强特殊天气对设备的巡检力度。

3. 叶片根部防雨罩错位

防雨罩错位后雨水会进入轮毂，对轮毂内电气设备安全运行产生威胁。叶片根部防雨罩安装在叶片根部，起到防止雨水顺叶片流入轮毂的作用，防雨罩错位后应及时恢复，可用胶黏合后加装铁质抱箍固定。

4. 叶片雷击计数卡缺失或防雷回路损坏

叶片雷击计数卡安放于叶片根部导雷回路线缆旁，在叶片受雷击时感应雷击次数。计数卡缺失后不能准确记录风电机组雷击次数，导雷回路损坏后如果叶片被雷击，将会对叶片本体造成巨大破坏，甚至断裂。应加强巡检和定期维护管理，补全缺失的计数卡，修复损坏的导雷回路。

5. 变桨控制柜内采用石英砂式限流电阻

限流电阻熔断后泄漏出的石英砂易流入控制柜内，造成接触器等元器件卡涩，致使收桨失败，造成风电机组超速等严重后果。应将限流电阻移至控制柜外或改造为非石英砂式电阻。

6. 叶片变桨轴承润滑油加注量异常

变桨轴承润滑油加注量过多会造成油封损坏，润滑油大量外溢，污染叶轮；加注量过少则起不到良好的润滑作用。叶片变桨轴承废油没有按照设计要求排放至废油集油瓶内，变桨轴承密封圈有油漏出，轴承润滑油路不畅可能导致轴承失效，造成风电机组大部件损坏。

7. 叶片根部严重污染

叶片根部严重污染后，影响检修人员对螺栓力矩标记线、叶片根部状态等的判断，污染物还可能进一步污染轮毂内的其他电气设备。在发现叶片根部有废油溢出后应及时清理，防止大量黏附异物。

8. 叶片变桨电机保护罩脱落

变桨电机在轮毂内随时都在做离心运动，设备附件脱落后可能对轮毂内的电气设备产生较大危害。变桨电机保护罩也有保护电机非驱动端设备的作用。应加强巡检、定期维护的管理，及时补全缺失的电机保护罩，如不能及时补全，应捡出所有保护罩碎片，防止叶轮旋转时损坏其他设备，但后期应及时修复。

9. 叶片变桨齿圈润滑不良或受到污染

变桨齿圈得不到良好的润滑，齿轮表面会出现磨损、点蚀、胶合、塑性变形等情况，而且变桨时会有较大异响。应检查润滑系统失效原因并及时修复，清理齿面污染物，并根据当地气候条件和厂家维护手册合理确定润滑脂加注量、加注时间。

10. 叶片内部人孔门固定螺栓缺失

叶片内部人孔门及固定螺栓脱落后，在叶轮转动过程中可能对轮毂内设备造成致命伤害，致使机组停机，影响机组发电。工作人员进入轮毂作业时，如果照明不理想可能出现踏空危险。应在巡检、定期维护时对人孔门固定螺栓进行仔细检查，并校验力矩，如发现人孔门盖板或固定螺栓缺失，应明确其去处并及时处理，保证轮毂内没有未固定的设备。

9.1.2　机舱故障分析及处理

机舱是风电机组的重要组成部分，风电机组的传动系统将叶轮传递的机械能送至发电机，再由发电机转换为电能。对于水平式风电机组来说，传动系统和发电机均需要安装在塔筒顶部，因此机舱中容纳了风电机组的大多数重要设备，一般包括主轴、主轴承、齿轮箱、高速轴、联轴器、制动器、制动盘、发电机、偏航驱动、偏航轴承、液压站、控制柜、主机架、维修吊车、气象站、机舱导流罩等。在风电机组运行的过程中，调速器经常由于螺母松动、接力器故障等原因发生故障。风电机组机舱故障及原因包括：①齿面严重磨损或断裂（齿轮箱润滑不良）；②机械啮合表面损坏（大气温度过低，润滑剂凝固）；③功率下降，产生噪声（润滑剂散热不好）；④轴承内外圈或滚珠损坏（滤心堵塞、油位传感器污染，润滑剂“中毒”而失效）；⑤风电机组机舱振动（发电机轴承损坏）；⑥发电机过热（转子与定子摩擦）；⑦风电机组输出电压低（负载重）。

1. 轮毂锁定设备损伤

检修人员通过将锁定销插入锁定盘孔中将风轮锁定，如果锁定盘严重损坏可能造成锁定销插不进孔或脱扣，对进入轮毂工作人员产生安全威胁。同样，锁定销子固定装置损坏也可能造成锁定销脱扣。在使用轮毂锁定装置时应仔细确认可锁定位置，防止锁定设备受损。对已经损坏的锁定盘应确认其是否可继续使用，对损坏的锁定销固定装置必须立即更换。

2. 齿轮箱润滑油冷散热器表面大量阻塞

（1）齿轮箱润滑油冷却多采用风冷方式冷却，通过大功率风扇对散热器内润滑油降温，达到整体冷却的目的。如果散热器表面阻塞，风扇对散热器内润滑油冷却效果会直接下降，从而造成齿轮箱高温，机组限功率运行或停机。通常在机组定期维护时，都要使用水泵清洗散热器表面，但应注意水压不要过大，否则可能伤害散热器。另外还可以改用大功率吸尘器清理。

（2）发电机定子、转子接线箱螺栓未紧固，接线箱内部为发电机转子、定子动力电缆接头，如果接线箱盖板螺栓未紧固导致接线箱不密封，内部设备可能受潮、灰尘污染，导致绝缘能力降低。应在巡检、定期维护时对人孔门固定螺栓进行仔细检查，发现缺失螺栓应及时恢复，并进行力矩校验。

（3）齿轮箱油位低，齿轮箱油量不足可能造成齿轮润滑不良，造成齿轮磨损、发热，降低齿轮箱寿命。应查明缺油原因，及时处理并补油。

（4）机舱壁孔洞盖板缺失，机舱中裸露孔洞多为机组维护期进行设备维修、改造所致，缺失盖板的孔洞直接威胁到检修维护人员的人身安全，在冬季也会出现机舱温度过低，机组不能启机的情况。应详细统计所有风电机组机舱壁孔洞盖板缺失情况，并制定统一技改方案，补全盖板，防止人身伤害。

(5) 服务吊车吊装孔盖板未固定或无护栏，护栏保护着检修维护人员操作服务吊车时的安全，吊装孔盖板如果没有固定，在机组运行时可能因振动打开，造成安全隐患。在冬季也会出现机舱温度过低，风电机组不能启动时应及时关闭盖板，修复盖板固定装置，如吊装孔盖板没有护栏，应合理设计方案，加装护栏。

(6) 液压站严重漏油，液压站为液压变桨风电机组提供变桨驱动力，为高速轴液压刹车及液压偏航机组提供液压动力。液压站严重漏油可能导致液压站突然停止工作，失去刹车、变桨功能，外溢的大量油液也会污染其他电气设备，存在引发火灾的隐患。液压系统异常的机组应及时停机处理，修复损坏设备，密封不严的液压系统应及时更换密封圈并清理油污。

(7) 主轴、发电机保护漆膜损坏，可能造成设备锈蚀。机组吊装、调试等工作均可能造成设备外壳漆膜损坏，应及时补漆处理，防止设备锈蚀。

(8) 机组传动链旋转单元过于裸露，检修维护人员在主轴区域工作时，有被意外伤害的风险。建议加装护板挡住轮毂锁定盘部分，如不易加装护板，则应按《风力发电场安全规程》(DL/T 796) 的规定设置“当心机械伤人”标识，并对工作人员进行相应安全提示。

(9) 手动、自动消防系统设备异常，机组发生火灾时不能有效起到灭火作用。应按《建筑灭火器配置设计规范》(GB 50140) 和《风力发电场安全规程》(DL/T 796) 要求配置自动消防系统，配备合格灭火器。消防器材应定期进行检查，保证完好。

(10) 高速轴防护罩未恢复安装，工作人员在此处工作时有被意外伤害的风险。应按照《风力发电场安全规程》(DL/T 796) 的要求，在机组高速轴和刹车系统防护罩未就位时，禁止启动机组。及时回装高速轴外罩，保证机组安全运行。

(11) 偏航电机刹车解锁把手或护罩脱落，偏航电机刹车护罩起到保护、隔离偏航电机的作用。机组在特殊情况时，检修维护人员可能需要操作把手手动解锁偏航电机。应在巡检、定期维护时及时补齐风扇外罩，补全偏航电机解锁把手。

(12) 偏航减速器大齿润滑不良，齿轮表面会出现磨损、点蚀、胶合、塑性变形等情况，而且变桨时会有较大异声。应在巡检、定期维护时对偏航齿圈仔细检查，如润滑异常，应检查润滑系统失效原因，清理齿面污染物，并合理润滑。

(13) 风电机组自动偏航时异响严重，频繁引发振动传感器报警。偏航系统振动对管路连接、紧固力矩、电气接线、零部件强度都会造成较大影响，易造成机械部件损坏及保护误动。偏航盘盘面磨损的主要原因有：①运行初期，液压刹车压力设定错误，偏航盘在过高压力时偏航；②刹车片材质选择错误。若发现偏航系统异常振动应立即查明原因，消除振动，严禁解除保护或将设备超设计值强制运行。应及时联系风电机组厂家进行技术分析，确定偏航系统能否满足运行要求，如不能满足运行要求应及时更换。

（14）服务吊车带病运行，服务吊车为工作人员维护风电机组提供方便，吊车损坏或异常不利于机组检修维护工作的开展，会大量增加工作人员的劳动强度，且存在安全隐患。吊车损坏或异常应及时处理，避免设备带病运行。

（15）机组自动注脂机缺油、注油管路漏油。润滑油起到润滑、冷却、清洁的作用，如果缺少油脂，可能造成发电机、叶片、主轴轴承损坏，引起机组长期停机。维护人员应在定期维护时另外使用注脂机，防止自动注脂机不能正常润滑设备，对损坏的润滑脂管路应及时修复，防止污染其他设备。

（16）发电机集电环室严重积碳。大量积碳后可能造成滑环绝缘能力降低，危害设备安全运行。发电机集电环室严重积碳的主要原因是滑环室通风不良。机组维护时应及时维修滑环室排风系统，可使用大功率吸尘器对滑环室进行清理。

（17）发电机地脚高强螺栓力矩标记线错位，弹性支撑锈蚀。螺栓标记线错位可能是因为螺栓松动，进而造成发电机与齿轮箱轴向错位后，致使传动链设备损坏。螺栓力矩标记线用来指示螺栓是否异常，维护人员在校验螺栓力矩时应及时进行标记，当发现标记线错位时必须重新校验螺栓力矩，保证高强螺栓不松动。对生锈的弹性支撑进行除锈处理，必要时进行更换。

（18）风电机组齿轮箱水平方向有较大偏移。其说明风电机组传动系中心线偏移，主轴承、齿轮箱或主轴可能已发生损坏，或弹性支承已失效。现场发现齿轮箱两侧弹性支撑距离已有明显差距，结合对中数据和现场对中痕迹，若发电机偏移情况与齿轮箱偏移情况相符，说明传动系已经偏移，有大部件损坏的隐患。建议立即查找原因，及时纠正偏移，避免发生轴系大部件设备损坏。

（19）发电机集电环室电刷磨损检测装置损坏发电机电刷属于正常损耗部件，电刷会持续磨损变短，其磨损检测装置发出告警提示更换电刷。若其检测装置损坏则可能造成电刷磨损后不能及时更换，引起滑环损伤。应在巡检、定期维护时检查碳刷长度，若电刷磨损检测装置损坏应及时修复。

（20）发电机非驱动端转速编码器损坏。发电机非驱动端转速编码器为变流器提供发电机转速数据，是变流器进行功率调节的一个重要参数。编码器异常可能造成机组输出功率异常。应及时修复编码器，并恢复正常接线，连接屏蔽层。

（21）随意接线、甩线。不按施工工艺手册安装线路接头的机组出厂后，由施工单位在机位安装部分线缆，虽然厂家运维人员在机组调试时会检查新安装的线缆，但还是可能存在随意接线、甩线、不按工艺做接头等情况。应按《电气装置安装工程　盘、柜及二次回路接线施工及验收规范》（GB 50171）的要求合理布线、紧固螺栓。

（22）浪涌保护器失效。当风电机组电气回路中因为外界的干扰突然产生尖峰电发或者电压时，浪涌保护器能在极短的时间内导通分流，从而避免浪涌对回路中其他议备的损害。浪涌保护器颜色指示应能明确区分其是否正常，应在巡检、定期维护时检查，当发现浪涌保护器颜色改变后，需要及时进行更换。

（23）齿轮箱呼吸器失效、缺失。齿轮箱呼吸器失效可能造成齿轮油受潮污染。水分污染严重的油系统中，由于油黏度的降低，油品的润滑性也会降低。当水分出现在齿轮和轴承处时，水滴破裂（爆裂）会导致金属表面的点蚀，从而造成金属表面的损坏。应在巡检、定期维护时检查呼吸器硅胶，及时更换失效的呼吸器。

（24）发电机前轴承注油嘴丢失。有进入异物的风险，油脂与空气接触还会造成污染及硬化。润滑部位注油嘴丢失，应及时畅通油路重新安装注油嘴。

（25）主轴溢油污染检测元器件。机组主轴轴承下方溢出废油，油黏附在传感器上会影响传感器数据准确性；元器件污染可能造成机组因测点故障停机或保护可靠性降低。应更改传感器安装位置，如不易更改则应加强巡视力度，及时清理传感器上附着的油；在日常检修维护工作中应加强对测点的检查，发现松动、污染等情况及时处理。

（26）机舱密封失效导致底部积水。机舱密封不严可能造成内部积水，机舱积水后威胁到机舱内设备电气绝缘，对机组安全稳定运行产生威胁。风电场应在雨季到来前对机舱密封进行排查，如发现机舱密封不严现象应及时修复。

（27）出舱作业没有安全绳定位点或牢固构件距离工作地点过远将威胁工作人员出舱作业安全。按照《风力发电场安全规程》（DL/T 796）的要求，出舱工作必须使用安全带，系两根安全绳，安全绳应挂在安全绳定位点或牢固构件上，使用机舱顶部栏杆作为安全绳挂钩定位点时，每个栏杆最多悬挂两个，风电场应同厂家共同制定有效的人员出舱作业安全措施，保证出舱作业安全。

（28）机舱照明设备损坏，不利于现场作业。应按照《风力发电场安全规程》（DL/T 796）的要求，及时修理风电机组照明设备，使现场照明满足现场工作要求。

（29）发电机排风设备损坏。风冷发电机组用大功率风扇将发电机内部热空气与机舱外部空气交换，如果排风设备损坏将导致发电机冷却效果降低，影响机组发电能力。应在巡检、定期维护时仔细检查排风筒是否完好，损坏的应及时更换。

（30）主轴接地碳刷碳粉堆积过多、与滑道接触不良、滑道生锈，主轴承润滑油溢出在滑道和碳刷之间形成油膜、接地回路不通。主轴接地碳刷与滑道接触不良，将导致接触电阻增大影响导电性能。定期维护时应清理碳粉及油污、调节碳刷弹簧压力、清理接触面，并对其他防雷接地系统进行检查。

9.1.3 塔架故障分析及处理

塔架和基础是风电机组的主要承载部件。其重要性随着风电机组的容量增加、高度增加而越来越明显。在风电机组中塔架的重量占风电机组总重的 1/2 左右，由此可见塔架在风电机组设计与制造中的重要性。海上风电机组塔架的安装与内部构造如图 9－1、图 9－2 所示。

图 9－1　海上风电机组塔架安装

图 9－2　海上风电机组塔架内部构造

风电机组的稳定性是最主要的特性之一。因此，在风电机组设计中的关键问题之一是避免由于叶轮气动推力的周期性作用导致塔架共振。悬臂式塔架比拉索式塔架的变桨和扭转刚度高，但抵抗相同的弯矩需用的材料较多。在相同刚度时，栅格式塔架所用材料约为圆筒式塔架的一半。栅格式塔架由于大量铰接点的存在，具有比圆筒式塔架更高的结构阻尼。

如果叶片的通过频率与塔架的自然频率一致时，塔架可能产生过大的应力和变形。叶片的转动频率可以忽略，因为只有当叶片之间的气动外形有偏差时，才会引起周期性载荷。

风电机组的基础用于安装、支承风电机组，平衡风电机组在运行过程中所产生的各种载荷，以保证机组安全、稳定地运行。因此，在设计风电机组基础之前，必须对机组的安装现场进行工程地质勘察。充分了解、研究地基土层的成因及构造，它的物理力学性质等，从而对现场的工程地质条件作出正确的评价，这是进行风电机组基础设计的先决条件。同时还必须注意到，由于风电机组的安装，将使地基中原有的应力状态发生变化，故还需应用力学的方法来研究载荷作用下地基土的变形和强度问题。以使地基基础的设计满足以下两个基本条件：①要求作用于地基上的载荷不超过地基容许的承载能力，以保证地基在防止整体破坏方面有足够的安全储备；②控制基础的沉降，使其不超过地基允许的变形值，以保证风电机组不因地基的变形而损坏或影响机组的正常运行。因此，风电机组基础设计的前期准备工作是保证机组正常运行必不可少的重要环节。

（1）风电机组塔架安全标识缺失。应按照《风电场安全标识设置设计规范》（NB/T 31088）的规定补全标识。

(2) 风电机组塔筒门防风挂钩缺失、固定销子失效。在风速较高情况下可能因为门随风动，存在挤伤工作人员的隐患。风电机组塔筒门表面积、重量都很大，被风吹动后会产生很大动能，应及时补全防风挂钩、修复固定销子，防止对人员和设备安全造成威胁。

(3) 风电机组塔筒与基础环连接螺栓（外法兰）保护罩缺失。风电机组塔筒与基础环连接螺栓（外法兰）保护罩缺失，会造成高强螺栓锈蚀，影响螺栓效用。对外界气候条件较恶劣地区机组塔筒与基础环连接螺栓应加装保护罩，防止螺栓锈蚀。如螺栓已经生锈，则应及时更换新螺栓并补全保护罩。

(4) 发电机组塔基处通风口或引风机损坏。机组塔架内气流有烟囱效应，塔基通风口有规律的开关有利于风电机组整体温度调节。另外如果通风口不能正常关闭的机组，光亮或热量吸引会导致大量飞虫进入，污染机组。应在巡检、定期维护时修复损坏的排风口或引风机。

(5) 室外爬梯阶梯、底角未固定。机组室外爬梯阶梯、底角未固定，存在工作人员攀登时有踏空危险。工作人员攀登爬梯前应检查爬梯工况，对阶梯固定螺栓缺失、底角松动应及时处理。

(6) 塔筒底部平台盖板缺失或不能正常关闭。机组塔筒底部平台起到设备支撑人员工作平台作用，如果平台孔洞没有盖板成护栏，则对工作人员有安全威胁。应统计盖板缺失，及时补全盖板或加装护栏。

(7) 塔筒顶部平台盖板不能正常关闭。机组塔筒顶部平台作为人员工作平台，如果平台孔洞没有盖板或护栏，则对工作人员有一定安全威胁。应对不能正常关闭的盖板进行技改，如不易更改应加装护栏。

(8) 电梯通道护栏损坏。电梯通道护栏损坏后威胁平台上工作人员安全。工作人员使用电梯前应仔细检查护栏是否完好，并及时修复损坏的护栏。

(9) 止坠器导轨接头错位。工作人员所用止坠器安装在止坠器导轨上，在工作人员经过错位地点时只能将止坠器解开，存在高处坠落隐患。巡检、定期维护时应仔细检查，使塔筒内附件满足工作人员安全进出机舱要求。

(10) 电缆护套失效。电缆护套失效会导致动力电缆磨损放电，导致风电机组故障停机。风电机组由于扭缆需要，动力电缆有段自由下坠，机组正常运行需要护套保护，如果护套失效，电缆绝缘层极易因振动摩擦破损，最终对附件金属部分放电，造成机组故障停机。定期维护时应对电缆护套进行紧固，有损坏的应及时更换。

(11) 导电轨支架设计、安装缺陷导致导电轨对地放电。导电轨固定支架螺栓一端距离导电轨过近，机组高负荷运行时，导电轨导流增大，对支架螺栓放电，导致机组停机。应合理选型、安装固定螺栓，采用沉头螺栓固定支架，且安装后保证另一侧螺帽平整无毛刺。

（12）机组塔基柜UPS缺失。UPS为机组失电时故障追忆或低电压穿越提供不间断电源。UPS损坏后，在电网掉电等异常情况下，控制系统及重要设备均会因失电而停止工作，可能会造成风电机组保护拒动作，引发重大事故。定期维护时应检查UPS电压、容量，确定其满足使用要求，必要时更换电池。根据《双馈风力发电机组主控制系统技术规范》（NB/T 31017），在电网失电的情况下，主控系统备用电源应能独立供电不少于30min，确保主控系统有充足的时间控制变流器和变桨系统安全把机组停下来，并完成相关故障数据的记录等工作。应立即进行UPS更换或修复，确保停电期间风电机组备用电源安全。

（13）电梯柜门损坏。电梯柜门损坏会对乘坐电梯人员造成安全风险，应定期对电梯进行维护，紧固各柜体连接螺栓。

（14）塔基线缆随意摆放，塔基内部线缆布局没有按照图纸施工。缆线随意摆置，工艺质量过差。应按照《电力光纤通信工程验收规范》（DL/T 5344）要求，尾纤应盘入牢固安装的光纤配线盒内。

（15）变流器冷却系统管路通道未做密封。变流器冷却系统管路通道未做密封，可能使塔基温度过低停机、飞虫飞入机仓内部污染机组等。变流器冷却系统如采用外部冷却方式，应对冷却系统管路进行密封。

（16）塔筒法兰连接螺栓松动、力矩标线错位。螺栓力矩标记线用来指示螺栓是否异常。维护人员在校验螺栓力矩时应及时进行标记，当发现螺栓松动、标记线错位时必须重新校验螺栓力矩，保证高强螺栓不松动。

（17）塔基控制柜受飞虫污染。塔筒门或通风口均应有密封措施，防止飞虫进入风电机组，定期维护时应及时清理飞虫尸体。

（18）动力电缆固定装置紧固螺栓失效。动力电缆松动后自然下坠致使固定的电缆受力过大，电缆绝缘层受到损坏，造成机组停机。应加强巡检工作管理，在定期维护时应校验螺栓力矩，更换失效螺栓。

（19）电缆孔洞未做有效防火封堵或防火封堵失效。电缆孔洞未做有效防火封堵或防火封堵失效，可能造成电缆设备着火失控。按照《防止电力生产事故的二十五项重点要求》（国能安全〔2014〕161号），机舱、塔筒应选用阻燃电缆及不燃、难燃或经阻燃处理的材料，靠近加热器等热源的电缆应有隔热措施，靠近带油设备的电缆槽盒密封，电缆通道采取分段阻燃措施，机舱内涂刷防火涂料。机舱通住塔筒穿越平台、柜、盘等处电缆孔洞和盘面缝隙采用有效的封堵措施且涂刷电缆防火涂料。

（20）平台中央电缆孔洞未装护栏。平台中央电缆孔洞未装护栏，则存在工作人员在平台工作时踏空的隐患，应加装护栏。

（21）塔筒漆膜被破坏。塔筒表面漆膜被破坏，造成漆膜内部金属材料锈蚀，如不及时处理将造成扩散性漆膜脱落，可能使风电机组塔架腐蚀加剧，造成塔筒焊缝开裂或钢结构强度下降。风电机组塔筒内壁、外壁喷漆应按照相应环境条件下防腐要求进行施工。对于脱漆部位要及时进行防腐处理，防止塔筒焊缝及金属部位因腐蚀造成性能下降。对塔筒漆膜受损应加强重视，及时对塔筒已经生锈部分做除锈处理，并补全漆膜。

(22) 塔基柜内变压器过于裸露。工作人员进行风电机组维护时需要频繁打开塔基控制柜柜门，裸露的变压器对工作人员有一定的安全威胁，在变压器正面应加装护板。

(23) 塔基平台支撑未固定、平台错位。风电机组塔筒底部平台起到设备支撑及作为人员工作平台的作用，平台不固定或错位对工作人员均有安全威胁。应加强工程施工管理，对人身安全有成胁的隐患应及时处理，调整塔基平台安装位置。如不能调整平台位置，应设置明显警示牌或加装盖板。

9.2 海上升压站结构故障分析及处理

海上升压站平台承载着变压器、地理信息系统（GIS）以及其他配套的电气设备，作为海上风电的“心脏”，汇合风电场各风电机组输送的电流，对整个风电场起着电力传输、中转的重要作用，海上升压站平台的防腐蚀性能对海上升压站的可靠运行具有重要的影响。海上升压站上部平台如图9-3所示。

图9-3 海上升压站上部平台

9.2.1 海上升压站防腐与防护

海洋工程经过多年的发展，已有了较为完善的标准体系和有效的防腐蚀设计。目前国外广泛使用的标准有《色漆和清漆-防护漆体系对钢结构的防腐蚀保护》(ISO

12944)、《(海上平台及相关结构)表面处理和防护涂层》(NORSOK M501)、《使用防护涂层对海上平台结构进行腐蚀控制》(NACE SP0108)等。国内使用较多的海洋钢结构平台防腐标准有《海港工程钢结构防腐蚀技术规范》(JTS 153—3)和《浅海钢质固定平台结构设计与建造技术规范》(SY/T 4094)等。

上述标准在使用范围、涂层体系、表面处理、涂层材料和施工、质量保证和控制方面存在差别,有些内容甚至完全相反。例如,对于不锈钢的防腐蚀,标准NORSOK M501建议对于不保温的不锈钢无须进行防腐蚀处理,标准NACE SP0108则规定应对其进行防腐蚀处理。

海上升压站平台一般由多层钢结构平台组成,包含甲板、立柱、栏杆、爬梯护笼、梁、斜撑管等部件,以及配合设备安装的管件、紧固件、支架。其主要由低合金钢或者碳钢焊接而成,重要附件采用不锈钢制成,爬梯及栏杆等会选择热浸镀锌钢。海上升压站平台外部直接暴露在海上大气环境中,根据标准ISO 12944-2中的腐蚀环境分类,海上升压站平台外表面处于C5-M腐蚀环境,即非常高的海洋腐蚀环境。根据海上环境腐蚀特点,海上升压站平台处于海洋大气区,海洋大气区具有湿度高,盐分高,干、湿循环效应明显等特点。由于海洋大气湿度大,水蒸气在毛细管作用、吸附作用、化学凝结作用的影响下,会附着在钢材表面上形成一层水膜,CO_2、SO_2和一些盐分溶解在水膜中,使之成为导电性很强的电解质溶液,铁作为阳极在电解质溶液中被氧化而失去电子,变成铁锈。另外,Cl^-有穿透作用,能加速普通钢材的点蚀、不锈钢的应力腐蚀和缝隙腐蚀等局部腐蚀,低碳钢暴露1年后的腐蚀大于80~200μm,镀锌层的年腐蚀速率为4.2~8.4μm/a。腐蚀严重影响了海洋平台结构材料的力学性能,从而影响到海洋平台的使用安全,海洋大气区的防腐蚀主要是采用涂层或金属镀层。

目前,按照上述防腐方式建设的海上升压站已投入运行,防腐蚀效果较好,这表明采用海工平台标准设计海上升压站平台防腐蚀体系是可行的。根据近几年东海大桥海上风电场、江苏如东海上风场的服役经验反馈,钢结构的腐蚀问题呈普遍增多趋势,主要体现在防腐蚀方案不合理、涂层失效、防腐蚀材料及施工质量不过关等方面。综上所述,我国海上风电防腐蚀方面存在以下问题:

(1)我国海上风电技术不成熟,缺少一套完整、全面的关于海上风电的技术标准。一方面,国外很多技术都严格保密,无法直接获得国外的核心技术;另一方面,各家企业的产品设计具有特殊性,不同地区的海洋环境又存在差异,现有的国际标准也无法完全适用于我国的海上风电防腐蚀。

(2)我国海上风电腐蚀防护基础薄,涂料发展较慢,特别是有关高性能涂料及先进涂料的研究明显比不上国外公司,导致重要部位的涂料基本为国外品牌,使得海上风电投入大、成本高。

（3）海上风电防腐蚀是一个系统工程，从涂层体系配套涂料选用、表面处理、涂装施工到安装运行阶段，都需要进行严格控制。现阶段，国内海上风电配套体系方案少，国内设备供应商对海上风电设备涂装工艺的积累不足，安装、运营单位对设备的维护和保养的经验欠缺等，这些因素都会影响到海上风电设备的防腐蚀性能。

9.2.2 海上升压站振动问题

海洋升压站工作环境复杂，经常遭受大风、海浪、潮汐等侵袭，历史上经常出现海洋平台振动较为剧烈的情况，不仅影响海洋平台上作业环境和工作人员的身心健康，严重的会造成人员伤亡和财产损失。例如：1964年，美国阿拉斯加库克湾两座新建成的钻井平台被海冰推倒；1999—2000年冬季，渤海JZ20-2中南平台，由于冰激振动导致了平台管线断裂，使高压天然气大量喷出；2004年，中海石油湛江分公司经营的某海洋平台，生产过程中出现振动过大的现象，导致整个平台严重颤动，直接影响平台上的正常生产和生活。

海上风电场导管架基础长期处于恶劣的海洋环境中，长期遭受复杂的波浪、水流的作用，结构物周围的局部冲刷现象往往十分显著，会对风电机组结构的稳定性造成极为不利的影响。块石防护效果优于沙袋防护效果，但是由于块石边缘处泥沙发生淘刷而使得块石范围有扩大的趋势而导致块石回填高度有所降低。波流联合作用下导管架基础局部冲刷更为不利，从最大冲刷深度来讲，在极端高水位及其波流条件下局部冲刷值稍大。

9.3 海底电缆故障分析及处理

9.3.1 海底电缆的故障原因与类型

1. 海底电缆的故障原因

造成海底电缆故障的原因有很多，包括机械损伤、绝缘老化变质、过电压、材料缺陷、设计和制作工艺不良以及护层腐蚀等。根据历年来海底电缆故障的统计，引起海底电缆故障的原因大致如下：

（1）船舶抛锚引发的海底电缆损伤。

（2）电缆护管和电缆之间的摩擦造成电缆护层及绝缘层逐渐磨损，直至损坏。

（3）海底电缆交叉点部分经常发生摩擦，久而久之，其电缆护层及绝缘层发生损坏而造成相间短路故障。

（4）地壳变动对海底电缆形成的强拉力造成海底电缆损伤。

（5）潮汐能引发的波浪流使海底电缆移位和摆动。

（6）海洋微小生物和有机体长时间在海底电缆表面附着对海底电缆的化学腐蚀。

2. 海底电缆的故障类型

按照故障出现的部位，通常可分为线芯断线故障、主绝缘故障和护层故障。按其故障性质可分为低阻故障和高阻故障。

低阻故障指的是故障点绝缘电阻下降至该电缆的特性阻抗（即电缆本身的直流电阻值），甚至直流电阻为零的故障，也称短路故障。

高阻故障指的是故障点的直流电阻大于该电缆的特性阻抗的故障，可分为断路故障、高阻泄漏故障和闪络性故障。其中断路故障是指海缆被外力所割断，造成断路。高阻泄漏故障是指在电缆高压绝缘测试时，当试验电压升高到一定值时，泄漏电流超过允许值的高阻故障。闪络性故障是指试验电压升至某值时，电缆局部出现闪络放电现象，泄漏电流突然波动，而此现象随电压稍降而消失，但电缆绝缘仍然有较高的阻值；由于这种故障点没有形成电阻通道，只有放电间隙或闪络性表面的故障，而称为闪络性故障。

9.3.2　海底电缆故障的检测及处理

1. 海底电缆的故障检测方法

电力电缆故障的查找一般要经过诊断、测距（预定位）、定点（精确定位）3 个步骤。故障发生后，首先是诊断，一般先通过测绝缘电阻等方法，初步判断出故障的性质；然后是测距，根据故障类型，采用合适的测量方法，初步测出故障的距离位置；最后是定点，沿着电缆走向在此位置前后仔细探测定点，直到找出精确的故障点位置。

目前海底电缆故障范围测量方法有电桥测量法和脉冲波发射测量法。电桥测量法包括摩莱环路电桥法、静电电容测量法等；脉冲波发射测量法包括低压脉冲波反射测量法、高压脉冲波反射测量法、回波脉冲发射测量法等。这些测量方法的选择要依据海底电缆故障的类型、故障表现形式、故障线路的要素，海底电缆的质量、尺寸、长度、结构进行确定。

在实际测试时，一般先用万用表、兆欧表等测量故障电缆的相间、相对地的绝缘电阻，结合电缆的情况以及绝缘电阻的测量情况初步判断电缆的故障类型，再根据不同的故障类型针对性地选择故障检测方法。

2. 海底电缆的修复工艺

海底电缆的类型多种多样，不同的电缆类型所使用的工艺方式也不一样，以 XLPE 类型的电缆为例进行分析。同时需要注意海底电缆的修复工作需要在船上操作，因此，对风速以及海浪都有要求，通常风速应该小于等于 5 级，海浪应该不大于 0.5m。在这样的情况下，对 XLPE 电缆进行修复的工艺顺序应该是：①需要对故障点做出正确的定位；②把故障电缆找出来；③为故障电缆装上浮标；④由潜水员来针对故障做出探查；⑤在探查的基础上，潜水员进行电缆的切割，并对电缆标号，即1号电缆以及2号电缆；⑥在电缆的切割处把防水组件安装好；⑦先把1号电缆拉至修理船甲板上面，并对故障做出验证，在此基础上，把故障点以及损坏点还有进水的部分都予以切除掉，之后，再把1号电缆和浮标一起放回到海底；⑧同样地把2号电缆也拉至修理船的甲板上面，并对故障做出验证，在此基础上，把故障点以及损坏点还有进水的部分都予以切除掉，同时，把防水密封工作做好后，针对剩余的电缆做出测量，并在电缆的末端把放水的工作做好，最终就可以把2号电缆和浮标一起放回至海底；⑨针对备用电缆，进行长度计算，再将2号电缆拉至修理船的甲板上面，将其和备用电缆进行连接，等到连接好之后，再把1号电缆也拉上修理船的甲板上面，并将其和备用电缆进行连接，最终全部将其放回至海底；⑩等到所有工作做完之后，实行最终的测试。

3. 海底电缆的连接方法

从海底电缆的连接方式来看，主要包括了以下步骤：

(1) 由潜水员在水下，把发生故障的海底电缆锯断后，把浮标拴上，浮标和电缆之间在进行连接时所采用的钢丝绳应该不小于10mm，同时将其拼接牢靠。

(2) 由潜水员使用高压水枪沿着海底电缆的走向，从海底泥沙中，把海底电缆冲出来，海底电缆需要冲出的长度应该按照水的深度，按照电缆能够弯曲的半径，按照故障点等来进行。

(3) 利用电缆故障点的浮标，把故障海底电缆调起来，将其在作业台上面做好固定。

(4) 把故障的电缆切除掉，使用规格为2500V/5000V兆欧表（具体根据海缆电压等级确定），把电缆的绝缘强度测量出来，分析原因，必要时继续打捞海缆，直至截除全部的受损海缆。

(5) 在工作架上面，把即将要实施对接的海底电缆固定好。

(6) 把海底电缆保护钢铠拨剥开，一直到钢丝回返均匀地把原来紧固部分的锥心包住为止，之后将其紧扣住外套。

(7) 把缓冲尼龙袋曲调，并把缠绕于海底电缆线芯上面的屏蔽袋予以松开，之后把两端电缆，把三条芯线予以错开，错开的距离应该为25～30cm，确定好这一位置之后将其锯掉。需要注意的是，对于两边的海底电缆必须一致，其根本目的就是要使得对接之后的三个接口的位置可以保持在相互交错的关系，这样就不会出现一大块的问题，最终使得过热故障问题得到避免。

(8) 潜水员使用无水的酒精来把手洗干净，在这之后，把20cm的半导层及5cm的绝缘层剥除。再使用砂纸将其磨平，把线芯的氧化层予以清除，最终使用无水酒精将其洗干净，等到保证没有杂质之后，就可以把绝缘带缠绕好。

（9）把两边对接的线芯穿入至压接管，对其实行压接，等到全部把三相线芯压接完毕之后，再使用无水酒精清洗。

（10）进行绝缘带的缠绕，先在离半导层 5cm 的位置，使用高压防水绝缘胶带来进行缠绕，需要缠绕 20～25 层；之后，缠绕高压绝缘聚氟乙烯绝缘白胶带，需要缠绕 20 层左右；再用聚富乙烯胶带进行缠绕，需要缠绕 10～15 层；最后再用玻璃丝白黏带进行缠绕，需要缠绕 8～10 层。

（11）恢复电缆屏蔽带，同时通过锡焊接的方式把接合处焊接好。

（12）进行电缆护卡的安装，并把所有的螺栓都紧固牢。

（13）将 50℃的沥青，由护卡天窗处进行浇注，等到沥青在电缆护卡中全部充满之后停止。其根本目的就是要促使接头处的绝缘强度得到有效提升，促使其防腐能力得到提高。

4. 海底电缆修复之后的检测方法

等到电缆接头全部制作好之后，需要做的就是，先运用兆欧表，来把三项绝缘的数值测量出来，所测得值应该在 1000MΩ 以上。在这之后，就进入直流耐压试验过程，在 15kV 电压以下进行 10min 的稳压测试，如果在这一过程中漏电电流低于 75mA，就代表该电缆合格。

9.3.3 海底电缆故障的防范措施

因海底电缆故障抢修不同于架空线路抢修，其受到海况、海潮、海流、风力、水深及地理位置因素的影响，抢修难度大，抢修的工时长，抢修所需的人员、物质等耗费巨大。同时，海底电缆的故障对电力设施造成了极其严重的影响和一定的经济损失。所以，目前我们还只能把更多保护希望寄托在防范措施上。

为了防止海底电缆遭受外力破坏，保护电力设施安全，为居民和企业营造安全可靠的用电环境。电力相关部门就针对电力线路和海底电缆易损区域做好电力设施的保护宣传工作。目前，海底电缆的保护主要靠“人防”和“技防”两个方面，具体如下：

（1）在海底电缆初设阶段，应对敷设路径进行仔细分析，尽量避开捕捞及其他特殊作业区域，避开各种锚害及危险发生区域。

（2）通过政府部门的帮助，联合执法，加强对电力设施保护的宣传工作，维护企业正当利益，保护电力设施安全。

（3）严肃对造成电力设施破坏人员的惩罚，对破坏人员进行责任追究，不姑息、不放松，进一步规范海底电缆所在海域船只的海上作业行为，加大海上违规作业的整治力度，在一定程度上杜绝此类电力设施破坏。

（4）加强海底电缆通道及陆地两侧区域的巡视维护工作，开展专项特殊巡视；并与所在区域居民、村委会进行沟通，加强海底电缆保护宣传，聘请义务护线员协助海底电缆通道的保护工作。进一步落实运维责任制，定人、定周期进行巡视，加强海底电缆的巡视和安全防护工作。

（5）为了进一步保护海上电力设施，采取在海底电缆陆岛两侧地段设置禁止抛锚等明显的安全警示标识，在海底电缆经过的航道附近地段设置悬浮标识球，以对过往或抛锚船只起到提示作用，并探讨在海底电缆附近增设航标和监控装置。

（6）加大海底电缆的埋设深度，应能防范渔船捕捞、工程作业船只施工的影响。同时做好近海海域的海底电缆保护防护工作。据有关统计，浅海区海底电缆故障，有90%以上发生在水深60m以下的浅水区，而对于近海海底电缆来说，锚害是造成电缆损伤的一个主要原因。

（7）加强海底电缆运行维护管理。对已建好的海底电缆应及时向政府相关部门申报，在海图上标明海底电缆的具体位置。同时不断提高海底电缆运行维护人员的业务水平，加强宣传工作，提高渔民、海事工作人员对海底电缆安全重要性的认知，共同参与海底电缆保护工作，给海底电缆运行提供一个安全的环境。

9.4 海上升压站、陆上开关站电气设备故障分析及处理

9.4.1 变压器故障处理

9.4.1.1 变压器声音异常

（1）当变压器在运行时出现“噼啪”的清脆击铁声。一般是高压瓷套管引线通过空气对变压器外壳的放电声，是变压器油箱上部缺油所致。

处理方法：用清洁干燥的漏斗从注油器孔插入油枕里，加入经试验合格的同号变压器油（不能混油使用），补油量加至油面线温度+20℃为宜，然后上好注油器。否则，油受热膨胀会产生溢油现象。如条件允许，应采用真空注油法以排除线圈中的气泡。对未用干燥剂的变压器，应检查注油器内的排气孔是否畅通无阻，以确保安全运行。

（2）当变压器在运行时出现沉闷的“噼啪”声。一般是高压引线通过变压器油而对外壳放电，属对地距离不够（小于30mm或绝缘油中含有水分）。

处理方法：另从三相三线开关中按出3根380V的引线，分别接在配电变压器高压绕组A、B、C端子上，从而产生零载电流，该电流不仅流过高压线圈产生了铜损，同时也产生了磁通，磁通通过线圈芯柱、铁芯上下轭铁、螺栓、油箱，还产生了铁损，铜损和铁损产生的热能使变压器油、线圈、铁质部件的水分受到均匀加热而蒸发出来，均通过油枕注油器孔排出箱外。

(3) 当变压器在运行时出现“吱啦吱啦”的如磁铁吸动小垫片的响声，而变压器的监视装置、电压表、电流表、温度计的指示值均属正常。这往往是个别部件松动，在电磁力作用下所致。

处理方法：应根据实际情况进行处理。

(4) 当变压器在运行时出现蛙鸣声。当刮风时，时通时断、接触时发生弧光和火花，但声响不均，时强时弱，系经导线传递至变压器内发出之声。

处理方法：立即安排停电检修。一般发生在高压架空线路上，如导线与隔离开关的连接、耐张段内的接头、跌落式熔断器的接触点以及丁字形接头出现断线、松动，导致氧化、过热。待故障排除后，才允许投入运行。

(5) 当变压器在运行时出现“咕嘟咕嘟”像烧开水的沸腾声。可能是变压器线圈发生层间或匝间短路，短路电流骤增，或铁芯产生强热，导致起火燃烧，致使绝缘物被烧坏，产生喷油，冒烟起火。

处理方法：先断开低压负荷开关，使变压器处于空载状态，然后切断高压电源，断开跌落式熔断器。解除运行系统，安排吊芯大修。

9.4.1.2 变压器漏油

油浸式变压器的油箱内充满变压器油，装配件中仅依靠紧固件对耐油橡胶元件加压而密封。密封不严是变压器漏油的主要原因，因此在维护与保养中应特别注意。如螺栓经过长时间振动是否造成松动，如有松动应加以紧固，紧固程度应适当，并且各处要一致；橡胶断裂或变形，也会造成漏油，可采用更新橡胶件的方法来解决，更换时应注意其型号规格是否与原件一致，并保持密封面的清洁；还有阀门系统，阀门脚垫安装不良、放油阀精度不高、螺纹渗漏等，都是造成漏油的原因。

9.4.1.3 变压器油质变坏或油温突然升高

在工作时，变压器油起到冷却和绝缘的作用。变压器有色变黑或颜色异常加深，都说明变压器油已发生变质。变压器油质变坏多数是由于变压器长时间过热运行、变压器内部进水或变压器油吸潮所致。变压器绕组匝间短路，超过重负荷运行，都是变压器油温突然升高的原因。

变压器油质变坏或油温突然升高，发现油色异常加深或变黑，可用过滤的方法加以处理或换油，具体换油方法为：①先吊出器身，放净污油并洗净油箱，如器身有油污也应冲净；②待器身烘干后注入新油，更换全部耐油橡胶密封件，试验合格后方可挂网运行。用户自行烘干器身时可用零相序干燥法、涡流干燥法、短路干燥法、烘箱干燥法等。

变压器超负荷运行，造成油温突然升高，可采用减少或调整负荷的办法处理。其他异常情况引起的油温突然升高，应立即停止使用变压器并进行全面检查，确定是否需要检修。顶层油温超温或过负荷的常见处理方法如下：

(1) 检查变压器的负载和冷却介质的温度，并与在同一负载和冷却介质温度下正常的温度核对。

(2) 核对温度测量装置。

(3) 检查变压器冷却装置。

(4) 若温度升高的原因是由于冷却系统的故障，且在运行中无法修理者，应将变压器停运修理；若不能立即停运修理，则运行人员应按现场规程的规定调整变压器的负载至允许运行温度下的相应容量。

(5) 在正常负载和冷却条件下，变压器温度不正常并不断上升，且经检查证明温度指示正确，则认为变压器已发生内部故障，应立即将变压器停运，并报告中调和值长。

(6) 变压器在各种超额定电流方式下运行，若顶层油温超过 100℃时，应立即降低负载。

9.4.1.4 变压器油位过高或过低

变压器油位与变压器运行情况有很大关系，油位应该有一定的波动范围，超出此范围则属不正常油位。造成油位过高的原因往往是呼吸器堵塞、防爆管通气孔堵塞，并且极易造成溢油现象。变压器漏油、检修后没及时补油、温度过低等是造成油位过低的原因，应根据实际情况做相应的处理。

9.4.1.5 变压器事故处理

1. 瓦斯保护动作处理

(1) 若轻瓦斯保护信号动作出现时，应立即对变压器进行检查，查明动作的原因。

(2) 若气体继电器内有气体，则应记录气量，观察气体的颜色及试验是否可燃，并取气样及油样做色谱分析，可根据有关规程和导则判断变压器的故障性质。

(3) 若气体继电器内的气体无色、无臭且不可燃，色谱分析判断为空气，则变压器可继续运行，并及时消除进气缺陷。

(4) 若气体是可燃的或油中溶解气体分析结果异常，应综合判断确定变压器是否停运。

(5) 重瓦斯保护动作跳闸后，在未经查明原因消除故障前，不得将变压器投入运行。为查明原因应重点考虑以下因素：

1) 是否呼吸不畅或排气未尽。

2) 保护及直流等二次回路是否正常。

3) 变压器外观有无明显反映故障性质的异常现象。

4) 气体继电器中积聚的气体量是否可燃。

5) 气体继电器中的气体和油中溶解气体的色谱分析结果。

6) 变压器其他继电保护装置的动作情况。

7）变压器外部有无设备损坏。

8）当重瓦斯保护和主变差动保护同时动作使变压器跳闸时，应对变压器进行外部检查；如外部油箱有变形、焦味等时，则应进行绝缘测试、直流电阻测试，再根据情况作相应处理。

9）由检修人员对变压器进行内部检查确认。

10）气体继电器有无外力冲击而动作。

2. 差动保护动作跳闸处理

为查明原因应重点考虑以下因素：

（1）变压器套管有无破裂放电现象。

（2）在差动保护区内有无短路或放电现象。

（3）是否由于差动保护接线错误或TA开路等引起。

（4）向当值值长了解在跳闸的同时系统有无短路故障。

（5）检查结果确定是因外部故障引起的，在其他保护（如气体保护、过流保护等）正常的情况下，报告当值值长，在得到操作许可后将差动保护退出恢复变压器运行。

（6）立即查看保护动作情况，做好记录。

（7）对保护动作范围内的设备进行外部检查有无明显故障点。

（8）进行气体分析。

（9）做好安全措施。

（10）进行变压器内部回路故障点的查找。

（11）差动保护动作，未查明原因前，不得向变压器送电。

（12）变压器后备保护动作跳闸，应对变压器进行外部检查无异常，并查明故障点确在变压器回路以外，才能对变压器试送电一次。

（13）变压器内部故障及其回路故障消除后，在投入运行前，应作零起升压观察，没有条件零升时，送电前措施一定要齐全。

3. 变压器着火处理

（1）变压器着火时，应立即将变压器各侧断路器和隔离开关拉开，并迅速采取灭火措施，防止火势蔓延，同时立即向值班调度员报告。

（2）若在变压器顶盖上着火时，则应打开下部放油阀放油至适当油位；若是变压器内部故障引起着火时，则不能放油，以防止变压器发生严重爆炸，在灭火时遵守《电力设备典型消防规程》（DL 5027）的有关规定。

（3）若火势蔓延迅速，用现场灭火设施无法控制时，应打火警电话119，请求消防协助灭火，人员要撤离到离变压器500m之外。

（4）迅速使用灭火装置灭火（CO_2、CCl_4 或 1211），尽快通知消防部门；有自动消防装置的，应自启动，否则手动启动。

（5）启动变压器喷水灭火装置。

（6）通知消防人员按消防规程灭火。

（7）将故障变压器隔离，做好安全措施。

主变有下列情况时应立即停运：

（1）变压器内部产生沉重不均匀的声音。

（2）在正常冷却条件下，变压器油温不正常或不断升高。

（3）储油柜、油表油面下降到低于油位的指示限度。

（4）压力释放阀喷油。

（5）套管有严重的破损和放电现象。

（6）油样化验表明含烃量超标。

（7）变压器冒烟着火。

（8）发生危及设备和人身安全（如触电）的故障，有关保护装置拒动时。

（9）变压器附近的设备着火爆炸，或发生其他情况，对变压器构成严重威胁时。

（10）在正常冷却条件及负荷情况下，变压器温度不断上升超过允许值。

（11）压力释放阀动作，向外喷油、喷烟火。

（12）严重漏油使油位下降，使油面下降到低于油位计的指示限度。

（13）油色变化过重，油内出现碳质物等。

（14）变压器故障，保护或开关拒动。

9.4.2 220kV GIS 配电装置故障处理

1. 系统振荡处理

（1）尽可能增加风电场无功，为系统恢复同期创造有利条件。

（2）振荡发生后，不得将风电机组擅自解列。

（3）根据系统频率应保持风电机组负荷，但注意不超出允许范围 49.8～50.2Hz。若频率低于 49.8Hz，则尽量保持风电机组正常运行；若频率高于 50.2Hz，则迅速降低风电机组出力，并经中调批准可退出部分风电机组运行。

（4）向中调汇报，切除振荡源或调整潮流分布。

（5）保持与中调的密切联系，处理情况随时汇报。

2. 220kV 断路器拒分闸处理

（1）检查跳闸控制回路保险是否熔断或接触不良。

（2）检查跳闸回路辅助接点是否接触不良。

（3）检查分闸回路是否有明显的接触不良或断线。

（4）检查机械机构是否卡涩或传动销子脱落。

（5）检查储能机构是否不能储能。

（6）检查断路器气室是否因压力低导致闭锁。

（7）检查闭锁继电器是否误动，接点接触是否良好。

（8）检查跳闸继电器、跳闸线圈是否断线、烧伤、卡涩或接点接触不良。

（9）如断路器拒分闸，则应采用断开上一级断路器的方法，将拒分断路器退出运行，机构保持原状。

（10）对拒分断路器机构应设法保持原状，以待查清拒分原因。

（11）凡拒绝跳闸的断路器在故障未处理之前，严禁重新投入使用。

3. 220kV 断路器拒合闸处理

（1）检查直流系统电压是否正常。

（2）检查闭锁回路是否正常。

（3）检查断路器气室内的压力是否正常。

（4）检查断路器内储能电机是否正常。

（5）检查断路器储能电源是否正常。

（6）检查断路器合闸线圈有无故障。

（7）检查断路器气室压力是否低于闭锁压力 0.55MPa。

（8）检查断路器内传动机构中的防动销有无取出。

（9）检查控制回路有无断线。

4. SF_6 气体泄漏处理

（1）发现压力下降或报警，有刺激臭味，自感不适等异常现象，应立即报告，并查原因。

（2）SF_6 密度继电器指针指示近黄色区域时，应立即通知检修人员检漏或补气。

（3）当开关气室压力低于 0.58MPa 时，其他气室压力低于 0.53MPa 报警后，经补气无法恢复正常压力，或已查明漏气点时，应立即向中调申请停电处理。

（4）当开关气室压力低于 0.55MPa 时，自动闭锁分闸、合闸报警后，禁止进行分闸、合闸，应立即断开直流控制电源开关。

（5）当其他气室压力低于 0.53MPa 时，密切监视气体压力下降趋势，如有继续下降且低于 0.5MPa 以下时，应断开动力、控制电源，禁止进行分闸、合闸操作。

（6）人员立即撤离现场，并进行强制通风。

（7）事故发生后 15min 内，抢救人员以外的人员不准进入室内。

（8）事故发生 15min 以后至 4h 之内，任何人员进入室内必须穿防护衣，戴绝缘手套及防毒面具。4h 以后进入室内可不用上述措施，但清扫设备时仍必须执行上述措施。

（9）若故障时有人被外逸气体侵袭，应立即用清水清洗后送医院治疗。

（10）当断路器气体压力低被闭锁时，应立即报告中调申请停电，采用与故障断路器相邻的其他断路器停电后，再切除故障断路器，隔离故障断路器间隔。

5. 220kV 线路故障跳闸处理

（1）确认该线路所属断路器已跳闸。

（2）检查保护及重合闸动作情况，查看行波测距装置初步判断故障点距离，并做记录。

（3）不论单相或三相跳闸，不论重合闸成功与否，禁止强送合闸。

（4）检查 GIS 室电气一次、二次设备无异常，对断路器本体、操作机构进行检查，确认断路器 SF_6 压力正常，并记录在运行日志。

（5）汇报中调、值长保护动作情况。

（6）发生线路跳闸后（含强送、试送失败），无论是否重合闸成功，运行值班人员均应在事故后 15min 内将保护动作情况、保护测距信息等内容（即线路故障信息）汇报中调值班调度员。调度员可根据情况进行对线路下达强送指令。

（7）对所有 220kV 断路器故障跳闸后在恢复送电前、后，均应对断路器本体、机构、SF_6 压力进行特殊巡视。

6. 220kV 母线故障失压处理

（1）核实失压母线电源侧与负荷侧断路器实际位置，若电源侧断路器处于合闸状态，立即将母线电源侧开关断开。

（2）检查 GIS 室电气一次、二次设备无明显故障点。

（3）若母差保护动作，迅速根据一次、二次设备动作和检查情况查找故障点并隔离后，确认失压母线上全部断路器已断开，可对失压母线进行一次试送。

（4）通过正常运行的母线恢复失压母线引起跳闸的电气设备运行。

（5）检查失压母线保护装置工作电源是否正常。

（6）检查失压母线三相电压是否平衡。

（7）检查失压母线 TV 就地柜内 TV 二次侧电压小开关是否跳闸，如果已跳闸，检查一次、二次回路无明显故障点时，可合上跳闸小开关一次，如合上即跳开，禁止再次合上，立即汇报值长，通知厂家检修人员处理。

（8）母差保护未动作，失压母线上断路器未跳闸：检查一次、二次设备无异常并确认失压母线上全部断路器已断开后，可对失压母线进行一次试送。

7. 非全相运行

（1）发生非全相运行时，应立即报告调度，经调度同意后进行处理；运行中的断路器断开两相时应立即将断路器分闸；运行中的断路器断开一相时，可手动试合断路器一次，试合不成功，应将断路器分闸。

（2）非全相断路器不能分闸或合闸时，可考虑采用旁路断路器与非全相断路器并联、母联断路器与非全相断路器串联及拉开对端断路器等方法，使非全相断路器退出运行。

(3) 断路器分闸操作时，当发现断路器非全相分闸，应立即合上该断路器。断路器合闸操作时，若发现断路器非全相合闸，应立即断开该断路器。

9.4.3　35kV配电装置故障处理

1. 35kV开关拒合原因及处理

(1) 拒合原因如下：

1) 操作回路故障，机构卡涩。

2) 直流合闸电源电压偏低。

3) 合闸回路不通。

4) 操作机构内的辅助开关常闭接点切换打开过早，或防跳继电器失灵，造成开关“跳跃”。

5) 操作机构调整不当。

6) 如果是远方操作拒合，则可能是开关“远方/就地”切换开关未切至“远方”位。

7) 开关储能回路故障或储能机构卡涩。

8) 开关有联锁跳闸条件未复归。

9) 小车开关没送到位。

10) 开关合闸线圈烧损。

(2) 处理方法如下：

1) 再合闸一次，根据灯光或音响信号，开关有无“跳跃”现象分析判断。

2) 先查操作回路，后查合闸回路。

3) 先查传动机械，后查操作机构。

4) 将开关“远方/就地”切换开关未切至“就地”位，分闸、合闸一次。

2. 35kV开关拒分原因及处理

(1) 拒分原因如下：

1) 跳闸回路不通。

2) 直流电压太低或跳闸动作电压调整不当（偏高）。

3) 跳闸线圈烧毁断线。

4) 跳闸铁芯有剩磁或铜套脏污卡阻铁芯，铁芯不下落，通电后冲击力不足。

5) 开关分闸传动机构卡涩。

6) 开关动静触头熔焊在一起。

(2) 处理方法如下：

1) 远方操作两次仍跳不开，不允许再操作。

2）依次查找原因，消除缺陷。

3）检查跳闸回路，通知检修人员处理。

3. 35kV 系统接地处理

（1）根据绝缘监察电压表指示值，判断是否真的 35kV 系统接地；若是，则判明接地相及接地性质。金属性接地时，接地相对地电压为 0，其余两相对地电压升高；过渡电阻接地时，接地相对地电压降低，另外两相对地电压升高；电弧间歇性接地，非故障两相表计摆动，出现过电压。

（2）根据光字牌判断故障母线段及故障范围。若“35kV 接地”及“零序过流”同时发出信号，则站用变高压侧接地；若“零序过流”信号不发，则可能是开关母线侧、母线或主变低压侧接地或是带负荷风电机组接地而负荷开关未跳所致。

（3）若“零序过流”光字发出，则可能是站用变压器，检查出接地变压器后将其尽快转换负荷停运。

（4）若“零序过流”光字未发出，则检查当时有无启动电容器组或风电机组开关及其他异常情况，检查电容器组或风电机组开关柜有无信号发出，若有异常者尽快退出运行；若未发现异常，则将 TV 短时停运，检查是否主变低压侧接地，若是则申请地调停用主变处理。

（5）经上述检查仍无结果，则判明母线接地，将母线停电检查处理。

（6）35kV 单相接地时间不得超过 2h。

9.4.4 SVG 动态无功补偿装置故障处理

1. SVG 动态无功补偿装置超温

（1）将负荷降至额定负荷。

（2）就地检查冷却装置，检查冷却水泵运行情况，检查水泵进出口压力，如压力低则切换至备用泵运行，如水箱水位不足则进行补水。

2. SVG 动态无功补偿装置功率单元过流保护处理

（1）检测霍尔传感器供电电源是否正常，A 相输出与 C 相输出在设备不运行情况下输出直流电压值近似为 0V；更换霍尔传感器，按复位按钮解除此故障。

（2）检查并紧固所有驱动信号线，防止误触发。

（3）检查并更换本单元的所有 IGBT。

（4）使用专用仪器测试正确相序并更正。

（5）单元驱动板损坏误报过流故障，应更换单元板。

3. SVG 动态无功补偿装置功率单元过压保护处理

（1）按复位按钮解除此保护，检测电压传感器是否正常及其供电电源是否正常。

（2）重新设置电压平衡控制参数。

(3) 光纤弯折程度过大，或者光纤头松动导致脉冲误触发。

(4) 解决柜体可靠接地问题，二次回路做单独接地处理，防止干扰。

(5) 单元驱动板保险烧断，更换单元驱动板。

4. SVG 动态无功补偿装置功率单元欠压保护处理

(1) 观察电网电压显示值是否过低。

(2) 单元驱动板熔断器熔断，导致电压无法传到 CPU，应更换单元驱动板。

5. SVG 动态无功补偿装置输出过流处理

(1) 应更换霍尔传感器。

(2) 额定输出电流值设置过大，应重新设置。

(3) 全部参数应重新下传。

(4) 采集数据不准导致输出过流，应更换模拟板。

9.4.5 直流系统故障处理

1. 接地故障处理

(1) 直流系统一点接地不会造成直接维护，但发生两点接地故障后会造成整个电力系统发生严重危害。

(2) 当直流系统发生接地时，禁止在二次回路上工作。

(3) 检查直流系统一点接地时，应小心谨慎，防止引起直流另一点接地而造成直流短路或开关误跳闸。

(4) 为防止保护误动作，在断开保护、操作电源前，应解除可能误动的保护，断开时间不得超过 3s，不论回路接地与否均应合上，电源恢复后再投入保护。

2. 电池组故障处理

(1) 电池组输出开关未合，会造成电池组浮充欠压告警。

(2) 测量整流模块输出电压值，排除因采集问题引起的误报警。

(3) 检查模块定值并重新下发定值。

(4) 查看现场电池组环境温度，修正温度补偿系数或者关闭温度补偿。

(5) 个别模块输出电压异常，应退出故障模块。

3. 直流母线电压过高或过低处理

(1) 值班人员检查母线电压表、充电器运行情况是否正常。

(2) 检查系统内有无短路现象。

(3) 检查是否有带电磁机构的断路器跳闸后重合闸动作现象或断路器检修做跳合闸传动。

(4) 检查调压硅链运行是否正常，是否开路。

(5) 在查明故障消除后，应及时调整直流母线电压，恢复正常后，再恢复信号。

4. 充电器故障处理

(1) 充电模块工作正常但通信灯不亮，检查地址拨码是否正确或通信线是否松动。

(2) 充电模块运行灯不亮，检查交流输入电源是否有电压偏高、偏低或缺相问题。

(3) 充电模块故障灯亮，则模块故障。

(4) 充电模块开机无反应，检查交流输入正常后可以确认为模块故障。

9.4.6 应急柴油发电机故障处理

1. 蓄电池故障处理

(1) 检查充电机有无故障，电源是否正常，如不正常，应进行检查处理。

(2) 检查蓄电池接线是否松动。

(3) 检查蓄电池壳体有无破裂，如有破裂，应及时更换。

(4) 检查蓄电池触头有无脏污。

2. 发电机运行中故障跳闸处理

(1) 检查控制器有无故障报警，是否能复位。

(2) 检查油箱内有无燃油。

(3) 检查柴油机进油阀有无关闭。

(4) 检查柴油机空气滤清器有无堵塞。

(5) 检查通信模块有无故障。

(6) 检查控制器内的电源熔断器有无熔断。

(7) 检查柴油机润滑油过滤器是否有堵塞。

(8) 检查发电机有无故障。

(9) 检查发电机出口开关有无故障。

(10) 检查发电机出口电缆是否有损坏或短路。

(11) 检查发电机绝缘有无损坏。

当发生下列情况时，必须紧急停机：

(1) 机油压力低故障灯亮为红色。

(2) 冷却水温高故障灯亮为红色。

(3) 风电机组转速超过1650r/min（即频率表读数超过55Hz）。

(4) 风电机组发出急剧异常的敲击声。

(5) 零件损坏，可能使风电机组的某些部件遭到损伤。

(6) 气缸、活塞、轴瓦、调速器等运动部件卡死。

(7) 风电机组输出电压超出表上的最大读数。

（8）发生可能危害到风电机组、操作人员安全的火灾、漏电或其他自然灾害。此时，按下“紧急停机”按钮，风电机组会迅速切断负载，并立即关断油门，同时红色“紧急停机”指示灯亮，该按钮需重新旋出才有可能解除急停信号。

9.5　运维船故障分析及处理

9.5.1　运维船性能及风险

1. 运维船性能

海上风电场设计寿命一般为27～28年，为了保证海上风电场稳定运行，必须对风电机组进行运行检测、日常维护、定检维护以及大部件维护等。在运营维护过程中，除配备高效率、专业化维护团队外，配置符合当地海域、海况的运维船非常重要。在项目的建设安装和运营维护阶段，海上风电运维船舶用于将运营维护技术人员、其他人员和设备运送到海上风电机组上。早期的海上风电项目利用非专业船舶进行人员、物资运输工作，该类船舶性能不具备专业运维船功能性要求，导致人员上下机组风险高，易造成夹伤、人员落水、骨折等危害。随着海上风电场离岸距离越来越远，海况环境越来越恶劣，传统的渔船或单体运输船因航速较低、舒适性差、往返航行时间长，易造成部分人员身体和精神不适，影响运营维护工作效率。

随着国内海上风电项目增多，项目离岸距离越来越远、海况恶劣，导致非专业船舶在海上风电运营维护时事故率增高，难以胜任海上风电运营维护工作。2016年8月，南通海事局召集南通市沿海各县级市海事局、南通境内海上风电投资商、整机商召开海上风电专用运维船舶管理规范会议，会议确定海上风电运维船需要使用专业的单体或双体交通船，禁止使用渔船。目前，国内在海上风电专用船舶的使用逐步上升，不仅船舶和运营商的数量增加，而且海上风电运维船的设计也在稳步发展。在目前阶段，运维船在性能上的常见问题如下：

（1）低性能运维船舶的可达性和安全性低，难以满足离岸较远的运营维护要求。

（2）无法满足海上运营维护技术人员的舒适性要求。

（3）船舶甲板空间不足以存放大型柴油发电机及其他备品备件。

国内双体船性能低于国外，主要体现在航速和耐波性上。船舶航速变化主要是由船舶线型，而船舶主机马力是由船舶线型决定。一般来说，在船舶线型确定后，其所匹配多大马力的主机也就确定了，但是船舶线型一直是国内船舶设计上的难点，难有提升，影响船舶航速。影响船舶航速的因素除了线型外，船舶材质也是决定航速的重要因素。

船舶耐波性主要是运营维护人员乘坐船舶的舒适性，包含船舶振动、噪声、空间视野、横摇等。船舶噪声与振动不仅损害船员和运营维护人员的健康，妨碍运营维护人员的正常工作，而且易造成船体结构的疲劳、破坏；空间视野狭隘易造成运营维护人员精神压抑；船舶摇摆会引起运营维护人员晕船、呕吐，严重者精神崩溃，可能出现过激行为。

2. 船舶噪声与振动

船舶噪声和振动主要是船舶在机械、轴系、螺旋桨运转及波浪的激励下，所引起船舶总体或局部结构的振动。针对如何降低船体振动分以下方面：

（1）在船舶主体与机械、轴系增加弹性装置吸收主机与船舶之间的振动，避免共振。

（2）在乘员舱涂装阻尼材料，进一步降低船员舱内振动。

噪声主要是由振动引起，降低船舶噪声污染可通过降低振动方式解决。声源、传播途径和接受者是一个噪声系统的3个环节，治理噪声必须从这3个方面来考虑：

1）控制声源噪声的方法为减少激振力的幅值，减少系统各部件对激振力的响应，改变工作条件等。

2）控制噪声传播途径可从声源和接收器位置的选择（如增加传播距离、隔声、吸声、消声等手段）入手。

3）对接收者采取防护措施，如让乘员佩戴可起到隔离噪声的个人防护用品等。

3. 船舶摇摆性

船的摇摆剧烈程度从外部条件来讲，与风浪大小有关，但从船舶本身条件分析，又与船的稳定性有关。船舶的摇摆，可以分为横摇、纵摇、立摇和垂直升降4种运动形式。横摇是船舶环绕纵轴的摇摆运动；纵摇是船舶环绕横轴的摇摆运动；立摇是船舶环绕垂直轴偏荡运动；垂直升降是船舶随水波作上下升降运动。船舶在海上遇到风浪时，往往是以上4种摇摆的复合运动。由于横摇比较明显，影响也较大。为了减轻船舶横摇，一般船舶在船体外的舭部安装舭龙骨，其结构简单，不占船体内部位置，且有较明显的减摇效果，实践表明舭龙骨能减小摆幅20%～25%。但是舭龙骨的缺点是增加水阻力，影响航速。大型客轮也有用减摇水柜、减摇鳍、陀螺平衡减摇装置等来减小船舶在风浪中的摇摆，但小型双体船舶并不适用安装以上大型的减摇装置。根据欧洲经验，海上风电运维船舶主要是以被动形式降低船舶摇摆性。例如安装减摇座椅，有效降低乘员乘船因摇摆产生的不适感。

4. 运维船靠离

就目前而言，从陆地到达海上风电机组通常有两种方式：一种是通过直升机进行运送；另外一种则是通过风电运维船舶进行登靠。动用直升机固然灵活、迅速，但是费用昂贵，同样受天气影响大，无法降落在那些没有配备直升机平台的机舱上。由于我国尚未开放低空飞行，直升机通达方式暂时不具备可行性。就海上风电运维船舶而言，早期没有专门的风电支援船，一般都是租用各类船舶如运维船、港作船等，只要能够达到运送目的即可，配套设施匮乏。这类船舶难以为海上风电场提供高效的维修效率和专业的维修服务，以及保证技术人员安全及时地抵达作业现场。

运维船靠离的辅助工具主要包括绳索滑荡、安全吊篮、舷板触梯以及小型船舶。在海上，运维船和人员靠离风电机组是最大的安全风险环节。保证人员和设备能够在多数海况下顺利进入和离开风电机组，是对风力发电实行检查、保养和维修最基本的一环。运维船靠离海上风电机组的风险包括以下方面：

（1）由于风电机组底部塔柱为圆形平面，船舶靠泊时的接触面小，加上风、流、浪的作用强，船舶不太可能锚定和系泊，像系靠在码头上那样系牢在风电机组基础上。通常把装有多块垂直管状的防撞构件作为接人塔架，船首可顶着该构件停泊。船舶与静止的风电机组之间产生相对运动，导致人员和设备的转移操作较为困难，特别是利用船上吊机向的风电机组上吊运设备的过程中，当船舶摇摆时，可能会发生碰坏机组或设备的情况。

（2）船舶在波浪中移动和操纵艇上伸缩梯系统时，其安全操作受风、浪、流的方向、强度以及扶梯设在机组塔柱上的方位的影响，这就要求靠离机组的船舶能够根据风流条件的变化而选择不同的方向靠拢的风电机组。在复杂多变的风流环境下，特别是风、流作用较强时，可能难以找到有利的靠离条件。

（3）采用运维船直接靠风电机组的方法受限于运维船的大小，运维船直接靠住海上风电机组塔架。排水量小的运维船抗风浪性能差；排水量较大的运维船抗风浪能力好，但在直接靠拢塔架时由于惯性大，可控性差，可能会发生碰坏机组基础的情况。

（4）为了保证人员安全和防止设备落海，人员在登离的风电机组时一般不能随身携带设备，较重的设备也不能依靠人力搬入或搬离机组。通过人力传递、索吊工具或零部件，增加了不安全的风险因素。

9.5.2　运维船安全与应急处理

1. 船舶安全管控

在巡检和施工作业中，航行船舶之间，施工船之间，航行船舶与施工船之间，作业船与其他船舶之间有可能发生碰撞。船舶配备 AIS 卫星定位系统，实时定位；船舶配备监控影像系统，实时监控人员在船上的安全；船舶配备消防救生设备，如救生衣、救生筏、救生服以及消防设备，确保人员的安全。

未来国内海上风电项目离岸距离将越来越远，海况条件也将越来越恶劣，对海上风电运维船性能要求也会有进一步的提升，运维船必须具备高速性、安全性、舒适性、多功能性等方面的特点，最大限度地保障海上运营维护工作的高效和运营维护人员的安全。

2. 船舶应急救援

船舶在海上航行不同于陆上交通，发生失去动力的故障时船舶唯有随海浪飘浮，遇到大风和大浪，随时有倾覆的危险。例如，2013年8月，江苏东台一载有8人的渔船在苏北沿海某处遇险，渔船机器故障，失去动力。事发时该船发出紧急求救信息，中国渔政东台大队立即启动应急程序，迅速联系江苏水上搜救中心、东海区海上搜救局派船实施救助，同时通过海洋渔业安全救助信息系统搜寻遇险渔船附近其他船舶，组织渔船自救互救。安全救助信息系统很快搜寻到在附近海域的同村渔船，接到安全救助信息系统中心的指令后，立即驶往遇险渔船处，经过采取垫浮、拖带等救助措施，终于将遇险渔船拖至海安老坝港。

由于某些风电场区位于海上潮间带地区，附近无导航设施，距离港口水域较远，风电场水域周围几乎无支持系统，可用的应急救援力量薄弱，水域附近可用的专业救助资源较少，若出现沉翻船、搁浅、迷失方向、落水、人员滞留海上平台等险情，难以及时实施救助。

3. 事故应急预案

根据国务院安全生产委员会（简称国务院安委会）颁布的《关于加强安全生产事故应急预案监督管理工作的通知》《生产经营单位生产安全事故应急预案管理办法》《关于印发生产经营单位生产安全事故应急预案评审指南的通知》等要求进行海上风电项目事故应急预案的编写。预案应说明该海上风电项目的特点、风险因素及全国同类型风电场事故资料，分析可能发生的重特大事故类型、事故发生过程、破坏范围及事故后果。

海上风电场建立的应急预案包括但不仅限于以下项目：

（1）综合应急预案（突发事件应急总预案）。

（2）人身事故、设备事故、网络信息安全事故、水灾事故、道路交通事故、船舶（交通、碰撞、火灾、爆炸、污染）事故、环境污染事故、电网故障保厂用电等事故灾害类专项应急预案。

（3）自然灾害类（地震、台风、雷电、暴雨、潮水、波浪等）专项应急预案。

（4）公共卫生事件类（传染病、群体性不明原因疾病、食物中毒等）专项应急预案。

（5）特种设备事故专项应急预案。

（6）社会安全事件类（突发群体性事件、突发新闻媒体事件等）专项应急预案。

（7）现场处置方案，包括多种原因导致的人身伤亡处置方案、多种原因导致的火灾事故处置方案、倒塔折塔现场处置方案。

参 考 文 献

［1］ 徐俊. 海上风电及潮汐电站海洋水文设计浅析［J］. 西北水电，2015（1）：1-5.

［2］ 张浩东. 浅谈中国潮汐能发电及其发展前景［J］. 能源与节能，2019（5）：53-54.

［3］ 邱岳. 沿海潮间带DLG数据编绘概述［J］. 科技创新导报，2020，17（8）：97-98.

［4］ 佚名. 潮间带风机专用施工装备作业装置关键技术研究［J］. 中国科技信息，2020（11）：1.

［5］ 曹毅，涂亮，聂金峰，等. 欧洲海上风电标准化经验及其对我国的启示［J］. 南方电网技术，2019，13（3）：3-11.

［6］ 王维利，王绿卿. 浅水区波浪特征的变化［J］. 山东交通科技，2013（3）：75-79，81.

［7］ 刘秋华，陈超，董丹丹. 江苏省海上风电资源利用现状分析［J］. 南京工程学院学报（社会科学版），2015，15（3）：55-61.

［8］ 郭浩霖，宋育霖，张帆一，等. 江苏近岸海域波浪的分布特征［J］. 水运工程，2014（5）：41-47.

［9］ 宁光涛，冯开健，黄立毅，等. 波浪能发电在南海综合开发实践的前期讨论［J］. 工程技术研究，2019，4（22）：17-18.

［10］ 俞慕耕，周雅静. 大西洋欧洲沿海的海浪特点［J］. 海洋通报，1999（4）：3-5.

［11］ 马敏杰. 全球风能资源时空分布特征及开发潜力评价［D］. 成都：成都电子科技大学，2018.

［12］ 黄俊. 海上风电基础特点及中国海域的适用性分析［J］. 风能，2020（2）：36-40.

［13］ 邱剑洪，林寿南. 海上风电发展现状及大规模接入对电网影响分析［J］. 电工电气，2019（12）：74-76.

［14］ 韩德盛，李荻. 海洋大气湿度对LY12铝合金初期腐蚀的影响［J］. 中国腐蚀与防护学报，2007（3）：134-136.

［15］ 王菲菲，李学彬，郑显明，等. 相对湿度和风速对海洋大气气溶胶粒子谱的影响［J］. 红外与激光工程，2019，48（S1）：89-94.

［16］ 王爱国，黄俊，邓柏松. 浅谈海上风电浅覆盖层地质孤石解决方案［J］. 水电与新能源，2020，34（2）：15-19，27.

［17］ 张海亚，郑晨. 海上风电安装船的发展趋势研究［J］. 船舶工程，2016，38（1）：1-7，30.

［18］ 魏书荣，何之倬，符杨，等. 海上风电机组故障容错运行研究现状分析［J］. 电力系统保护与控制，2016，44（9）：145-154.

［19］ 杨骏，舒雅，许蓉. 海上风电机组安装装备与技术的发展［J］. 中外船舶科技，2016（2）：6-14.

［20］ 迟永宁，梁伟，张占奎，等. 大规模海上风电输电与并网关键技术研究综述［J］. 中国电机工程学报，2016，36（14）：3758-3771.

［21］ 杨悦，李国庆. 基于VSC-HVDC的海上风电小干扰稳定控制［J］. 电工技术学报，2016，31（13）：101-110.

［22］ 陈皓勇，谭科，席松涛，等. 海上风电的经营期成本计算模型［J］. 电力系统自动化，2014，38（13）：135-139.

［23］ 李美明，徐群杰，韩杰. 海上风电的防腐蚀研究与应用现状［J］. 腐蚀与防护，2014，35（6）：584-589，622.

［24］ 王锡凡，王碧阳，王秀丽，等. 面向低碳的海上风电系统优化规划研究［J］. 电力系统自动化，

2014，38 (17)：4 - 13，19.

[25] 王锡凡，卫晓辉，宁联辉，等. 海上风电并网与输送方案比较 [J]. 中国电机工程学报，2014，34 (31)：5459 - 5466.

[26] 武英利，张彬，闫龙，等. 基于演化博弈的海上风电投资策略选择及模型研究 [J]. 电网技术，2014，38 (11)：2978 - 2985.

[27] 李飞飞，王亮，齐立忠，等. 海上风电典型送出方案技术经济比较研究 [J]. 电网与清洁能源，2014，30 (11)：140 - 144.

[28] 王锡凡，刘沈全，宋卓彦，等. 分频海上风电系统的技术经济分析 [J]. 电力系统自动化，2015，39 (3)：43 - 50.

[29] 孙蔚，姚良忠，李琰，等. 考虑大规模海上风电接入的多电压等级直流电网运行控制策略研究 [J]. 中国电机工程学报，2015，35 (4)：776 - 785.

[30] 索之闻，李庚银，迟永宁，等. 适用于海上风电的多端口直流变电站及其主从控制策略 [J]. 电力系统自动化，2015，39 (11)：16 - 23.

[31] 许莉，李锋，彭洪兵. 中国海上风电发展与环境问题研究 [J]. 中国人口 · 资源与环境，2015，25 (S1)：135 - 138.

[32] 刘志杰，刘晓宇，孙德平，等. 海上风电安装技术及装备发展现状分析 [J]. 船舶工程，2015，37 (7)：1 - 4.

[33] 王海璎. 海上风电 Spar 浮式基础运动特性研究 [D]. 广州：华南理工大学，2014.

[34] 杨程. 浅析海上风电运维船的发展 [J]. 海峡科学，2016 (12)：78 - 80.

[35] 赵大伟，马进，钱敏慧，等. 海上风电场经交流电缆送出系统的无功配置与协调控制策略 [J]. 电网技术，2017，41 (5)：1412 - 1421.

[36] 傅质馨，袁越. 海上风电机组状态监控技术研究现状与展望 [J]. 电力系统自动化，2012，36 (21)：121 - 129.

[37] 郑小霞，叶聪杰，符杨. 海上风电场运行维护的研究与发展 [J]. 电网与清洁能源，2012，28 (11)：90 - 94.

[38] 王闻恺. 海上风电工程通航风险评价及安全保障研究 [D]. 武汉：武汉理工大学，2013.

[39] 牛东晓，赵东来，杨尚东，等. 考虑综合成本的海上风电与远方清洁能源协同优化模型 [J]. 湖南大学学报（自然科学版），2019，46 (12)：16 - 24.

[40] 王广玲. 海上风电系统的运行维护分析 [J]. 集成电路应用，2020，37 (4)：98 - 99.

[41] 谢军. BIM 技术在福建三峡海上风电国际产业园的应用实践 [J]. 水电与新能源，2020，34 (3)：74 - 78.

[42] 胡文森，杨希刚，李庚达，等. 我国海上风电发展探析与建议 [J]. 电力科技与环保，2020，36 (5)：31 - 36.

[43] 郭慧东. 海上风电机群运行状态评价与维修决策 [D]. 北京：北京交通大学，2018.

[44] 闫健. 海上风电并网调度管理模式研究 [D]. 哈尔滨：哈尔滨理工大学，2019.

[45] 苏建国，冯延晖，汤海山，等. 基于并联平台的海上风电运维船舶辅助登靠系统 [J]. 可再生能源，2019，37 (1)：106 - 111.

[46] 吴益航. 海上风电运行维护问题策略探索 [J]. 电力设备管理，2018 (12)：67 - 69.

[47] 金振楠，佟国志. 浅析风场运维船的相关设计规范要求 [J]. 船舶标准化与质量，2018 (6)：38 - 41，57.

[48] 姜晓昌，马宇坤，陈叶. 我国海上风电产业链发展综述 [J]. 船舶物资与市场，2018 (6)：44 - 49.

[49] 曹毅，涂亮，聂金峰，等. 欧洲海上风电标准化经验及其对我国的启示 [J]. 南方电网技术，2019，13 (3)：3 - 11.

[50] 步文智. 海上风电运维人员安全管理难点和相应对策探讨 [J]. 决策探索（中），2019（6）：6-7.
[51] 涂亮，刘斯明，郑丹. 基于海上风电产业发展的风电机维修市场 [J]. 海洋开发与管理，2019，36（8）：72-76.
[52] 邓达纮，陆军. 浅析海上风电施工与运维装备 [J]. 机电工程技术，2019，48（8）：45-47.
[53] 王鑫，崔亚昆，薛海波，等. 国内外海上风电平台运维登靠系统概况 [J]. 科技与创新，2019（20）：55-58.
[54] 李绿琴. 海上风电运维船的发展探究 [J]. 科技创新与应用，2019（34）：77-78.
[55] 李静，谢珍珍，陈小波. 基于 SVM 的海上风电项目运行期风险评价 [J]. 工程管理学报，2013，27（4）：51-55.
[56] 李益. 三桩基础海上风力发电结构的自振特性分析 [D]. 大连：大连理工大学，2013.
[57] 罗仑博. 砂土地基海上风电吸力桶基础长期循环承载特性模型试验研究 [D]. 北京：北京科技大学，2020.
[58] 谢瑞金. 海上风电运维船安全管理现状探讨 [C] //中国农业机械工业协会风力机械分会. 第七届中国风电后市场交流合作大会论文集. 中国农业机械工业协会风力机械分会，2020.
[59] 易伟. 浅谈海上风电场运维成本管控 [C] //中国农业机械工业协会风力机械分会. 第七届中国风电后市场交流合作大会论文集. 中国农业机械工业协会风力机械分会，2020.
[60] 苏建国. 基于并联平台的海上风电运维船舶辅助登靠系统研究 [D]. 南京：南京理工大学，2019.
[61] 张尉. 江苏中部沿海海上风电运维方案研究 [D]. 南京：南京理工大学，2018.
[62] 于洪江. 我国海上风电运维船顶靠技术研究 [C] //中国航海学会，中国造船工程学会，福建省航海学会，福建省造船工程学会，集美大学，中国航海技术研究会（台湾），中国造船暨轮机工程师学会（台湾）. 2018 海峡科技专家论坛暨海峡两岸航海技术与海洋工程研讨会论文集. 中国航海学会，中国造船工程学会，福建省航海学会，福建省造船工程学会，集美大学，中国航海技术研究会（台湾），中国造船暨轮机工程师学会（台湾），2018.

附　　录

附表1　生产准备培训计划表

序号	工作阶段	培训项目	详　细　内　容
1	理论培训阶段	入职培训	了解公司的发展战略和企业精神；了解海上风电的基本特点；了解项目的进展情况、特点和施工现状
		安全知识	安全生产法；安全生产工作规定；安全工作规程；电力生产事故调查规程；反事故措施等
		基础理论培训	海上风电在电网中的地位与作用；项目运行管理模式；项目部系统的组成
		外语知识培训	专业英语；交际口语
2	到同类电站实习培训	运行岗位技能培训	熟悉安全规程有关内容，有较强的安全意识；熟悉调度规程有关内容及统一术语；能准确地接受调度命令和向系统当值调度员汇报情况；了解海上风电各系统、设备的作用、组成及构造、基本原理、主要参数及限额等；掌握风电机组及其各系统、设备的控制方式、运行方式；掌握所有保护装置的配置情况、保护范围、动作后果；能熟练操控各操作员工作站及报警站以监视、操作有关系统及设备；能通过监视及巡视及时发现各系统、设备异常，并能正确分析有关报警，进而采取相应措施，能熟练、规范地操作所风力项目部管辖的设备；能及时处理危及安全运行的一般故障及异常；能熟练填写各系统、设备操作的操作票；能履行工作许可手续，并保证安全措施和操作步骤的正确性及完整性；熟练掌握机组运行工况的启停流程，风电机组并网与解列及有关操作；达到全值班员水平，在电站值班员的监护下能承担值班工作
		维护岗位技能培训	熟悉安全规程有关内容，有较强安全意识；掌握本专业管辖各设备原理、构造、性能参数、限额及运行方式；熟悉检修规程有关内容及检修日常业务；能够准确地填写工作票和工作间断、转移及终止手续；能熟练查阅有关图纸，分析查找并解决设备故障或提出意见，掌握有关设备的日常维护、保养、试验及检修技能；掌握及正确运用专用仪器设备及工具；掌握风力项目部特殊检修工艺；能通过巡视、定期试验及时发现本专业各设备异常，并能正确分析有关现象，进而采取相应措施；达到检修技术员水平，在电站检修技术员监护下能开展检修工作并参与检修业务
		专业技术讲座	机械保护讲座；运行事故处理；机组启动过程介绍及常见故障分析；各相关系统机构介绍、检修及安装注意事项、存在问题等讲座；偏航系统、变桨系统、自动系统技术要求；地调、省调调度规程及操作术语等
3	设备厂家培训		设计单位和设备厂家对有关设计说明书、系统图纸、施工图纸、试验资料等进行培训；风电机组的结构及特点；风力发电机参数及特性；主变压器结构特点；项目部辅助系统；电气主接线及其设备特点；无功自动补偿装置及运行要点；场用电及直流系统运行要点；继电保护及自动装置运行；监控系统及运行；消防系统构成及特点；通信系统等

续表

序号	工作阶段	培训项目	详　细　内　容
4	现场培训	运行人员	学习本项目部规章制度、技术规程、安全工作规程、消防规程、紧急救护等知识；参与现场设备的操作、调试，熟悉现场设备的构造、性能、原理
		维护人员	参加现场设备的安装、调试，熟悉现场设备构造、性能、原理；掌握设备的安装检修维护、调试工艺和技术标准
5	总结阶段		上岗前考试，定岗、定责；岗位人员的培训记录；培训效果做出总结、评价

附表 2　新招人员培训安排

序号	培　训　项　目	培训天数	培　训　内　容
1	入职报到	1	信息登记
2	公司内部培训	1	报到资料提交、相关证件材料核查、物品领用登记、相关材料文件发放、公司介绍、项目介绍、公司制度宣贯、培训及考核方案、安全注意事项等
3	风电场参观	1	实地参观了解风电场及相关安全知识培训
4	风电场培训	30	风力发电基础、风电场升压站与风电机组的结构、工作原理、安全、运行、检修知识及个人安全技能
5	特种作业培训电工（高、底压）	9	电工证培训及考试取证
6	特种作业培训登高	9	登高证培训及考试取证
7	安规、安全培训	8	进一步强化安全、安规知识，进行安规考试
8	四小证培训（Z01）	15	基本急救，个人求生，船舶防火与灭火，个人安全与社会责任
9	电厂实习	45	赴电厂跟班并定期进行轮换
10	主机培训	5	对海上风电机组进行针对性培训，主机工厂参观，跟班学习
11	风电场跟班实习	60	赴已投运海上风电场跟班实习，并定期轮换
12	调度取证		值长、运行人员取证，视电网具体时间
13	风电机组大部件及主要设备培训	3	海上升压站、海底电缆、变压器、叶片、齿轮箱、变频器、变桨等培训
14	电气知识培训	1	有针对性对电气一次、二次进行培训（电气设备厂家或火电厂），相关具备能力人员进行继电保护取证
15	急救证、消防证	7	急救、消防
16	化学相关证		油化验证、气相色谱证、水化证

附表 3　国内海上风电场典型管理制度一览表

序号	制　度　名　称	序号	制　度　名　称
1	海风场制度编写管理办法	7	海风场作业指导书管理办法
2	海风场设备区域责任制管理办法	8	海风场会议管理办法
3	海风场“风场之星”评选办法	9	海风电场后勤接待管理办法
4	海风场卫生管理规定	10	海风场计划及总结管理办法
5	海风场出入管理规定	11	海风场培训管理方法
6	海风场外委单位施工安全教育管理办	12	海风场考勤员岗位职责

续表

序号	制度名称	序号	制度名称
13	海风场仓管员岗位职责	50	海风场高空作业安全措施
14	海风场宣传员岗位职责	51	海风场防止交叉作业安全措施
15	海风场安全员岗位职责	52	海风场防止货架坠落倾倒安全措施
16	海风场培训员岗位职责	53	海风电场班组安全文明生产奖罚细则
17	海风场志愿消防员岗位职责	54	海风场班组考核细则
18	海风场后勤主管岗位职责	55	海风场停送电作业文件包
19	海风场门卫岗位职责	56	海风场防台风作业文件包
20	海风场保洁绿化员岗位职责	57	海风场隐患排查管理规定
21	海风场厨师岗位职责	58	海风场检修电源箱管理规定
22	海风场操作票管理规定	59	海起重设备管理规定
23	海风场工作票管理规定	60	海风场电梯管理规定
24	海风场交接班管理规定	61	海风场人字梯管理规定
25	海风场设备定期试验和轮换管理规定	62	海风场电动葫芦管理规定
26	海风场集控中心电气设备巡检管理规定	63	海风场漏电开关管理规定
27	海风电场设备维护、消缺验收管理规定	64	海风场安全带使用管理规定
28	海风电场作业验收管理规定	65	海风场防止电气误操作管理规定
29	海风场 GIS 室管理规定	66	海风场钥匙管理规定
30	海风场 SVG 室管理制度	67	海风场车辆管理规定
31	海风场蓄电池管理制度	68	海风场“两措”管理规定
32	海风场通信室管理制度	69	海风场消防安全管理规定
33	海风场继保室管理规定	70	海风场事故处理管理规定
34	海风场集控室管理制度	71	海风场防小动物管理规定
35	海风场 SVG 降压变管理规定	72	海风场反习惯违章管理规定
36	海风场消防供水系统管理制度	73	海风场文明生产管理规定
37	海风场生活供水系统管理制度	74	海上交通安全管理规定
38	海风场办公室管理规定	75	海风场后勤物资管理制度
39	海风场宿舍管理规定	76	海风场请购管现规定
40	海风场会议室管理规定	77	海风场危险化学品管理制度
41	海风场食堂管理规定	78	海风场危险化学品管理制度
42	海风场资料室管理制度	79	海风场检修工器具管理制度
43	海风电场海上升压站管理规定	80	海风场电动工器具管理制度
44	海风场绿化及照明管理规定	81	海风场安全工器具管理制度
45	海风场污水处理设备管理制度	82	海风场备品备件管理规定
46	海风场柴油机组室管理制度	83	海风场仓库管理规定
47	海风场 380V 低压管理制度	84	海风电场陆上 GIS 管理规定
48	海风场防止设备损坏安全措施	85	海风电场海上测风塔管理规定
49	海风场防止落物伤人安全措施		

附表 4　书中涉及的公司全称和简称对应表

序号	公　司　全　称	公司简称	备注
1	新疆金风科技股份有限公司	金风科技	风机
2	上海电气风电集团股份有限公司	上海电气	风机
3	远景能源有限公司	远景能源	风机
4	明阳智慧能源集团股份公司	明阳智能	风机
5	中国船舶重工集团海装风电股份有限公司	中国海装	风机
6	东方电气风电股份有限公司	东方电气	风机
7	浙江运达风电股份有限公司	运达风电	风机
8	国电联合动力技术有限公司	联合动力	风机
9	华创风能有限公司	华创风能	风机
10	山东中车风电有限公司	中车风电	风机
11	湘电风能有限公司	湘电风能	风机
12	太原重工新能源装备有限公司	太原重工	风机
13	通用电气公司	通用电气	风机
14	南车株洲电机有限公司	南车株洲	风机
15	中船重工电机科技股份有限公司	中船电机	风机
16	南京汽轮电机（集团）有限责任公司	南京汽轮电机	风机
17	三一重能有限公司	三一重能	风机
18	中材科技风电叶片股份有限公司	中材科技	叶片
19	连云港中复连众复合材料集团有限公司	中复连众	叶片
20	株洲时代新材料科技股份有限公司	时代新材	叶片
21	上海艾郎风电科技发展有限公司	上海艾郎	叶片
22	洛阳双瑞风电叶片有限公司	双瑞风电	叶片
23	吉林重通成飞新材料股份公司	重通成飞	叶片
24	瓦房店轴承集团有限责任公司	瓦轴	轴承
25	浙江天马轴承集团有限公司	浙江天马	轴承
26	洛阳 LYC 轴承有限公司	洛轴	轴承
27	北京京冶轴承股份有限公司	京冶轴承	轴承
28	洛阳轴研科技股份有限公司	轴研科技	轴承
29	南京高精传动设备制造集团有限公司	南高齿	齿轮箱
30	重庆齿轮箱有限责任公司	重齿	齿轮箱
31	大连华锐重工集团股份有限公司	大连重工	齿轮箱
32	太原重型机械集团有限公司	太重齿轮	齿轮箱
33	杭州前进齿轮箱集团股份有限公司	杭州前进	齿轮箱
34	中车永济电机有限公司	永济电机	发电机
35	湘潭电机股份有限公司	湘潭电机	发电机

续表

序号	公 司 全 称	公司简称	备注
36	北京天诚同创电气有限公司	天诚同创	变流器
37	深圳市禾望电气股份有限公司	禾望电气	变流器
38	上海海得控制系统股份有限公司	海得新能源	变流器
39	北京科诺伟业科技有限公司	科诺伟业	变流器
40	艾默生电气（中国）投资有限公司	艾默生	变流器
41	国电南瑞科技股份有限公司	国电南瑞	变流器
42	天津瑞能电气有限公司	天津瑞能	变流器
43	科孚德机电（上海）有限公司	科孚德	变流器
44	广东明阳龙源电力电子有限公司	明阳龙源电力	变流器
45	国电龙源电气有限公司	龙源电气	变流器
46	浙江日风电气股份有限公司	日风电气	变流器
47	阳光电源股份有限公司	阳光电源	变流器
48	上海电气电力电子有限公司	上海电气电力电子	变流器
49	浙江海得新能源有限公司	浙江海得	变流器
50	四川科陆新能电气有限公司	科陆新能	变流器
51	成都德能科技有限公司	成都德能	变流器
52	东方电气自动控制工程有限公司	东方自控	变流器
53	中交第一航务工程局有限公司	中交一航局	施工
54	中交第三航务工程局有限公司	中交三航局	施工
55	中交第四航务工程局有限公司	中交四航局	施工
56	江苏龙源振华海洋工程有限公司	龙源振华	施工
57	中国中铁大桥局集团有限公司	中铁大桥局	施工
58	交通运输部广州打捞局	广州打捞局	施工
59	交通运输部上海打捞局	上海打捞局	施工
60	华电重工股份有限公司	华电重工	施工
61	中铁福船海洋工程有限责任公司	中铁福船	施工
62	中国海洋石油集团有限公司	中海油	施工
63	广东精铟海洋工程股份有限公司	广东精铟海工	施工
64	南通市海洋水建工程有限公司	南通海洋水建	施工
65	江苏中天科技股份有限公司	中天科技	海缆
66	宁波东方电缆股份有限公司	东方电缆	海缆
67	青岛汉缆股份有限公司	青岛汉缆	海缆
68	亨通集团有限公司	江苏亨通	海缆
69	国家能源投资集团有限责任公司	国家能源集团	开发商
70	国家电力投资集团有限公司	国家电力集团	开发商

续表

序号	公　司　全　称	公司简称	备注
71	中国华能集团有限公司	华能集团	开发商
72	中国长江三峡集团有限公司	三峡集团	开发商
73	上海东海风力发电有限公司	东海风电	开发商
74	广东省能源集团有限公司	广东能源	开发商

《风电场建设与管理创新研究》丛书
编辑人员名单

总 责 任 编 辑　营幼峰　王　丽

副总责任编辑　王春学　殷海军　李　莉

项 目 执 行 人　汤何美子

项 目 组 成 员　丁　琪　王　梅　邹　昱　高丽霄　王　惠

《风电场建设与管理创新研究》丛书
出版人员名单

封面设计　李　菲

版式设计　吴建军　郭会东　孙　静

责任校对　梁晓静　黄　梅　张伟娜　王凡娥

责任印制　黄勇忠　崔志强　焦　岩　冯　强

责任排版　吴建军　郭会东　孙　静　丁英玲　聂彦环